育儿的 秘密

U0178563

［美］丰 艳——著

谢沛君 高连飞——绘

人民东方出版传媒
People's Oriental Publishing & Media

东方出版社
The Oriental Press

图书在版编目（CIP）数据

育儿的秘密 /（美）丰艳 著 . —北京：东方出版社，2023.1
ISBN 978-7-5207-2652-8

Ⅰ . ①育⋯　Ⅱ . ①丰⋯　Ⅲ . ①婴幼儿—哺育—基本知识
Ⅳ . ① TS976.31

中国版本图书馆 CIP 数据核字（2022）第 167503 号

著作权登记号：01-2022-0490

育儿的秘密
（YU'ER DE MIMI）

作　　者：[美]丰　艳
策 划 人：王莉莉
责任编辑：赵爱华
封面设计：末末美书
内文设计：张　涛　杜英敏
出　　版：东方出版社
发　　行：人民东方出版传媒有限公司
地　　址：北京市东城区朝阳门内大街166号
邮　　编：100010
印　　刷：北京尚唐印刷包装有限公司
版　　次：2023 年 1 月第 1 版
印　　次：2023 年 1 月第 1 次印刷
印　　数：1—10000
开　　本：710 毫米 ×1000 毫米　1/16
印　　张：18.75
字　　数：150 千字
书　　号：ISBN 978-7-5207-2652-8
定　　价：69.00 元
发行电话：（010）85924663　85924644　85924641

前　言

作为一名儿科医生，我每天都要和很多家长打交道，家长可以是父母或祖父母，甚至阿姨等。我在跟很多家长长期接触的过程中，慢慢和他们变成了好朋友，他们中的很多人都催促我写一本关于育儿的书，希望我把教给他们的育儿常识通过书籍传递给更多的家长。

市面上的"育儿"书籍成百上千，那我写的育儿书应该是什么样子的呢？有一位资深的作家提醒了我，"写书贵在真实"，以切身体会写成的书才具有实用性及可操作性。是啊！我做医生的心路历程及做家长的亲身体验不就是一本书吗？

还记得我在 2003 年"SARS"以后回国定居，开始了在中国做儿科医生的漫长岁月，这一做就是将近 20 年的时间。有一次，一个两个多月的婴儿因为反复便血来看病，一个房间里站了 6 位家长，父母、祖父母、外祖父母都来了。我仔细询问了病史，发现孩子只是大便里反复有血丝或血点，生长发育都挺好的。家长带孩子看了很多医院，有的说是过敏，有的说是感染。但不管是换了新的奶粉还是用了抗生素都不见缓解，大家心急如焚，每次如厕时每个人都神经质般地盯着孩子的大便。妈妈本来就敏感，这么一弄不仅焦虑还患上了抑郁。我边检查孩子边安慰家长，告诉他们孩子不太可能是什么严重的问题，因为孩子生长发育都很好。当我检查到孩子的肛门时发现有多个肛裂，告诉家长们没什么大问题，大便有血最可能的原因就是肛裂。只要注意保持肛门处干净，再在肛门处多擦些凡士林就可以了，不必换奶粉或给抗生素，妈妈也不需要忌口。等过了一个月再次看到宝宝时，妈妈脸上有了笑容，祖父母、外祖父母不再那么紧张，

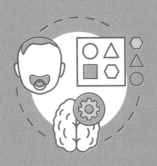

爸爸也不用每天拿着孩子的大便去化验了。看到一家人的笑容，我也由衷地感到欣慰。以后在不断追踪该患儿病情的过程中，我和患儿家长也建立了友谊，成了无话不谈的好朋友。

还有一家人，有个 4 岁的男孩，长得瘦瘦小小的，全家人都很发愁他长不高，担心他一辈子矮小。因为孩子一直在我们医院做体检，所以记录很完善。我让家长看孩子的生长曲线并对他们解释道，孩子的身高和体重一直在 25 百分位，也就是说，他只是比平均值低一些，但还在正常范围内，而且他一直在稳定地增高。尤其是孩子的发育指标都很正常，没什么需要担心的，只要多运动并把膳食营养搭配好，孩子一定能达到预期的身高。家长问："我俩都不矮，为什么孩子这么矮？"我问他们是否知道自己 4 岁时跟其他小朋友比是偏高还是偏矮，他们都说不知道，我让他们马上问问自己的父母，结果双方父母都说他们是班里最矮小的，一直到初中甚至高中才长个儿。我耐心地跟他们解释，孩子就是父母的翻版，他的生长过程类似于父母的节奏，不需要担心。这番有理有据的谈话让他们安心了很多。事实上，这个男孩在 15 岁时开始猛长，最后超过了他父亲的身高。这就是我反复教给家长的，只有知道了什么是正常的，才能知道什么是不正常的。给家长的信息要清晰，不能含糊其辞，这样做才能疏解家长焦虑的情绪。

我是北京医科大学（现北京大学医学部）1987 级的毕业生，学的是医疗专业，毕业后到美国继续深造。这期间除了读书还做过很多年的科研，其中的酸甜苦辣，我现在记忆犹新。最后做回本行还是因为对治病救人的执着。为什么选择儿科？因为孩子是最简单的，他们没有成人世界的复杂。

在美国做住院医生很艰苦，有时候36小时都不得合眼，再加上语言的挑战，能坚持下来还是不容易的。我女儿出生在美国，从小就跟着我们颠沛流离，我和先生都忙于自己的事业，很多时候无暇顾及她，现在想来很后悔。记得有一次她9个月大时发高烧，医生说是得了中耳炎，吃了抗生素，烧是退了，但出了一身疹子，医生又说是药物过敏，现在想来更有可能是出了幼儿急疹。孩子生病时我们是轮流照顾，她没怎么享受过父母同时在侧的家庭温暖。11岁时，我们又把她带回了中国，她又需要应对文化及语言上的挑战。所以，我作为家长，对孩子成长过程中的生理及心理变化的关注，时刻都在影响我对其他病人的态度。只有同情和共情才能当好儿科医生。

从2003年回国至今，我目睹了我国家长在科学育儿道路上的转变历程。从对它的怀疑到深信不疑，与我们这些坚定的科学育儿传播者不无关系。什么是"科学育儿"？就是在养育孩子的过程中任何事情都以科学证据为基础，而不是以道听途说或"我觉得"为基础来育儿。随着知识传播途径的多样化，相信科学育儿会为越来越多的人所接受。

本书就是针对从出生到3岁的婴幼儿的生长、发育、喂养、安全注意事项及常见疾病来做一个详尽的介绍。希望广大家长能借鉴一些知识，也希望家长们用知识来武装自己，不在育儿的过程中走太多的弯路。

在这里我特别感谢所有支持我的家长，感谢你们的信任，感谢你们愿意与我一起尝试科学育儿，感谢你们多年来与我风雨同舟。更要感谢我的家人和亲密的朋友，是你们让我成长为一个真正的儿科医生。

目　录

Part 1
新生儿期（0～1个月）

Part 2
婴儿期（1～12个月）

1～2个月

2 ~ 3个月

7 ~ 8 个月

9 ～ 10个月

Part 3
幼儿期（1 ~ 3 岁）

13 ~ 15 个月

16 ～ 18 个月

19 ~ 21个月

附录

Part 1

新生儿期

（0～1个月）

恭喜你们进入了人生的新篇章，从今以后你们有了崭新的角色——妈妈、爸爸！

妈妈经过漫长的孕期终于看到宝宝来到了这个世界，此时，新手父母和家人的欣喜之情很难用语言来表达。有的家庭选择在月子中心坐月子，有的则选择在家里坐月子。那孩子出生后的第一个月都会经历些什么呢？新手父母在养育宝宝时会遇到哪些突发状况，出现了问题又该如何应对呢？

| 生长发育的秘密 |

体格发育

作为新手父母，如果你在宝宝出生后的一段时间内感觉宝宝的体重比刚出生时变轻了，请你不要焦虑，新生儿出生后第 1 周内，会出现一次生理性的体重下降，体重会比出生时轻 300 克左右，也就是出生体重的 10% 左右。父母不必担心，这属于正常现象，最迟 10 天新生儿体重就会恢复甚至超过出生时的体重，然后逐渐增长。增长速度为每天 20 ~ 30 克，一个月下来大概增长 0.5 ~ 1 千克。

新生儿的出生指标参照值范围

	男宝宝	女宝宝
出生体重（千克）	2.45（2%）到 4.45（98%）	2.35（2%）到 4.45（98%）
出生身长（厘米）	46（2%）到 53.5（98%）	45.5（2%）到 53（98%）
出生头围（厘米）	32（2%）到 37（98%）	31.5（2%）到 36.2（98%）

 温馨提示：早产儿不遵循此规律。

满月婴儿的生长指标参照值范围

	男宝宝	女宝宝
体重（千克）	3.3（2%）到 5.8（98%）	3.1（2%）到 5.6（98%）
身长（厘米）	50.5（2%）到 58.5（98%）	49.5（2%）到 57.5（98%）
头围（厘米）	34.7（2%）到 39.5（98%）	34（2%）到 38.8（98%）

生长曲线的使用方式

现在国际通用的生长曲线为世界卫生组织（WHO）的 0～24 个月的生长曲线，它包括体重曲线、身高曲线、头围曲线及体重身高比曲线。曲线还分男孩和女孩。

正常范围为 2%～98%，也就是说各个测量值在 2%～98% 都属于正常范围。曲线中间的粗线为平均值 50%（曲线见附录）。

父母自己画曲线时要注意先找到对应的性别，男孩要用男孩对应的曲线，女孩要用女孩对应的曲线，然后再找到自己宝宝的月龄，在纵轴上找到宝宝的体重、身高或头围，这些测量值和月龄的交点便是宝宝体重、身高及头围的百分比。从百分比便可以知道孩子是否在正常范围内。那如果一个足月男婴出生体重在 75% 的曲线上是什么意思呢？这意味着在同一天出生的 100 个足月男婴里，有 25 个比他重，有大约 75 个比他轻。看孩子的生长一定要在曲线上连续观察，突然的上升或下降都意味着孩子的身体可能出现了问题。

动作及能力发育

发育对评估一个孩子各项指标是否"正常"是最重要的。发育的评估一般包括粗大动作及精细动作能力、语言能力、社会认知能力、听觉能力、视觉能力等。只有这些方面都达到该年龄的发育标准，孩子才是"正常"的。如果在某一方面落后，则需要在该方面做进一步评估，发现问题时家长心态要平和，要积极治疗，想办法解决问题。如果孩子所有方面的发育都落后，那问题就严重了。有可能是先天的问题，如某些基因缺陷，也有可能是其他问题。

运动能力　四肢漫无目标地伸展、收缩；手可以放到嘴附近，但还无法准确地伸入嘴里；趴着的时候脖子可以从左边转到右边；直立时，头部如果不扶着可能会晃；双拳紧握；听到响动时两臂伸出做拥抱动作。

视觉和听觉　能看清 20～30 厘米远的东西；双眼可能会有"对眼"的现象；喜欢看黑白或色彩对比强烈的物体或图片；与图片相比更喜欢看人的脸；听力很好，和成人无异；能识别父母及家人的声音，听到熟悉的声音能转向辨别。

味觉、嗅觉和触觉　喜欢甜的味道；不喜欢苦和酸的味道；能识别自己妈妈身上的气味；喜欢触摸柔软的物品；不喜欢粗鲁的动作。

父母需要警觉的现象　吸奶的力度很差或喝得太慢；光线照到眼睛不眨眼；眼睛不能跟踪物体移动 180 度；手脚不动或动起来左右不对称；四肢瘫软，无力；平静时下颌持续地抖动（偶尔抖动为正常现象）；对大的声响无反应。

| 喂养那些事儿 |

母乳喂养

母乳喂养不仅是为新生儿提供营养，还为妈妈和宝宝提供了亲密接触及近距离交流的机会，这也是快速建立母子情感的过程。世界卫生组织（WHO）建议，婴儿从出生至 6 个月尽量纯母乳喂养。母乳为婴儿最理想的营养来源；母乳能增强免疫力、保护婴儿与病菌做斗争；预防并降低孩子进入儿童期和成年期后患肥胖症、糖尿病和过敏性疾病的概率；还能帮助母亲恢复体重，减少心血管疾病及预防某些癌症的发生。

配方奶粉喂养

每天喂奶的总量按宝宝的体重来算，足月儿平均每天为 120 ~ 160 毫升 / 千克（体重），每天不得少于 100 毫升 / 千克（体重）。也就是说一个 3.5 千克的婴儿每 24 小时可以吃 420 ~ 560 毫升奶，如果喂 8 次，平均每次为 50 ~ 70 毫升。如果远远超过这个量，孩子就会长得过胖了。冲奶粉时，最好用烧开并晾凉后的纯净水，奶量不按水的量计算，要按最后冲完后的总量计算。

 温馨提示：早产儿必须在医生指导下喂养。

营养补充剂

维生素 D　母乳喂养的婴儿每天要补充维生素 D3，剂量为 400IU（国际单位），也就是 0.01 毫克。配方奶粉喂养的婴儿取决于从奶粉里摄入维生素 D 的量。一般奶粉每 1000 ~ 1200 毫升含 400IU 维生素 D。新生儿在开始时很难吃到 1000 毫升的配方奶，所以每日补充 400IU 也没有问题。

维生素 A　不需要补充。

DHA　现阶段不需要补充。如果决定吃的话，可以在 6 个月后开始。

益生菌　不需要常规吃，需要时按医嘱服用。

| 育儿一点通 |

分娩后尽早给婴儿喂奶

母乳喂养应该在孩子出生后的半个小时内开始，每天应该喂 8 ~ 12 次或按需喂奶。

哭闹是婴儿非常饥饿的表现，尽量不要等到这时候才喂孩子。

如何正确判断宝宝饿了，要吃奶

头左右转动；张着大嘴；舌头往外伸；嘴唇做出吸吮的样子；往妈妈怀里拱；当你轻轻地叩击宝宝的脸颊时，宝宝的头向同侧转动。

母乳正确喂养的标志

孩子的嘴张得很大，嘴唇外翻，像小鱼噘嘴；孩子的下巴及鼻子顶在妈妈的乳房上；孩子的吸吮力度很深且有节奏，连续吸吮后有间歇；能听到有规律的吞咽；妈妈的乳头在宝宝吸吮几次后感到很舒服。

每次喂多长时间

一定是按宝宝的需求，平均每侧喂 15～30 分钟。喂的时间太长容易使妈妈的乳头破溃。

｜日常家庭护理｜

脐带

用酒精片或棉棒蘸满医用酒精后，再将它们轻轻挤干。将婴儿放置在安全的地方平躺，打开尿不湿，用挤干酒精的棉棒或酒精片围绕脐带根部轻轻擦拭几次。如发现有血迹、黄绿色分泌物、臭味或红肿，要及时就医。脐带一般在宝宝出生后 1～2 周自行脱落。脱落后就不要再清洁该部位了。

洗澡

洗澡前需要准备的物品　洗澡盆，最好是带斜面的；洗澡时用的小毛巾；婴儿专用浴液及洗发液（尽量少用，一周不超过一次）；出浴时用的包被；尿布；干净衣服；抚触油；润肤露或润肤霜。

室温及水温　室温保持在 25℃以上；水温保持在 37～38℃，不可过热。

洗澡程序　婴儿半坐在水里或躺在斜面上，用湿毛巾轻柔擦洗头发，然后洗脸、身体、四肢，尤其要洗皮肤的褶皱处。洗完后将宝宝抱至浴巾处擦干，在皮肤湿润时擦润肤露，需要做抚触时可以先涂抹一些抚触油或润肤露。然后穿上尿不湿，穿好衣服。

清洗各部位时可以更换毛巾或用同一块，遵循从头到脚的顺序即可。不建议用毛巾擦洗生殖器部位，该部位只需用流动的水冲洗即可。

澡盆里放多少水？　6 ~ 10 厘米高，或不超过半躺的婴儿的腰部。

洗澡一般多长时间？　不超过 5 分钟，2 分钟最为理想。

需要每天洗澡吗？　冬天每周洗 2 ~ 3次即可。夏天看孩子的出汗情况，需要时可以每日洗澡。

给宝宝洗澡

大小便

小便及颜色　新生儿白天每 1 ~ 3 个小时或夜间每 4 ~ 6 个小时排尿一次。如果孩子发烧或天气太热，尿量会有所减少。

尿液浅黄到深黄均为正常，有时尿布上有浅粉色，这为结晶尿，也是正常的。如果你发现孩子的小便里有血或血块，这属于不正常的现象，请尽快就医！

大便　新生儿在出生后的几天排的便叫"胎便"，为深绿色，几天后变为黄色。母乳喂养的宝宝，大便为浅黄色且有奶瓣，质地很稀或非常软。

奶粉喂养的宝宝，大便为黄色或深棕色，质地像花生酱一样稠。

睡眠

新生儿在出生第一个月时平均每天的睡眠时间为 16 ~ 20 个小时，基本上是醒了就吃，吃了就睡的状态。婴儿不需要哄睡，在孩子迷糊的时候把他／她放在小床里，让孩子自主入睡即可，这是养成良好睡眠习惯的开始。

剪指甲

剪指甲可没你想象中那么简单。你需要买一个婴儿专用指甲刀。剪指甲时一定要记住不要贴着宝宝的肉剪，要留出至少 1 毫米的余地。剪完后可用指甲锉锉平。婴儿脚指甲正常情况下是往肉里面长，然后才上翘，要等指甲往上翘的时候再剪。

测体温

新生儿不需要每天测体温。如果觉得孩子可能发烧了，首选腋下测体温，如果体温超过38℃则为发烧，要立即就医。给孩子测量体温，不建议使用耳温计和额温计，这两种温度计的数值不稳定，家长很难正确使用，不宜用于新生儿。

新生儿抚触

抚触为增进亲子感情的方法，需要父母亲自做。抚触没有固定的做法或"正确"的做法，只要父母用自己的手接触到婴儿皮肤，并给孩子全身做轻柔的按摩即可，所以抚触重在由谁做而不是怎么做。

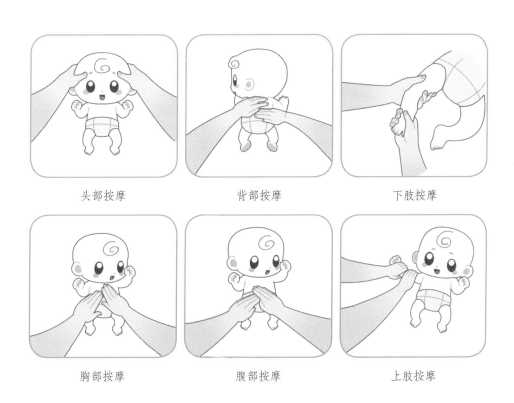

头部按摩　　　　　　　　背部按摩　　　　　　　　下肢按摩

胸部按摩　　　　　　　　腹部按摩　　　　　　　　上肢按摩

衣着的选择

如果室温在23℃以下，孩子应该穿一层内衣和一层薄外衣；23℃以上则只需要穿一层薄衣服。

如是早产儿，父母要根据孩子的情况添加衣物。

新生儿出生后的几个星期内可以用包被进行包裹，使婴儿有安全感，注意不要包裹很多层。

如果给孩子选择的是连体衣，穿衣时应该先穿脚；套头衣应该先套头再伸手。穿衣服时可以尝试边穿边玩，使穿衣过程愉快起来。

选择婴儿衣服的原则　选择扣子或拉链在前面的衣服；腿内侧两边能打开的，方便换纸尿裤；袖子不要太紧；不可以有绳索，如系带，避免发生危险；选择柔软的衣料。

| 安全常识 |

正确的睡眠姿势

美国儿科学会建议所有婴儿要仰睡，其他睡眠姿势可能会引起"婴儿猝死综合征"。

正确的睡姿（仰面躺着睡）

错误的睡姿（侧着睡）　　　　　错误的睡姿（趴着睡）

婴儿摇篮的选择

婴儿摇篮多用于出生 1 个月以内的婴儿，1 个月后的婴儿应该在婴儿床上睡觉。

摇篮的安全性非常重要，我国对婴儿摇篮的制作及安全性都有详细的规定。家长在购买时要注意摇篮的底部要结实；底座一定要够宽，以免被碰撞时侧翻；如有轮子，一定要检查轮子是否能锁闭；摇篮的所有的材料一定得是环保材料。摇篮内不可以放置任何毛绒玩具及不必要的被子和枕头，以免婴儿窒息。

婴儿床的选择

建议孩子睡婴儿床，不建议睡在大人身旁。有些妈妈习惯将新生儿放在自己身旁，方便喂奶。但是这样做存在非常大的安全隐患，大人在进入深度睡眠后如果身体不受控制，很可能会压着新生儿，从而引起新生儿窒息！孩子从小睡婴儿床也有利于独立性的培养。

选择婴儿床，都有哪些注意事项呢？

- 床栏杆间距不得大于 6 厘米，间距过大，孩子的头可能会卡在中间；
- 床的两头不可以有任何镂空装饰，如切出一个圆洞；
- 四个角的柱子必须足够高以悬挂两侧的挡板；
- 床垫要硬，使用前去除床垫的塑料包装；
- 当孩子的身高超过 88.9 厘米时就该换床了；
- 床的侧板放下时，其高度一定要比床垫高 10 厘米，以防孩子坠落；
- 床垫一定要严丝合缝，如果床垫与床栏杆有两个手指以上的宽度，就需要换床垫了；
- 床围被证实不仅不能防止孩子受伤，反而会增加孩子窒息或被卡住的风险，所以不建议在婴儿床上安装床围；
- 床上不可以有任何绳索；
- 婴儿床不要放置在窗户旁，床的上方不可以挂装饰品，以免掉落时砸到婴儿。

适合新生儿的抱姿

新生儿宜横着抱，需要拍（嗝）时可以竖抱，但要托着孩子的头。

 温馨提示：抱孩子的大人如感到劳累困倦，一定要把孩子放回小床。
近年来婴儿从打盹的大人怀里滑落的事件屡有发生，一定要小心。

不可忽视的安全座椅

新生儿坐汽车外出时一定要坐安全座椅，并按照要求系好安全带，要坐在驾驶位后方的位置，面朝后。抱着孩子坐车很不安全，当急刹车或发生交通事故时，由于惯性的作用，任何一个成年人都没有足够的力量抱住孩子，保证孩子不受伤害。

你不知道的洗澡注意事项

- 水温不得超过 38℃；
- 严禁一边放水一边给孩子洗澡；
- 严禁把孩子一个人放在澡盆里，哪怕只是转身去拿东西；
- 水的深度不超过 10 厘米。

精心选择日用品

- 痱子粉要选择成分中不含滑石粉的；
- 润肤露最好不含香精；
- 纸尿裤要选择吸水力强、不刺激皮肤的，千万不能图便宜；
- 带有声光效果的安抚娃娃是非常适合新生儿的玩具，柔软的安抚娃娃兼具刺激触觉发展与安抚的效果；
- 选择衣物时，避免出现塑料纽扣、缎带等；
- 新生儿不宜佩戴饰品，如项链、手链等，宝宝的小手会在不经意间绕到这些配饰里面，当他 / 她受到束缚时会使劲牵拉，这会增加宝宝发生窒息的风险。

不得不重视的产后抑郁

产后抑郁是个老生常谈的话题了。导致产后抑郁的病因是多方面的：女性在怀孕期间容易受自身内分泌变化以及环境、情感、遗传等综合因素的影响，这是自己无法控制的，所以不要自责。如果你孕期有抑郁症或焦虑症，产后更易患"产后抑郁症"，有"婴儿忧郁"的也更易患"产后抑郁症"。

小生命的到来对于妈妈来说，本应该是一件高兴的事情，但有的妈妈还没来得及感受幸福就已坠入抑郁的深渊，甚至会长时间出现焦虑、沮丧、失眠、悲伤、易怒、注意力不集中、食欲下降的情况。如果你也有这样的情况，不要害怕，你不是唯一有这种情况的人。全世界有 40% ～ 80% 的妈妈经历过"婴儿忧郁"，这是一种不良的情绪状态，表现为不高兴、担心、怀疑自己、疲劳或时常流泪等。"婴儿忧郁"多发生在产后，一般会持续一到两周的时间。如果这种情绪状态过于严重或持续超过两周，你很可能已经患了"产后抑郁"，这是比"婴儿忧郁"更严重的问题，表现为长时间感到悲伤及绝望，对生活失去兴趣和信心，做任何事情都体会不到愉悦感，甚至无法照顾自己。

产后抑郁的发病率为10%，也可能更高，相当于100个产妇里大约有10个人会得病，必须引起足够的重视。患有产后抑郁的妈妈往往会深陷其中而不自知，她们需要得到丈夫及家人更多的关爱和理解，而不是"矫情""娇气""为什么人家都没事儿，就你事儿多"这样的质疑。如果你的妻子、你的女儿有这种情绪，需要尽快带她就医，越早越好。

 温馨提示：妈妈产生幻觉及臆想，这种情况并不多见，一旦出现了就是致命的，妈妈很有可能会不受控制地伤害自己的宝宝。

如果产妇有伤害自己或伤害孩子的想法，要立即就医，这是紧急情况，不可耽误。否则后果不堪设想。

| 新生儿早教 |

新生儿早教其实很简单，只需要父母给予孩子关爱、关注，并与孩子积极互动即可。父母需要对孩子的哭声、发声及动作及时回应，总是被忽略的婴儿会在发育上有所欠缺。还需要父母与孩子有肌肤的接触，如给孩子做抚触，让孩子光着身体在自己的胸脯上躺一会儿等。给孩子大声地朗读，与孩子对话及给孩子听音乐都有助于孩子的发育。

黑白卡的重要性

很多婴幼儿早期教育专家都建议给婴幼儿看闪卡，其中的根据是什么呢？

促进大脑的发育　婴儿大脑的工作方式和成人不一样，出生后大脑发育最重要的过程就是"髓鞘形成"。髓鞘为包裹在大脑细胞及其触角外的一层物质，髓鞘的功能是帮助电信号传导。髓鞘的形成发生在孩子出生后的两年之内，多种外界的刺激有利于髓鞘的形成，即大脑的发育。高对比度的图像会使孩子的注意力集中到这里，在这期间孩子的大脑也能休息一下。多个研究证明：宝宝爱看黑白分明的图片而不是多种颜色的图片。研究还证明：在看黑白图片时，孩子的注意力会聚焦在黑白颜色的交界处，而不是图片的中央，这说明孩子对颜色的对比很有兴趣。另外，孩子对红色也

很敏感。对其他颜色的识别最早可能在 3 个月大时。研究还发现，婴儿在所有形状里对圆形更感兴趣，孩子看到的第一个对比强烈的圆形就是妈妈的乳房和乳晕。

婴儿的注意力

婴儿出生后就能注视，开始时只有 4 ~ 10 秒的注意力，然后就会毫无目标地乱看。但当他 / 她的视野里有一个让他 / 她感兴趣的物体时，注意力就会更持久一些。很多研究证明：每天让孩子看不超过 3 分钟的闪卡，孩子一周后的注意力就会从 10 秒上升到 60 ~ 90 秒。注视某个物品会使这个物品的信息传到大脑，从而达到刺激大脑发育的目的。

视觉追踪　孩子在出生后就有视觉追踪的能力，但这些物品要在孩子的视觉范围内，而且颜色对比要强烈，比如用黑白标靶。视觉追踪能训练孩子的空间感及对物体永存的认知。

扫视　当孩子的注意力从一个物体很快地跳到另一个物体时，这说明他 / 她在"扫视"。通过扫视，他 / 她能很快地比较它们的不同。闪卡能有效地训练婴儿的扫视能力。

可以每天给婴儿看闪卡 3 次，每次看一套，一套 10 张左右，每张卡片看 1 秒钟左右。也可试着把闪卡在宝宝的视力范围内移动几秒钟来训练他 / 她的追视能力。0 ~ 3 个月的婴儿看的闪卡应该是黑、白及红颜色。试试看，10 天以后，孩子的注意力及追踪能力就不一样了。

| 新生儿常见疾病及治疗方法 |

黄疸

新生儿出生后的几天会出现皮肤及白眼球发黄的情况，这就是新生儿黄疸。新生儿黄疸一般在出生后 1 ~ 2 天开始出现，第 3 ~ 5 天达到高峰。喂母乳的孩子可能会持续 2 ~ 3 个月，吃配方奶的孩子一般持续两周左右。如果黄疸不是越来越轻而是越来越重，需要就医。

隔着玻璃晒太阳不能退黄疸，玻璃会把治疗黄疸需要的蓝光挡住，不仅治不了黄疸，孩子还可能会被晒伤。黄疸是否需要治疗取决于血液中胆红素的浓度。

住院治疗需要用蓝光照射，过于严重的可能还需要换血治疗。此外，不建议吃茵栀黄治疗黄疸。

多喂养及多排便能有效帮助减退黄疸。在孩子出院时，医生都会告知父母什么时候需要复查黄疸，一定要遵医嘱及时复查。严重的新生儿黄疸如果不及时治疗可能会引起永久性的神经系统异常。

流眼泪，鼻泪管不通

鼻泪管不通表现为孩子出生后单侧或双侧流眼泪及有分泌物。

治疗方法　按摩双侧内眼角。

按摩的方式　找到宝宝内眼角处的泪囊（摸着像个小疙瘩），用食指按住，沿鼻侧做向下的按摩，最好每天做几次，每次至少按 10 下。大多数情况下，按摩就能缓解鼻泪管的堵塞。

眼睛有黄绿色分泌物及白眼球通红时可能得了结膜炎，要及时就医。

绝大多数新生儿流眼泪不是"倒睫"引起的。

疏通泪道手法

毒性红斑

新生儿毒性红斑一般出现在出生后 3 天之内，持续时间不超过一周。面部、躯干及四肢会出现大小不定的红斑，边界不清、鲜红，有的会融合成片，红斑中心顶着白尖，类似于脓点。这种皮疹不疼不痒，不需要治疗，会自行消退。

鹅口疮

鹅口疮是口腔内白色的片状物，好发于口腔内侧面及上下嘴唇内侧的黏膜部位。它是口腔黏膜的真菌感染造成的，需要抗真菌治疗。鹅口疮的形成原因多为大人没注意洗手，或奶嘴、奶瓶消毒不严格导致。

在用药物治疗的同时，要把所有奶瓶、奶嘴用开水煮沸 5 分钟，这种开水煮沸的消毒方式很可靠。

痤疮

"新生儿痤疮"可能与母体的激素影响有关。一般出现在孩子出生后的几天，且会持续几周甚至几个月。常见部位为面部及躯干，以丘疹和脓疱为主，偶见黑头粉刺，少见结节和囊肿。这种皮疹会自行消失，不需要治疗。

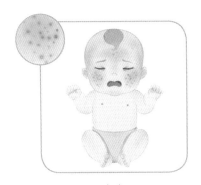 

痤疮　　　　　　　　　　　　脂溢性皮炎

头皮脂溢性皮炎

头皮脂溢性皮炎又叫"婴儿帽"，为头皮里长出一层黄黄的硬痂。它不影响孩子，可自愈（但持续时间较长，可能会持续几个月）。如果很厚的话，可以用橄榄油或婴儿油浸泡两小时后再轻轻洗掉，一周清洗一次。

粟丘疹

多发于刚刚出生的新生儿，表现为面部及身体其他部位的白色丘疹。皮疹为充满皮肤角质层的囊肿，一两毫米大。该皮疹不会引起婴儿不适症状，可在几周内自行消退，不需要治疗。

痱子

多发生于湿热的环境，痱子是由汗腺被堵塞引起的。刚刚出生几天的新生儿就会起痱子，一般表现为晶状粟粒疹、脓疱性粟粒疹或红色粟粒疹。孩子会有痒的感觉。

晶状粟粒疹   脓疱性粟粒疹   红色粟粒疹

治疗需要保持局部干净及干燥，室内温度以不超过 24℃为宜。

腹泻

很多婴儿每天大便 10～12 次，尤其是母乳喂养的孩子，大便可能很稀，这都是正常现象。如果孩子吃奶和精神正常则不需要担心。如果大便次数远远超过平时的次数，且每次大便的量比平时明显增多、尿量明显减少，则要及时就医。如伴有血便、呕吐或发烧，则有可能是感染，也需要及时就医。

发烧

新生儿体温如果在 38℃以上，需要及时就医。发烧对于新生儿来说是个危险的信

发烧

号，家长不可以自行给孩子吃退烧药或在家观察。发烧的新生儿需要收住院，检查血、尿、脑脊液，并使用抗生素进行治疗。延误诊断和治疗可能会引起严重的后果。

双腿皮纹不对称

双腿皮纹不对称是常见现象，绝不能仅仅依靠这种情况就诊断为先天性髋关节脱位。发现皮纹不对称需要看医生，然后检查一下髋关节。医生如果怀疑有脱位的情况，会建议 6 个月以下的孩子做髋关节超声，6 个月以上的孩子做 X 线检查。如确诊为先天性髋关节脱位则需要及时治疗。

肠绞痛

很多宝宝睡觉时会扭动，有时边吃边挺身体或突然尖声哭闹，这些都可能是肠绞痛的表现。肠绞痛是不明原因的疾病，多发生于出生后到满 3 个月的孩子。孩子不舒服时，家长可以抱起来哄一哄，或让孩子趴在大人身上进行安抚。严重的情况可以考虑给孩子口服西甲硅油或口服益生菌，但这些药物不一定对每个孩子都有效。到目前为止，发生肠绞痛的原因尚不明确，所以治疗方法也很有限。耐心些，随着孩子慢慢长大自然就好了。

脖子褶皱处的皮疹

新手父母由于缺乏经验，很可能会忘记清洗孩子脖子的褶皱。很多新生儿及婴儿的下巴和脖子交界的地方会长红红的皮疹，看似有些溃烂。这种皮疹很难治疗，经常是反反复复地持续几个月时间。

这种皮疹叫"擦烂红斑"或"褶烂"，表现为皮肤褶皱处发生的红肿、表皮脱落、异味及结痂等。易发的部位为孩子的脖子、腋下、腹股沟、屁股蛋儿之间等。发病的主要原因为皮肤褶皱处的皮肤紧紧地贴在一起，使潮气及液体不易散开从而引起皮肤刺激。环境越热就越会使皮疹加重，太胖的孩子更易患病。有些褶烂处还伴有真菌或细菌感染。

褶烂的治疗 尽量保持皮肤褶皱处通风，可以用吹风机的冷风经常吹一吹以保持干燥，也可以试试布罗夫氏溶液（醋酸铝溶液）。在皮疹处时常擦一些保护霜，如凡士林，以防止皮肤粘在一起。对于较严重的褶烂，也可以试擦几天激素药膏（在医生指导下使用），如合并真菌或细菌感染则要用抗真菌或抗生素药膏治疗。

嘴唇上的吸吮水泡

很多新生儿嘴唇上都有一个或几个看起来像水泡一样的凸起，尤其是上嘴唇。但孩子一切正常，不影响吃奶。那是什么原因引起的水泡呢？

孩子在用力吸吮时，嘴唇会和乳房或奶嘴的表面有摩擦，这种摩擦就有可能形成水泡。其实，在宝宝还是胎儿时，就已经会在妈妈子宫内吸吮自己的手臂或其他部位的皮肤了，所以孩子一出生嘴唇上就有水泡。

嘴唇上的吸吮水泡看起来为一个或多个凸起，凸起的内部看似有液体，也有的只表现为嘴唇的脱皮。这些水泡不会让孩子不舒服，且它们会自行消失。如果这些水泡持续很久，就说明孩子叼乳头或吃奶嘴的方式不对，妈妈需要改进喂奶方式。也可以试试在宝宝的嘴唇上擦些母乳及橄榄油等。千万不要试图把水泡捅破或撕下那层皮。

正常与异常的大便颜色

宝宝的大便颜色及质地每天都不一样，这并不意味着孩子的消化有问题。我们一起看看宝宝的大便都是什么颜色的。

深绿色
这种大便叫胎便，是孩子从出生后到第三天常见的。它包含了羊水、肠道分泌物、胆汁、脂肪酸等。

金黄色
一般见于纯母乳喂养的孩子。

土色
一般见于配方奶喂养的孩子。

柠檬绿色
有的理论认为，这是前奶和后奶的不平衡引起的，也就是说孩子吃了太多前奶而没吃够后奶，如果吃完一侧再吃另一侧就会解决这个问题。另一种可能就是胃肠道的病毒感染，如轮状病毒。此外，母乳喂养时，妈妈的饮食也会引起绿色大便；如果孩子吃了太多绿色蔬菜，也会有绿色大便；更多的时候是没有原因的。只要孩子吃得好、体重平稳增长，就不要太纠结大便的颜色。

丛林绿	孩子服用铁剂时易出现这种颜色。
棕　色	当孩子开始吃辅食时，大便会逐渐变成棕色。
白　色	这种颜色有问题！原因是肝脏无法产生足够的胆汁！要马上看医生！
红　色	红色大便不见得是可怕的，有时候吃点红色的食物就会导致红色大便。一般这种大便呈粉红色，且红色是分散地存在于大便里的。血丝有可能是肛裂的原因，需要及时看医生。如果孩子的大便里有明显的鲜血也要及时看医生，看是否为细菌性肠炎、出血及过敏等原因导致。
黑　色	如果过了胎便的阶段后出现黑便则可能是肠道出血的迹象，需要马上就医！如果妈妈的乳头有出血，孩子的大便可能有些散在的黑色，但有大量的黑色是不正常的。

|产妇常见疾病及治疗方法|

涨奶

涨奶会使母乳喂养的妈妈很不舒服，甚至很疼。涨奶前或涨奶时可以试着多喂一喂孩子，两侧都要喂。在涨得厉害时，孩子很难叼住乳头，妈妈可以用热毛巾敷一敷，使乳房变软后再喂，或用吸奶器先吸出一些再喂。涨奶时也可以试试按摩乳房，按摩时一定要轻柔，不可用蛮力。按摩需要从腋下往乳头方向按摩，极度涨奶时则需要冷敷。

乳头疼痛及开裂

开始喂母乳时可能会有轻微的疼痛，如果是持续疼痛，则有可能是孩子叼乳的方式不正确。如果已经有了裂口，可在洗澡时用温水轻轻地洗，不要用肥皂。平时尽量保持乳头干燥，不要用带塑料材质的内垫。喂完孩子后可留些母乳在乳头上，让它自然干燥，或用特制的羊脂润肤乳，起到保护作用。

乳腺炎

乳腺如果被细菌感染，妈妈可能会发烧、打冷战、头疼、恶心、头晕，乳房也会红肿、疼痛，摸上去很热及很疼。这种情况要马上就医。

治疗乳腺炎最好的方法是及时排空乳房、充分地休息、大量摄入液体，用抗生素及止疼药。

医生一般会给哺乳期妈妈安全的抗生素药物，所以不妨碍妈妈母乳喂养。

｜疫苗接种｜

宝宝出生时要打卡介苗及乙型肝炎疫苗，满一个月要打第二针乙肝疫苗。

家长常见问题

脸上身上皮疹

宝宝出生后几天出现，天气热的时候会更加明显。皮疹不痒。用肤乐霜有效，但停用后会马上复发。

偶尔咳嗽，但不发烧，有危险吗？

不发烧，一天也就咳几次，这种情况可能是干燥或感冒引起的过量鼻腔分泌物流到嗓子引起的。试试用海盐水清洗鼻子，清洗后如没有缓解要及时看医生。

夜里睡得时间太长，要叫醒喂奶吗？

夜间不要把孩子叫起来喂奶，让孩子自然醒来，或想吃奶时再喂。但早产儿除外。

第一个月体重长了2千克，正常吗？

增长得太快了，一般足月新生儿一个月长0.5到1千克即可。可适当控制喂养次数及每次的量。

新生儿发育正常的简单指标

双侧肢体动作对称，会盯着近处父母的脸看，对大的声响有反应，头可随移动物体转动，趴着时能抬头。

吃奶要亲自喂吗？

最好是妈妈亲自喂。一旦宝宝开始吸奶瓶就对吸吮妈妈的奶没兴趣了，因为吮吸妈妈的乳头需要更用力。

正确的喂奶方式

孩子要侧身面对妈妈，且头和身体在一条直线上。不能用"剪刀"手捏住乳晕，这样会阻断奶流。太重的乳房需要托起来，也可以变换姿势喂，在各个方向都能吸到为宜。

大便颜色发绿或有奶瓣正常吗？

新生儿一般是喂几次拉几次，母乳喂养的孩子大便很稀，有时甚至是水样的。有奶瓣和绿色大便都是正常现象。

肠绞痛的表现都有哪些？

有时宝宝睡觉时会扭动或哼哼，有时边吃奶边往后挺，这些都是肠绞痛发作的表现。可以试着抱起来哄哄，肠绞痛严重的宝宝甚至会尖叫几个小时，这种情况可以考虑使用西甲硅油。一般到孩子3个月时肠绞痛就会消失。

大腿皮纹不对称怎么回事?

不管大腿皮纹对不对称，在每次体检打疫苗时，让医生检查髋关节，医生用手法检查就可以知道是否有先天性髋关节脱位的可能性。如果医生怀疑有，就需要做超声检查。

孩子放下就哭，需要老抱着吗?

孩子不需要老抱着，可以把孩子放在安全的地方，跟他/她说说话及看看黑白卡片，陪伴才是最重要的。此外，让孩子自行入睡，哄睡的方式不可取。抱起——放下，再抱起——再放下的循环可以尝试一下。

可以使用安抚奶嘴吗?

当孩子已经养成了良好的吃母乳的习惯，就可以给他/她使用安抚奶嘴了，一般在4周大左右开始。

喉咙里有痰的声音怎么办?

可能跟鼻腔的分泌物有关，需要用海盐水或生理盐水冲洗鼻腔。

新生儿能外出吗?

当然可以。在温度合适时可以带孩子外出，但注意不要让阳光直晒孩子，容易晒伤。

女宝宝外阴如何护理?

女宝宝外阴只需要用流动的水冲洗，然后轻轻蘸干。不要用棉棒或纱布擦洗，否则容易造成阴唇粘连。

男宝宝需要切包皮吗?

没有统一建议是切还是不切。许多国家的文化及宗教信仰是常规给新生男婴切包皮，我国没有这一传统，这完全取决于家长的意愿。如果决定切包皮，最好在孩子出生后一个月内切。这个时间段切包皮的方法比较简单，恢复也快。

舌系带要剪吗?

舌系带俗称舌筋，也就是小孩子张开口抬起舌头时，在舌和口底之间的那一薄条状组织。不需要常规剪。如果孩子有吃奶困难或伸舌头时碰不到下嘴唇的情况，则需要考虑剪。随着孩子长大，舌系带与舌头的附着点会自然后退，舌系带就不会显得那么短了。

Part 2

婴儿期

（1 ～ 12 个月）

1 ~ 2 个月

祝贺宝爸宝妈顺利度过手忙脚乱的一个月，宝宝也安全地度过了新生儿阶段，接下来他/她就要开始一段新的人生旅程了。培养一个独立、有能力及懂规矩的孩子要从小做起。

| 生长发育的秘密 |

体格发育

出生后经过新生儿期的体重下降和回升，如果营养充分，喂养正确，从第二个月起孩子的体重开始迅速增长。男孩满两个月时的平均体重为 5.5 千克，正常范围为 4.2（2%）到 7（98%）千克。女孩满两个月时平均体重为 5 千克，正常范围为 3.9（2%）到 6.6（98%）千克。平均每天长 20 ~ 30 克为正常。

满两个月婴儿的生长指标参照值范围

	男宝宝	女宝宝
体重（千克）	4.2（2%）到 7（98%）	3.9（2%）到 6.6（98%）
身长（厘米）	54.5（2%）到 62.5（98%）	53（2%）到 61（98%）
头围（厘米）	36.7（2%）到 41.4（98%）	35.8（2%）到 40.6（98%）

 小提示：早产儿不遵循此规律。

动作及能力发育

情感及社交能力　开始对他人回应一个微笑（6 ~ 8 周大时）；可以自己安慰自己，如把手放在嘴里吸吮；可以注视父母，并且视线跟着父母移动。

语言及交流能力　能咿咿呀呀嘟囔，和父母用自己的语言对话；能转头去注意周围的声响；开始用不同的哭声表达自己的需求；能清楚地表达喜欢及不喜欢的行为。

认知能力　开始注意不同人的面部；开始注意离自己稍远处的人；对长时间做一件事有不耐烦的表现，如哭闹或注意力不集中。

运动能力　趴着时可以抬头，且试图抬起胸部；家长竖抱时，头部可以很稳；四肢动起来更协调，而不是漫无目的地乱动。

父母需要警觉的现象　对大的声响没反应；不去注意移动的物体；不对任何人微笑；手不能放在嘴里；趴着时不能抬头。

| 喂养那些事儿 |

母乳喂养

这个月龄的婴儿要按需喂养，可能每次喂养的时间间隔会慢慢拉长，大多数孩子每2 ~ 3小时吃一次奶。

大便还是很稀、可能有奶瓣，有时会是绿色，这些都是正常的。

什么能帮助妈妈下奶？传统上讲各种汤类食物能帮助妈妈下奶，但这些汤类食物多半是肉汤，脂肪含量极高，对妈妈身体不是十分有利。实际上，只要妈妈能喝足够的液体，不管是什么液体都可以帮助产奶。如牛奶、水、果汁等。建议妈妈每天喝够3升的液体。

配方奶喂养

宝宝可能会每隔3 ~ 4个小时吃一次奶，每次吃的量因孩子而异。大概每天的总量为600 ~ 800毫升，如果喂8顿的话，每次为80 ~ 100毫升。注意奶量要按冲完后的总量算而不是按水量。

吃奶粉的孩子大便会更黏稠，但也不是成形的大便。

营养补充剂

维生素D　纯母乳喂养的婴儿每天需要补充400IU。配方奶粉喂养的婴儿，如果奶量按24小时计算为800毫升，可以隔日补充400IU。

钙　一般情况下不需要补充，除非遵医嘱。

DHA　不需要。

益生菌　不需要常规用。

| 日常家庭护理 |

洗澡

水温不能超过 38℃，时间不超过 5 分钟，注意保暖。洗完澡可用润肤露做抚触及润肤。

大小便

小便 每天应该有 8 次左右的小便。如果小便频繁，次数远超过 10 次，可能就是喂养过度了。小便偶尔发黄也是正常现象，如有小便带血的情况要及时就医。

大便 这个月龄的孩子，大便比新生儿期已经有些减少，喂母乳的孩子比喂配方奶的孩子大便次数要多一些。大便呈绿色或有奶瓣都属于正常现象，父母不需要过多地解读。

大便稀或稠都不需要给孩子吃益生菌，小家伙儿会自己慢慢调节身体的。

睡眠

婴儿在第 1 ~ 2 个月间平均睡眠时间为 16 个小时左右，醒来的时间逐渐延长，和家长互动的机会也会逐渐增多。有些孩子夜里已经可以连续睡 4 ~ 6 个小时，此时不要把孩子叫起来喂奶，除非是早产儿。如果孩子频繁夜醒或哭闹，有可能是肠绞痛，这时，你要做的是抱抱孩子，试着进行安抚。

正确的抱姿

婴儿两个月左右就可以竖着抱了，这时婴儿的头部已经不再晃得厉害，不要担心竖着抱会伤害孩子的脊柱，这种说法是没有科学根据的。竖着抱能满足孩子对开阔视野的需求，也利于刺激孩子的视觉，对大脑的发育也很有益。

切忌使劲摇晃宝宝，剧烈的摇晃会使孩子发生脑出血的情况，后果不堪设想。

穿衣指南

夏天 以不出汗为原则，适当调节室温至适合婴儿的温度，如 24℃。夜间尽量不盖被子，穿一身睡衣即可。

冬天 穿衣服以家里穿衣最少的人为标准，不要给婴儿穿得过多，冬天也是会长痱子的。夜间为了保暖，最好给婴儿穿厚点的睡衣或使用较薄的睡袋，不一定非要盖被子。如果婴儿反复地踢被子，证明他 / 她很热。

户外活动

只要室外温度不是极端冷或热，婴儿都可以外出。外出时穿衣服的薄厚度和大人一样即可。外出时，记得给孩子戴遮阳或保暖的帽子，避免太阳直晒。天气很冷或炎热时适当减少在户外的停留时间。

很多家长都会问我，小月龄的宝宝能坐飞机吗？我的答案当然是肯定的，出生满14 天的宝宝就可以坐飞机。飞机起飞或降落时，会对宝宝的耳朵产生刺激，从而引起不适和烦躁情绪，这时妈妈可用安抚奶嘴或母乳喂养的方式来提高宝宝的吞咽频率，这样做可以有效缓解宝宝的烦躁情绪。

| 亲子互动 |

看书　父母可以选择有黑、白、红颜色的闪卡或颜色鲜艳的图画书与孩子一起翻看，同时给孩子大声朗读。

交流　告诉孩子正在发生的事情。如："妈妈要给你准备奶去了，你自己在床里等一会儿""爸爸一会儿就回来了"等。

玩具　可以选择一些发声的玩具吊在婴儿床上面，启发孩子的好奇心，或者在小床边放置一面小镜子（注意是不易碎的）等。

趴一趴　每天吃奶前趴一趴有助于颈部、肩部及手臂肌肉的发育。每天可以趴 3次，每次至少 5 分钟。

面部表情　给孩子展现你的面部表情，可以是个夸张的表情，如喜悦、惊奇等。

抱抱　时常抱抱孩子，表达你对他 / 她的爱意。在他 / 她大哭时给予安慰，这样做有助于孩子安全感的养成。

抚触　抚触有利于亲子间感情的交流，也能使孩子放松，安抚其焦虑的情绪。

| 安全常识 |

安全座椅

婴儿乘车时，一定要使用汽车安全座椅。安全座椅需要经过权威机构质量认证并正确安装在汽车上。在婴儿阶段，应该使用后向式汽车安全座椅，且要安装在后排

座椅上。如果大多是妈妈一人带宝宝出门，则建议安装在副驾驶后的座椅上，方便妈妈随时从后视镜里观察宝宝的情况；如果有人陪同，则建议将安全座椅安装在驾驶位后边的座位上。

坠落

这个月龄的孩子虽然还不会翻身，但如果把孩子单独放在床上或沙发上，孩子蹬腿时还是有可能坠落的。即使你只是转身拿某样物品，也一定要把孩子放在地垫上或婴儿床里，以防意外发生。

玩具的选择

不要选择有容易脱落的小零件或棱角分明的玩具，这些都是导致孩子窒息及受伤的危险物品。

洗澡

洗澡水温度在 37 ~ 38℃为宜。放好水后再给宝宝洗澡，水管里的水温不是恒定的，一边放着水一边洗澡有烫伤宝宝的危险。此外，绝不可把宝宝一个人留在浴室。

┃常见疾病及治疗方法┃

黄疸

母乳喂养的婴儿在这个月还会有轻微的黄疸，但应该是逐渐消退的过程而不是逐渐加重。这种"母乳性黄疸"一般不会影响孩子的健康，不需要任何治疗，更不需要停母乳，切记。

隔着玻璃晒太阳不仅不能退黄疸，还可能会导致孩子皮肤受伤。因为玻璃可以把治疗黄疸的蓝光全部挡住，而红外线和紫外线可以透过玻璃将婴儿晒伤，所以哪怕晒太阳的时间再长，也治疗不了黄疸。婴儿的黄疸症状会逐渐好转的，家长需要做的就是耐心一些。

如果黄疸的症状不仅没有减轻反而加重了，则要仔细找原因，先天性胆道闭锁会引起婴儿严重及持续的黄疸。

皮肤脂溢性皮炎

脂溢性皮炎多发于面部、胸部、尿布处及腋下，尤其是耳后。症状可为皮屑、皮肤发红及小丘疹，有时还会有一层黄色结痂。不同于湿疹的是它很少引起瘙痒。这是一种自限性疾病，会自愈，一般持续几周到 3 个月左右的时间。如果孩子痒得比较严重，可选用激素类药膏治疗（激素类药膏要在医生指导下使用）。耐心一点，都会好的。

鹅口疮

鹅口疮表现为口腔内长出白色的片状物，好发于口腔内侧面及上下嘴唇内侧的黏膜部位。这是由口腔的真菌感染导致。治疗时，一般使用抗真菌药物，首选制霉菌素，但目前发现很多真菌对该药有耐药性。如果鹅口疮反复发生或一停药就复发，可考虑口服氟康唑。

鹅口疮的形成原因多为大人没注意洗手或奶嘴、奶瓶消毒不严格导致。所以大人要注意严格洗手，所有奶瓶、奶嘴要用开水煮沸 5 分钟。不要依赖消毒锅消毒，用开水煮沸的方式更可靠。

婴儿痤疮

"婴儿痤疮"一般出现在婴儿出生后的几天到几个月间。常见部位为面部及躯干，以丘疹和脓疱为主，偶见黑头粉刺，少见结节和囊肿。这种皮疹在婴儿受热时会更加明显，一般情况下都会自行消失，并不需要治疗。一年四季都要保持室内凉爽。痤疮很少会让婴儿有不舒服的感觉，不需要用药。

腹泻

腹泻的定义不仅是次数增加且每次的量也增多。很多婴儿每天大便 10 ~ 12 次，尤其是母乳喂养的孩子，大便可能很稀，这都是正常的。如果孩子进食和精神状态都正常，则不需要担心。如果伴有血便、呕吐或发烧，则有可能是感染，需要及时就医。

发烧

体温如果在 38℃以上需要及时就医。

肠绞痛

这个月龄的孩子多数仍然有肠绞痛的症状，症状与新生儿期类似。一般多发在下午及夜间，表现为扭动身体、哼哼唧唧，或尖声哭闹，这些都是肠绞痛的症状。肠绞痛是原因不明的疾病。孩子不舒服时可以抱起来进行安抚，或让孩子趴在大人身上一会儿。严重的情况可以考虑用西甲硅油或益生菌，但这些药物不见得能缓解肠绞痛的症状。一般到孩子 3 个月大时肠绞痛自然会消失。

呕吐

孩子吐奶是时常发生的，有的是因为过度喂养，有的是因为孩子有胃食道返流。如果不影响孩子体重增长，都不需要担心。进食过量，除了表现为进食后呕吐外，还表现为一个月内体重增长远远大于 1 千克，这种情况需要减少每次的喂奶量。如果是胃食道返流，可以试试每次喂奶后竖抱 10 ~ 15 分钟再将孩子放下；如果影响体重增长，则需要就医进行治疗；如除呕吐外还伴有发烧或腹泻，需要及时就医；如有连续喷射样呕吐也需要就医。喷射样呕吐指的是呕吐时能喷出 1 米以上。

孩子呕吐时，奶可能从口腔及鼻腔喷出来。遇到这种情况不用害怕，等孩子吐完了清洗干净即可。如孩子被呕吐物堵着导致窒息，需要马上把孩子翻过来拍打后背，尝试几次后若仍没有缓解则需要马上叫救护车。

有新生儿的家庭都应该学习一下急救知识。尤其是男宝宝，如果从 4 周大左右开始有反复的喷射样呕吐，要及时就医。孩子可能患有幽门梗阻，这种情况是需要手术治疗的。除了呕吐外，孩子还会伴有体重增长不理想的情况。

鼻塞及嗓子有痰

很多婴儿嗓子里常常发出呼噜呼噜的声音，然而没有炎症也没有发烧，吃得玩得都很好，这是怎么回事呢？

嗓子里的呼噜呼噜声可能是痰的声音，痰的形成大部分是鼻涕流到嗓子的原因。可以试试用生理盐水或海盐水冲洗鼻腔，这样能很好地缓解鼻塞及痰在嗓子里的堆积。

尿布疹

很多家长会问尿布疹是如何形成的？湿的尿布穿的时间太长了或拉了大便的尿布太久不换就会产生尿布疹。这种尿布疹经过恰当的护理，一般会在三到四天痊愈。

什么情况下容易有尿布疹？　没有及时清理孩子的排泄物；宝宝拉肚子；开始吃辅食时，吃抗生素时。

尿布疹如何护理？　大小便后及时更换尿布；及时换下湿的尿布以减少对皮肤的刺激；在空气中晾干皮肤，纸尿裤粘贴处别粘得太紧，不要紧紧地贴着孩子的皮肤。

以上都做了的情况下还不见好转可以试试尿布疹膏，两到三天如还不见好转，就需要就医了。

尿布疹膏多见的是含氧化锌成分的药膏，低浓度如10%左右的为日常用，有尿布疹时可用含高浓度氧化锌的药膏，如40%的。如果用尿布疹膏治疗效果不好，需要尽快就医。虽然看似都是红屁股，但也可能有不同的情况，如真菌感染。

脐疝

脐疝很常见，很多婴儿出生时肚脐会有凸起，时大时小，这就是脐疝。脐疝在新生儿期的发生率大概为10%～20%，早产儿更易发生。

发病原理　胎儿与母亲的连接靠的是脐带，脐疝是由于脐部发育不良，当腹压高的时候，肠管及其他组织从脐部的薄弱部位向外突出导致。

症状　脐带处有明显膨出，孩子哭闹时更明显，安静及平躺时完全消失。出现肠管被卡住回不去的情况极少见，如果出现要马上就医。

治疗方法　绝大多数脐疝不需要治疗，在孩子3～4岁之内会自行消失，超过这个年龄可考虑采用手术方法解决问题。如有过肠管被卡住的情况要考虑尽早手术。

给孩子戴个腹带或在脐疝处压个硬币丝毫没有帮助，如果腹腔内的压力很大，则没有任何腹带能挡得住肠管的膨出。

蒙古斑

蒙古斑虽然带"蒙古"两个字，但并不代表只有蒙古裔的人会有，蒙古斑可以出现在任何族群的人身上。它是不高于皮肤的、灰蓝色的皮疹，又叫"先天性真皮黑素细胞增生症"。蒙古斑一般在出生时就存在于孩子的下腰部及臀部，有的也在四肢上，但有的蒙古斑在孩子出生时并没有，而是在出生后慢慢显现。蒙古斑丝毫不会影响孩子的健康，也不需要治疗，大多数孩子身上的蒙古斑会在进入青春期前自行消失。

什么是引起蒙古斑的原因呢？这与我们身体内黑色素细胞分泌的黑色素数量有关，而黑色素的分泌量可能与种族有关。

如果你发现孩子皮肤上有灰蓝色的斑块时也不用担心，它们多半会自行消失，有

的需要等到青春期前后。它的存在只是会影响美观，对健康没有丝毫的影响，不需要治疗。

太田痣

什么是"太田痣"？ 太田痣跟蒙古斑很相似，但和蒙古斑又不太一样。特点为一侧面部有蓝色的斑片，同一侧的白眼球也有蓝色的斑片。这不是普通的胎记，它叫"太田痣"或叫"眼皮肤黑素细胞增生病"。

太田痣的表现形式 近 90% 的太田痣都表现为面部一侧的皮肤色素增生，皮肤呈现蓝色或棕色的斑片，一般沿着三叉神经分布。这些斑片呈现在眼睑、眼睛周围、额头、脸颊、白眼球及虹膜上等。大多数太田痣在孩子出生时就有，但也有到青春期才逐渐显现的。这些斑片会随着孩子面部的发育而稍有扩散，但不会超过面部的范围。

太田痣的病因 到目前为止没有发现明确的病因，可能与遗传及激素有关。

太田痣的发病特点 女性比男性的发病率高 5 倍，多发于亚裔及非洲裔人群。

太田痣的诊断 一般为临床诊断，偶尔也需要取皮肤进行活检诊断。眼科医生会做一系列眼睛的检查。

太田痣的治疗 激光为非常有效的治疗方法，一般需要多次。激光能消灭黑色素细胞，使皮肤恢复应有的颜色。但有一部分孩子在康复以后会再次复发，这些复发的斑片可能会比以前的颜色更深。

太田痣有可能引起的并发症 患有太田痣的患者更易有"青光眼"，所以常规看眼科是非常必要的。这些患者也有皮肤发生黑色素瘤的可能，长期去皮肤科跟踪病情也是必要的。

太田痣的预后 太田痣经过治疗，预后效果还是非常好的，但要长期在眼科及皮肤科复诊。

| 疫苗接种 |

按照国家 2021 年版免疫规划疫苗儿童免疫程序表，满 2 个月要接种脊髓灰质炎灭活疫苗（IPV）。如果选择二类疫苗，建议接种五联疫苗（百白破 – 脊髓灰质炎 –b 型流感嗜血杆菌）、肺炎 13 价及口服轮状病毒疫苗，以上三种疫苗要按建议的间隔时间进行接种。

|护苗＊成长|

如何应对大孩儿对二孩儿的嫉妒?

　　不管老大几岁，都需要一段时间来适应弟弟或妹妹的出生。嫉妒是很多家长都要面对的，你如何应对这种嫉妒是决定两个孩子是朋友还是敌人的关键。

　　以下是按老大年龄分组的应对建议，因为不同年龄孩子的认知是不一样的。

　　2岁以下的孩子对新生儿的反应　这个年龄的孩子对弟弟或妹妹的出生比较懵懂，他/她觉得弟弟或妹妹和新买的毛绒玩具没有任何区别。但二宝的出生还是会对老大造成一些影响，因为他/她想要妈妈只关心自己。如果妈妈因为二宝而忽视老大，就会使老大产生嫉妒的心理。如果老大看似淡然，实则很有可能在为自己"独霸"父母时期的结束而悲哀。这种淡然的态度可能会持续到二宝会走路，如果二宝开始动他/她的东西，老大很可能就会脾气大爆发。

　　作为父母，应该如何应对呢?　父母要尽量每天花些时间陪伴老大，哪怕只用10分钟的时间给他/她读个故事。就算你再疲劳也要对老大微笑，给他/她拥抱，让他/她知道你对他/她的爱。但不要对老大的无理要求妥协，比如：当你在喂二宝时，老大非要你抱。你要告诉他/她："妈妈现在没法儿抱你，但你可以过来跟我们一起，等我喂完妹妹/弟弟，我一定抱你"。

　　2～3岁的孩子对新生儿的反应　这个年龄段的孩子会在弟弟或妹妹出生后变得很黏人、爱哭闹及无理取闹，还会特别嫉妒。比如：一个3岁的孩子看到妈妈给弟弟擦护臀膏时也会缠着妈妈给他/她擦，如果不给他/她擦就会一直闹。孩子还会在断了母乳很久之后又要吃母乳。老大的入睡时间也是新生儿肠绞痛的高发时间，所以睡觉会是一个最让人头疼的时间段。当老大知道弟弟或妹妹可以和父母睡一个房间后，也会拒绝独自睡。老大本来已经具备了夜间自己睡觉的能力，此时，则很可能在夜里醒来喊妈妈过来。这个年龄的孩子是个"小矛盾体"，他/她既想要新生儿的待遇，又想寻求自由及独立，因为自己长大了。

　　对于这些"小矛盾体"，我们应该如何应对呢?　父母可以针对老大这种矛盾的心情做点事情，比如和孩子玩角色扮演的游戏。你可以让孩子扮演新生儿，"既然你想变成小宝宝那就当小宝宝吧"。把他/她放在你的腿上摇一摇，再和他/她用婴儿的语言说话，"咕咕、嘎嘎"，我敢保证他/她不会对这种游戏感兴趣。这会让他/她明白：做小婴儿也不是那么有趣的事。

　　为了让老大更快适应弟弟或妹妹的到来，你需要从怀孕时就对老大进行心理建设，让老大参与给新生儿买衣服、纸尿裤及布置房间。在二宝出生前，就要把老大的入睡常规变得短一些。爸爸的参与也很重要，早上可以让爸爸叫孩子起床及给他 / 她吃早饭。如果老二要睡老大小时候的婴儿床，也要事先告诉老大并征得他 / 她的同意。记住：一定不要把任何矛盾都归结于老二的出生，这样会让老大记恨老二。

4～6岁的孩子对新生儿的反应　这个年龄段的孩子已经具备了一定的理解力，他 / 她会在老二出生前有心理准备。这个年龄的孩子自我控制力也好很多，大多数情况下，他 / 她能耐心地等着妈妈来照顾自己入睡或做游戏。他 / 她也有了自己的生活，每天忙得不亦乐乎，所以没那么多时间琢磨老二。在照顾二宝的同时，妈妈也要给予老大足够的关注，如果老大感觉父母不够关注他 / 她，他 / 她就可能就会找碴儿发脾气。

当然，我们也要有应对的方法。父母要给予老大一对一的关注，这样他 / 她才不会觉得自己被抛弃了。你可以单独带老大出去，哪怕只是去趟楼下的生活超市，也意味着你需要他 / 她，并没有忽视他 / 她。当二宝做了损害老大玩具的事情时，一定要坚定地站在老大的一边，不要一味地袒护二宝。你可以温柔地告诉他 / 她："我知道你很生气，我跟你一起深吸一口气，然后把它修好。如果修不好，我们就买个新的。"

7～8岁的孩子对新生儿的反应　这个年龄段的孩子已经不大爱表达自己的真实感受了，当你问他 / 她对二宝的感觉时，他 / 她可能会说"没什么"。家长需要给老大说出他 / 她心中真实想法的机会，而不是深深地隐藏在心里，不说出来有可能会引起一系列的行为问题。

我这里有个很灵的方法，你可以在老大睡觉前和他 / 她在床上腻一会儿，没准儿会让你得到意想不到的效果。谈心时，可以和孩子一起回忆他 / 她小时候的趣事，讲讲有了弟弟或妹妹后家里都发生了哪些变化，弟弟或妹妹的到来给他带来了哪些烦恼及乐趣。通过聊天，既了解了孩子的真实想法，也顺其自然地安抚了老大的不满和嫉妒情绪，一举两得。

日常生活中，一定要让老大参与到二宝的生活，力所能及地给弟弟/妹妹读个故事、唱首歌，让他 / 她知道自己不是局外人。切记，不可以让老大独自带二宝，别忘了他 / 她还是个孩子。

|育儿一点通|

教你3招帮老大适应二宝的到来

● 不要去试着纠正老大的不良情绪，学着换位思考，站在老大的角度想问题，你会理解及接受这种情绪。

● 不要去模仿老大的不良情绪及取笑他／她，可以用开玩笑的方式去安抚。幽默地化解问题是最好的安抚孩子的方式。

● 当老大对二宝表示友好及关心的时候，一定要及时给予鼓励。

这可能是一个很漫长的过程，耐心些，静待花开，你会收获你想要的。

|暖心寄语|

在照顾孩子的同时，妈妈也要注意照顾自己，合理安排营养膳食及保证充足的睡眠。

小生命的到来，占据了你的全部身心，让你无暇顾及更多的人和事。生活中不仅有孩子，留些时间给爱你的丈夫，他也需要你的爱。

不要焦虑，你已经做得很好了！打开尘封已久的咖啡机，冲一杯咖啡，放松一下，和朋友尽情地大声歌唱，找回久违的自己。

照顾家庭和孩子的同时，多关注自己的身体状况，有你在的地方才是家。

家长常见问题

马牙是什么？

马牙是在孩子出生后不久牙龈或上腭出现的乳白色的、像珍珠一样的凸起，人们管这个叫"马牙"，医学上叫"上皮珠"。你不用试图把它们挑破，它们会自行消失的。

有的宝宝生下来就有真正的牙齿，叫"胎生乳齿"，发生率约为 1/2000。这些牙齿如果没有牙根或引起喂母乳困难、舌头溃疡，则可考虑把它们拔掉。如果有牙根且不引起任何问题，则可以留着，等自行脱落即可。

混合喂养有必要吗？

纯母乳喂养是每个母亲送给孩子最好的礼物，没有任何配方奶的营养价值能和母乳媲美。有些妈妈为了让孩子尽早适应奶瓶及配方奶想尽办法，这是大错特错的。一旦孩子习惯从奶瓶里吃奶，他/她就会对吸吮母乳失去兴趣，没有孩子的吸吮，妈妈的产奶量会越来越少。

宝宝应该和父母一起睡大床吗？

新生儿从出生开始就应该睡婴儿床，与大人睡并不安全，因为大人在深度睡眠时容易压着宝宝。

美国儿科学会建议：新生儿在 1 岁以内可以和父母睡在同一房间，以保证对婴儿的照护，但要独自睡摇篮或婴儿床。

最佳室内温度？

室温以让孩子舒服为标准，一般可保持在 23 ~ 24℃。不要以大人的体感温度为准。房间太冷时要给孩子穿睡衣及使用睡袋。夏天最好避免使用睡袋。

两个月大的宝宝还有黄疸，正常吗？

两个月大的宝宝还有轻微的黄疸是正常的，母乳性黄疸可持续 2 ~ 3 个月左右，不用担心。但如果黄疸越来越明显则要及时就医。

大便有些泡沫及奶瓣，正常吗？

宝宝大便有泡沫或奶瓣是正常现象。只要宝宝食欲好、体重正常增长就不需要担心，也不需要补充益生菌。

宝宝头睡偏了，怎么办？

别担心，你有足够的时间去纠正。平时有意识地让宝宝的头转向没被压平的一侧（如用玩具逗着他/她转向）。头型不对称的情况会随孩子长大自然好转。

孩子需要奶睡怎么办？

奶睡是个坏习惯，让宝宝自然入睡最好。看到孩子有睡意时把他／她放在婴儿床里，孩子可能要哭一下，没关系，哭一会儿就睡着了。宝宝夜里醒来也不要抱，看看孩子能不能自己再入睡。

可以用润肤露做抚触吗？

当然可以。有些抚触油或婴儿油会让孩子的皮肤更干，可用润肤露代替。

宝宝不吃奶瓶怎么办？

可以试试用勺子或杯子喂。

打卡介苗的部位化脓了怎么办？

打完卡介苗 1～3 个月后可能会红肿及化脓。注意不要用酒精及碘酒清理，用干净纸巾蘸干就行。这种情况不影响洗澡。

每四天拉一次大便，正常吗？

只要拉出来是软便就正常。如果孩子肚子不胀，食欲也没有问题，几天不大便都不需要担心。如果肚子太胀，可试试用体温计刺激肛门或给 5～10 毫升的开塞露。如果不成功则需要看医生。

能训练孩子大便或小便吗？

孩子在这个年龄还没有能力控制大小便，如果特意训练则可能混淆孩子的便意，是非常不科学的做法。

怎样判断孩子是否需要增加奶量？

如果连续一周每次都能把瓶子里的奶吃完，就可以每次增加 10 毫升的量。

可以用安抚奶嘴吗？

在孩子建立了很好的母乳喂养习惯后可以使用安抚奶嘴。宝宝需要用吸吮物来安慰自己。不用担心孩子戒不掉，当孩子长大自然就戒了。

剃头能让宝宝头发更黑、更密吗？

不太可能。常见到孩子剃了头之后头发长得一块儿一块儿的，既不浓也不黑。

想让孩子多喝水，能把奶粉冲稀点吗？

不能。一定要按奶粉生产厂商的建议加水，因为多加水会造成液体的低渗透压，如短时间内摄入大量低渗液体会降低血液的离子浓度，从而引发惊厥或别的问题。

腹股沟一侧肿了，是什么问题？

可能是腹股沟疝气，需要尽早就医。

需要做被动操吗？

没有足够证据表明被动操能促进孩子的发育。

舌头发白是鹅口疮吗？

注意观察口腔内部黏膜，尤其是两颊内部及上下嘴唇内部，只是舌头发白不能说是鹅口疮。鹅口疮被碰到时会疼，所以吃奶时可能会受影响。治疗为局部用制霉菌素，如反复发生就可能是产生了耐药性，需要更换药物，如氟康唑。

新生儿的房间能用蚊香吗？

蚊香可能释放不安全的气体。婴儿防蚊需要用蚊帐，蚊帐要把整个小床都盖住。

打完疫苗后能洗澡吗？

最好过 24 小时后再洗澡。

婴儿可以游泳吗？

婴儿只要脖子硬了就可以用戴在腋下的游泳圈游泳。脖子不硬时，家长可以托着宝宝的身体及头部游泳。

夏天应该给宝宝穿袜子吗？

宝宝不应该比大人穿得多。夏天，宝宝并不需要特意穿袜子。

宝宝需要用枕头吗？

没有必要。因为孩子不会在枕头上老老实实睡觉，他 / 她会像小陀螺一样不断地转圈儿。枕头不应该放在婴儿床内，它是一个可能让孩子窒息的危险物品。

2～3个月

这个月龄的宝宝大都看起来圆滚滚的，很可爱，除了身体上的一些变化之外，动作、视力、听力、睡眠等跟刚出生时相比都有了不小的进步。宝宝和家人的互动性更好，家长也会觉得宝宝更有意思了。在顾及宝宝温饱的同时，也要注意好习惯的养成，辅助孩子发育及训练孩子自我安慰的能力。

| 生长发育的秘密 |

体格发育

满3个月婴儿的生长指标参照值范围

	男宝宝	女宝宝
体重（千克）	5（2%）到8（98%）	4.5（2%）到7.5（98%）
身长（厘米）	57（2%）到65.5（98%）	55.5（2%）到64（98%）
头围（厘米）	38（2%）到42.7（98%）	37（2%）到42（98%）

动作及能力发育

运动能力　趴着时能把头和胸高高抬起，能用双臂支撑上身；仰卧时能踢踢腿；能张开手及握拳；手能放到嘴里；手能撩动垂下的物体，但还抓不住；能抓住及摇晃放在手里的玩具；试着从仰卧翻到趴着。

视觉及听觉发育　能有意识地寻找熟悉的面孔；眼睛跟踪移动的物体；识别远处熟悉的物体及人；开始有手眼协调的动作；听到熟悉的声音能回应以微笑；能发出各种声音及模仿声音；头能转向发声处。

社会及情感发育　有回应性微笑；喜欢和别人玩，一旦停下来会不高兴；面部表情更丰富，更爱交流；模仿别人的动作及表情。

家长需要警觉的现象　对大的声响没反应；对自己的手没兴趣；没有回应性微笑；

眼睛不能跟踪移动的物体；对放在手里的玩具没有抓握力；趴着时，头抬不起来；不试着去撩拨吊着的玩具；不发出任何声音；不蹬腿；持续性"对眼"（偶尔对眼是正常的）。

｜喂养那些事儿｜

母乳喂养

母乳喂养的孩子吃奶时间逐渐形成了规律，一般 3 小时左右吃一次。夜间仍需要喂两次奶。

大便还是很稀、有奶瓣，次数逐渐变得少一些，有时大便会呈绿色。这些都是正常的。

配方奶粉喂养

奶粉喂养的宝宝需要每 3 ~ 4 个小时喂一次，每次吃的量因孩子而异。每天的总量为 900 毫升左右。如果喂 6 顿的话，每次约 150 毫升；喂 7 顿的话，每次约 130 毫升。注意奶量要按冲完后的总量算而不是按水量。奶粉喂养的孩子大便会更黏稠，成形的大便是不正常的。喂奶粉的孩子也不要再额外给水喝。

营养补充剂

维生素 D　纯母乳喂养的婴儿每天需要补充 400IU。配方奶粉喂养的婴儿需要按奶粉中维生素 D 的含量计算每日还应该补充多少。纯配方奶喂养的孩子隔日需要补充 400IU 的维生素 D。

钙　一般不需要补充，除非遵医嘱。

DHA　不需要补充。

益生菌　不需要补充。

｜日常家庭护理｜

洗澡

洗完澡可用润肤露做抚触及润肤。擦润肤露要在皮肤还湿润时，不要等皮肤完全干了再擦。

大小便

小便　每天应该有 8 次左右的小便，如果小便的次数远远超过 10 次，就可能是喂得太多了。偶尔有小便发黄的现象也是正常的，如有小便带血要及时就医。

大便　这个月龄的孩子的大便比上个月已经有些减少，喂母乳的孩子比喂奶粉的孩子大便次数多。大便有奶瓣或呈绿色都是正常的，不需要过多地解读。

大便稀或稠都不需要通过吃益生菌调节。婴儿的身体自己会慢慢调节。

睡眠

2～3 个月大的婴儿平均睡眠时间为 14～16 个小时，醒着的时间逐渐延长，和家长互动的机会也多了。孩子夜里可以连续睡 5～6 个小时，不要特意把孩子叫起来喂奶，除非是早产儿。此时，肠绞痛的症状逐渐减少，孩子夜间也睡得较踏实。

正确的抱姿

进入第 3 个月，婴儿可以更多地竖着抱了。竖着抱能满足孩子对视野的需求，视野广了也更利于孩子的视觉发育。竖抱时不需要随时托着孩子的头，扶着后背就可以了。

把孩子放在背带里出行没有问题，但要选择符合安全标准的背带。

正确的抱姿

流口水

很多宝宝从两个月时开始流口水，这是出牙的表现，家长大可不必担心。口水如果和下巴皮肤接触容易有湿疹，需要经常给宝宝擦拭，并在下巴处擦润肤露。

｜亲子互动｜

看书，训练视觉、语言及认知能力　父母和孩子一起看书，选择颜色鲜艳的图画书，同时给孩子大声朗读。

不断地和孩子对话，训练语言及听觉　告诉孩子周围发生的事情。如"爸爸回来了""我们现在要穿衣服了"等。语言的刺激要随时随地，不厌其烦。大声朗读也会更好地刺激语言发育，朗读的内容可以是适合儿童的故事书。录音代替不了真人的

朗读。

发声的玩具及小镜子，训练认知及手眼协调的能力　可以选择一些玩具吊挂在小床上面，用可以发声的玩具来启发孩子的好奇心，也可以在小床边放置一面小镜子（注意是不易碎的）等。

趴一趴，训练粗大动作能力　每天吃奶前趴一趴，有助于颈部、肩部及手臂肌肉的发育。每天可以趴3次，每次至少5分钟。

丰富的面部表情，训练认知及社会能力　给孩子展现你的面部表情，有时可以是夸张的表情，如喜悦及惊奇。

抱抱宝宝，训练社会及认知能力　时常抱抱他/她，表达你的爱意。在他/她大哭时，给予安慰有助于孩子安全感的养成。

抚触，增进亲子关系　抚触有利于亲子间感情的交流，也能让孩子放松下来，安抚孩子焦虑的情绪。

| 安全常识 |

安全座椅

安全座椅要放置在后排座位上，按要求反向安装。不可以抱着孩子坐汽车。车内也不可以抽烟。

坠落

有些家长是因为宝宝坠床了才知道宝宝已经会翻身了。千万不要把孩子单独放在床上或沙发上，孩子一蹬腿或者一翻身很有可能会坠落，所以一定要把孩子放在地垫上或婴儿床里。不要离开孩子一步，哪怕是转身拿尿布。

床边不要放任何家具或尖锐物，以免孩子坠床时受到二次伤害。

 温馨提示: 产妇的情绪
在全家人都把精力集中在宝宝身上的同时也要关心孩子的妈妈。产妇在激素的作用下很可能有情绪上的波动，家人要注意关心妈妈，让她顺利度过产后抑郁的高发期。
妈妈自己要注意照顾自己，吃好及休息好；每天要有和丈夫独处的时间；要和家人及朋友互动；注意给家里的大宝留一些互动时间；让家里老人也参与照顾新生儿。
有抑郁情绪要及时就医，尤其有伤害自己或宝宝的想法时。

| 常见疾病及治疗方法 |

黄疸

"母乳性黄疸"在孩子 2～3 月时会逐渐消失。

湿疹

湿疹在孩子两个月后逐渐开始显现，多表现为面部、肘弯及膝盖后的红肿或片状干燥的皮肤。严重的湿疹可以是全身性的红肿，有的湿疹部位还会渗水。

零散的片状湿疹不一定和过敏有关，全身性严重的湿疹则可能和过敏有关。湿疹的治疗主要靠反复涂抹润肤霜，有时一天需要涂抹 10 次以上。如果皮疹非常红肿及痒，可以用激素类药膏，但要短期用、小面积用及用低强度的，如氢化可的松药膏。如有严重的全身性湿疹，可在医生的建议下试着把普通奶粉换为深度水解奶粉或氨基酸奶粉。注意，换成部分水解奶粉的效果并不好，也不应该换为羊奶粉或豆奶粉，因为这些奶粉内的蛋白质与牛奶蛋白有类似性。

喂母乳的妈妈如果能减少摄入奶制品及大豆类食物可能会有帮助，没有证据表明戒食其他食物对改善婴儿的湿疹有帮助。

婴儿痤疮

"婴儿痤疮"一般出现在孩子出生后的几天到几个月间。常见部位为面部及躯干，以丘疹和脓疱为主，偶见黑头粉刺，少见结节和囊肿。这种皮疹会自行消失，一般不需要治疗。在婴儿受热时会更明显，所以要保持室内凉爽，包括冬天。痤疮很少会让婴儿感到痒或不舒服，不需要用药。

发烧

体温如果达到或超过 38℃，需要及时就医。这个月龄的孩子发烧，医生会按部就班地询问病史，如孩子是否接触到了生病的家人，然后查体，并做些化验检查，尤其是血常规和尿液的检查。家长此时要配合医生，遵医嘱进行检查及治疗。虽然孩子在两个月大以后抵抗力强了一些，但得严重细菌感染的可能性还是有的。

肠绞痛

这个月龄的孩子肠绞痛的症状也在逐渐缓解，孩子的睡眠有所改善。如果孩子还

是哭闹得厉害就需要找找其他原因了。

鼻塞及嗓子有痰

很多婴儿嗓子里常常会有"呼噜呼噜"的声音，也没发烧，吃得玩得都很好，这是怎么回事呢？

嗓子里的呼噜呼噜声可能是痰的声音，鼻涕流到嗓子后就会形成痰。冬天天气干燥及感冒时都容易有大量的鼻涕产生。可以试试用生理盐水或海盐水冲洗鼻腔，这样能很好地缓解鼻塞及痰在嗓子里的堆积。

草莓痣、血管瘤

不少家长都会问我，孩子身上的红色胎记是怎么回事。这种胎记其实是草莓痣或血管瘤，一般发生在新生儿及婴儿身上。虽然它叫胎记，但不一定出生就有，有的孩子在几周大才出现。一般情况下在孩子三四岁时消失，如果不消失的话也会逐渐淡化。

最常见的长草莓痣的部位为面部、头皮、后背及胸部。它可以是比较浅表的、深部的或混合的。一般草莓痣是平于皮肤或高出皮肤的。颜色深的血管瘤可以是海绵状的，皮肤颜色为蓝紫色。

为什么会有草莓痣呢？ 草莓痣是由很多多余的血管聚集在皮肤表面形成的，其成因目前并不明确。

血管瘤对身体有什么影响？ 绝大多数浅表的血管瘤对身体没有丝毫影响，有的会完全消失不留痕迹，有的消退后会在皮肤上留下很浅的白色或蓝色痕迹。极少数情况会有生命威胁，如长在呼吸道、消化道、面部或内部器官，比较大的血管瘤可能会影响呼吸、视力、听力及器官功能。

治疗方法 绝大多数小的、浅表的血管瘤不需要治疗，因为它们会自行消失。如有影响身体功能的血管瘤，可以考虑用药物，如口服心得安或局部用 β 受体阻滞剂治疗，但治疗是有副作用的，医生需要权衡利弊后再做出决定。有的也可选择手术或激光治疗，但一定是有指征的血管瘤。

婴儿摇晃综合征

孩子的到来给我们带来很多乐趣，但孩子哭闹不停的情况也时有发生，有时候家长也会忍不住发脾气，悲剧最容易在这时发生。尤其是在孩子出生后的 3 个月内，这是婴儿肠绞痛最容易引发的时候。

婴儿摇晃综合征是一种"虐待"，它的后果很严重。即使孩子活下来了也会有长期的后遗症，如学习障碍、行为问题、视力及听力障碍、语言发育障碍、癫痫、脑瘫等。

病因　婴儿出生时大脑并不成熟，当婴儿被摇晃时大脑会在颅骨内来回撞击，这会使孩子稚嫩的大脑出血及肿胀，只需要摇晃孩子几秒钟，不幸便会发生。

诊断　摇晃婴儿综合征会伤害孩子的各个器官，需要多学科的合作才能诊断。一般需要做脑部CT或核磁，骨骼的X光检查可以发现可能存在的骨折。还需要检查眼睛，观察眼底的出血情况。

治疗方法　治疗的复杂程度取决于受伤的情况。颅内出血有可能需要神经外科手术；骨折需要及时手术或固定；眼底损伤需要检测孩子的视力。

如何预防？　所有照顾婴儿的家庭成员都需要知道剧烈摇晃婴儿所产生的后果，哪怕只是几秒钟。

婴儿摇晃综合征的特点　2～3个月大的婴儿是婴儿摇晃综合征的高发期，因为这个月龄的婴儿最易哭。哭闹是不可预测的，什么原因哭、什么原因停都无法预测；家长无法安抚；婴儿哭的时候看起来很痛苦；哭的时间很长，有时会持续几个小时；多半在下午和晚上哭。

如何安抚孩子？　试着按摩孩子的后背，给他/她唱歌或试试白噪音（如流水声）、抱着走一走或给个安抚奶嘴。如果还是不停地哭，这就要考验你的自控能力了。在这种情况下，你需要事先定个计划。在你发火前，把孩子放到一个安全的地方走开一会儿，或把孩子交给家人看一会儿，安抚自己的情绪。千万不要在愤怒时摇晃你的孩子。

睾丸未降

睾丸是男孩子重要的身体器官，有些男婴在医生查体时发现睾丸不在阴囊内，这会引起家长的恐慌。睾丸未降又叫"隐睾"，这是一种先天性的问题，有时为一侧，有时为双侧。睾丸在胚胎时是在腹腔形成的，在第三孕期（怀孕的最后3个月）时，孩子的睾丸应该沿着腹股沟下降到阴囊。如果这个过程没有完全完成，就会引发隐睾。极度早产儿隐睾的发病率很高。出生时有隐睾的男孩，有20%的孩子在出生后6个月内睾丸能降到阴囊，其他的都得通过手术的方式把睾丸放置在阴囊内。

隐睾的症状　双侧或单侧阴囊可能会显得"很小"，摸起来里面空空的。有时候能摸到，有时候又摸不到了，这种叫"可回缩睾丸"。

隐睾的病因　没有明确的病因，可能和解剖异常、激素异常及环境影响有关。

隐睾可能引起的问题　　隐睾增加了不育的危险，因为在腹腔内的睾丸会比腹腔外的高 3～5℃，这会影响精子的产生。隐睾的睾丸癌发病率比在正常位置的睾丸癌发病率稍高。

隐睾的诊断　　隐睾的诊断一般是儿科医生或家长检查阴囊时发现的，一旦怀疑是隐睾要及时看外科医生。有时会辅助以超声检查来确定睾丸的位置。

隐睾的治疗　　外科医生会建议采用"睾丸固定术"来治疗，也就是说把睾丸从不正常的位置拿到阴囊内固定。一般建议在孩子 1 岁前完成手术。在没有儿科医生对孩子进行常规体检的情况下，家长可以自己摸一摸孩子的阴囊，看看双侧睾丸是否在里面，有任何怀疑要及时看医生。

| 疫苗接种 |

按照国家 2021 年版免疫规划疫苗儿童免疫程序表，满 3 个月要接种第二针脊髓灰质炎灭活疫苗(IPV)及百白破疫苗。如果选择二类疫苗，建议接种第二剂五联疫苗(百白破 – 脊髓灰质炎 –b 型流感嗜血杆菌)、肺炎 13 价及口服轮状病毒疫苗，以上三种疫苗要按建议的间隔时间进行接种。

家长常见问题

喂母乳时，妈妈能吃辣的吗？

当然可以，妈妈的饮食一切照常。没有科学依据说吃辣会引起宝宝皮肤或胃肠道的问题。

婴儿感冒了怎么办？

感冒为病毒感染，表现为鼻塞、咳嗽、发烧等。轻微的感冒只表现为鼻子堵塞，呼吸不畅，可以用生理盐水或海盐水清理鼻腔，鼻腔滴入生理盐水后也可以用吸球吸一吸。如果咳嗽明显或发烧则需要及时就医。

一只眼睛从出生就分泌物过多，这是怎么回事？

这种情况最有可能是鼻泪管堵塞，可以按摩内眼角（按摩眼睛内侧的泪囊），一天3次，每次2分钟，直到痊愈。

每天给孩子喂配方奶的量以什么为准？

按孩子的体重喂奶，标准为每天120～160毫升/千克（体重），任何年龄都不宜超过1000～1200毫升。

应该按照月龄更换奶嘴吗？

现在市面上的奶嘴基本上是按年龄分的。这种划分其实是不合理的，有的孩子虽然年龄不大，但吸吮能力极强，给他/她相应年龄的奶嘴已经不能满足其需求了。如果150毫升的奶不能在10分钟左右吃完，就要怀疑奶嘴的流速了。试试更大一号的奶嘴也许更合适。如果孩子吸得太费力或吸不出太多奶，慢慢就对吃奶没兴趣了。

体重百分比高于身高百分比，是否说明孩子超重？

理想情况下，体重百分比应该比身高百分比低一些，反过来可能就胖了。要判断孩子到底胖不胖，要用体重身高比曲线，这个曲线和年龄无关。在该曲线上找到孩子身高和体重的交点，如果大于或等于85%，孩子就超重了（曲线见附录）。

每天还要趴一趴吗？

要的。注意要趴在地垫上或婴儿床里，不要趴在大床上。因为大床不安全，且太软了，支撑力不够。

孩子吃手，需要阻止吗？

孩子吃手是为了安慰自己，不要阻止。

有尿布疹时可以用湿纸巾吗?

尽量不要用湿纸巾。因为湿纸巾里都含有各种化学物质,接触到有尿布疹的皮肤会更有刺激性。有尿布疹时要用清水洗净,晾干,然后擦护臀膏。

孩子要穿得比成人多吗?

不需要。最多与成人穿的一样即可,因为孩子基础温度高,更不耐热。

孩子不穿袜子会生病吗?

不会。

孩子的大便里有些黏液,正常吗?

大便里偶尔有黏液是正常的。如果伴随腹泻、呕吐或发烧,要及时就诊。

两个多月流口水是正常的吗?

正常。婴儿从两个多月就开始流口水了,这是出牙这个漫长过程的开始。

冷冻的母乳能保存多久?

速冻的母乳大概能保存6个月。给孩子吃冷冻的母乳要从最早冻的奶开始吃,要在室温或4℃冷藏室完全解冻后再加热喂给孩子。加热后的奶,即使吃不了也不要再保存了,因为会滋生细菌。

旅行时,孩子大便不规律,怎么办?

婴儿在旅行时胃肠道可能会有些受影响,表现为大便不规律。没关系的,等一切恢复常规时,大便就恢复了。

湿疹除了使用激素药膏还能怎么办?

湿疹最重要的治疗方法不是用激素药膏,而是保湿,如多次擦润肤露或润肤霜。干燥的环境下一天擦20次都不多。

皮肤上有一小片白色块,难道是白癜风?

宝宝的皮肤有色素分布不均是正常的,大多数白点都不是"白癜风",给点时间观察即可。如果不断扩大,就要及时就医。

孩子吃完奶老吐奶,这是怎么回事?

很多孩子出生时都有胃食道反流现象,表现为多次吐奶,但孩子并不难受。只要孩子体重增长是正常的,就不需要担心。反流会随年龄增长而自行缓解。

孩子露着肚脐眼儿,会拉肚子吗?

不会的。肚脐眼儿和外面是不通的。露着肚脐眼儿会着凉拉肚子的说法毫无科学根据。

冬天应该如何预防感冒?

尽量少带宝宝去室内公共场所。大人从外面回来要洗手、洗脸及换衣服后再抱孩子。宝宝的哥哥/姐姐尤其要注意。

定型枕真的有用吗?

没有任何科学研究证明它有用。定

型枕若放在婴儿床里，是导致窒息的危险物品。

孩子生下来头发不多，且老掉头发是怎么回事？

孩子出生时的胎发在摩擦时很容易脱落，不用担心。枕秃的形成和摩擦有关，和缺钙没有直接关系。孩子一般到两三岁才会长更多的头发。

这个月龄的宝宝可以游泳吗？

可以。但要看水的干净程度。游泳时要用腋下游泳圈，大人要寸步不离，因为即使戴着游泳圈也可能出现侧翻的情况。不用担心孩子的耳朵会进水，游泳后用棉球堵住耳朵眼儿，一歪头，水就吸出来了。

夏天，宝宝体温接近38℃，是发烧了吗？

不一定。宝宝的体温随环境温度而改变，如果房间里很热，宝宝的体温就可能接近 38℃，但这不是发烧。

长了痱子怎么办？

要勤洗澡，环境要凉爽，尤其是夜里睡觉时不要盖得过多。爽身粉不治疗痱子，只是让孩子有清凉的感觉。

夜里频繁喂奶正确吗？

孩子白天多吃奶，晚上尽量多睡才有利于孩子的生长。夜奶次数应该逐渐减少，提前为 6 个月时断夜奶做准备。

这个月龄夜里喂两次奶是正常的。

有过湿疹的皮肤一片一片发白，怎么回事？

这叫"白色糠疹"，任何皮肤病变都有可能影响皮肤色素的分布，这些白斑在日晒后会更明显。不用担心，都会自然恢复的。外出时，要注意防晒。

能给宝宝掏耳朵吗？

不要给宝宝掏耳朵，耳朵里有分泌物是正常的。

宝宝头发脱落和缺微量元素有关系吗？

绝大多数情况下没有关系。

宝宝能"晒太阳"吗？

任何年龄的宝宝都不要直晒太阳，外出要涂防晒霜。宝宝涂的防晒霜要用 SPF45 或以上的。

如何有效防蚊？

婴儿出门要用防蚊喷剂，防蚊液要含避蚊胺这种化学物质。夜间要睡到蚊帐里，蚊香散发的气体对孩子的呼吸道是种挑战。

接种疫苗后发烧怎么办？

注射完疫苗发烧为常见的疫苗反应，一般为一过性的。如果发烧持续 3 天以上或超过 39℃，则需要去看医生。

3～4个月

这个月龄的孩子和父母的互动进一步增加，运动能力也大有进步。家长除了关注孩子的喂养外，更要关注孩子的发育情况。

| 生长发育的秘密 |

体格发育

体重平均每天增长 10 ～ 20 克为正常，身长的增长速度为 2 ～ 3 厘米 / 月。

满 4 个月婴儿的生长指标参照值范围

	男宝宝	女宝宝
体重（千克）	5.5（2%）到 8.7（98%）	5（2%）到 8.2（98%）
身长（厘米）	59.5（2%）到 68（98%）	57.5（2%）到 66.5（98%）
头围（厘米）	39.1（2%）到 44（98%）	38（2%）到 43（98%）

动作及能力发育

情感及社会能力　被逗弄时能笑出声，对互动更有兴趣；可以注视父母，且视线能跟着父母移动；用吸吮手指或安抚奶嘴来安慰自己。

语言能力及交流　能和父母用自己的语言进行对话；能发出"啊""哦"的音；能辨识一些色彩强烈的颜色；注意周围发生的变化；开始对饥饿、疲劳或疼痛有不同的表达方式。

认知能力　注意看别人表情的变化；能表达自己的情感；试图将手里握着的东西放进嘴里。

运动能力　靠着物体能坐起来；自己能从仰卧到俯卧；能尝试伸手抓东西，但还不能准确地抓住；注视自己的手，双手能握在一起。

家长需要警觉的现象　对大的声响没反应；不去注意移动的物体；不对任何人微笑；趴着时不能抬头；不能把手放到嘴里；不能发出任何声音；不蹬腿；长时间"对眼"或斜视。

| 喂养那些事儿 |

母乳喂养

这个月龄的婴儿已经自然形成每 3 ~ 4 个小时进食一次的习惯。大多数宝宝 10 分钟就可以吸完一侧的奶水了，因为宝宝的吸吮变得更有力度。妈妈不需要特别担心宝宝吸奶的时间，孩子吃饱了，自然会停止。夜间连续睡眠时间越来越长，很多孩子只需要喂一次奶。

大便还是次数较多，但在慢慢变稠，次数也在减少。

配方奶粉喂养

需要每 4 个小时喂 1 次，每次吃的量因孩子而异。每天总量大概在 900 ~ 1000 毫升，如果喂 6 顿的话，每次 150 ~ 160 毫升。注意奶量要按冲完后的总量算而不是按水量。

吃奶粉的孩子大便会更黏稠，但此时也是不成形的大便。

营养补充剂

维生素 D　纯母乳喂养的婴儿需要每天补充 400IU。奶粉喂养的孩子如果每天的奶量为 1000 毫升，就不需要补充维生素 D 了。喝不到 1000 毫升的孩子需要算一下奶粉里维生素 D 的含量，补足每日 400IU 即可。

钙　一般不需要补充，除非遵医嘱。

DHA　不需要补充。

益生菌　不需要补充。

铁　美国儿科学会建议纯母乳喂养的孩子从第 4 个月起进行常规补铁（中国还没有相关建议）。补充铁的总剂量按每天 1 毫克 / 千克（体重）计算。如孩子体重为 6 千克则需要每天补充 6 毫克铁剂。

从 4 个月起给宝宝补铁的原因为：宝宝在子宫内从母体那里获得的储存铁，到自身 4 个月时已经消耗殆尽，母乳也没有足够的铁含量可以提供，所以需要给宝宝补铁。不及时补铁可能会造成孩子缺铁性贫血，严重的贫血会影响孩子的生长及发育。

| 日常家庭护理 |

大小便

大便　次数逐渐减少，但每天多少次没有一定标准。如果孩子几天不大便，但没

有腹胀也不影响吃奶，就不需要担心。如果有腹胀或吃奶不好就要及时就医。

小便 每天应该有 8 次左右的小便，次数过多说明喂得太多了。但如果 24 小时内少于 4 次尿，说明孩子有脱水的可能。

拉出的大便应该是软软的糊状。绿色大便也是正常的，不需要过多地解读。

大便稀或稠都不需要通过补充益生菌调节，婴儿的身体会自己慢慢调节的。

睡眠

4 个月的孩子平均睡眠时间为 14 个小时左右，醒来的时间逐渐延长，和家长互动的机会也多了。孩子夜里可以连续睡 5 ~ 6 个小时，如果孩子不到吃奶时间醒来，可以先观察一下，有些孩子动一动或哼唧两声就又睡着了。不要第一时间就把孩子抱起来，尤其不要把所有的夜醒都解读为该喂奶了。

正确的抱姿

这个月龄的孩子要竖着抱，满 4 个月的孩子可以面朝外坐在家长的腿上。这样孩子可以看到更多的人及周围发生的事情。担心孩子靠着坐对脊柱不好是没有科学根据的。

户外活动

满 4 个月的孩子外出时应尽量坐在推车里，让孩子靠好后背，并系上安全带。90 ~ 120 度的可调节靠背有利于孩子观察外界事物及人。

户外活动

|亲子互动|

读书、看书，训练认知、语言能力以及对色彩和形状的辨识　父母和孩子一起看书，选择有鲜艳色彩的图画书，同时给孩子大声朗读。鼓励孩子去触摸，通过触摸感觉图书。孩子的注意力可能只有几秒钟，没关系，他／她玩他／她的，你读你的，孩子在玩的同时也在听呢。可以配合动作和夸张的表情来讲故事。

不断地和孩子对话，训练语言及认知能力　告诉宝宝所有他／她能看到的东西的名称，以及你在做什么等。可以挠挠他／她的脚底和小肚子，让他／她大声地笑。

玩玩具，训练感知能力，听觉及触觉能力　给这个月龄的孩子选择玩具已经不局限于玩具的大小，也可以买些质感不同的枕头或垫子，训练孩子的感知能力。买些可以发声的玩具、可以跳动的球及一些卡通里的人物公仔。可以把这些玩具放在玩具架上，引导孩子触摸或伸手够一够。

运动，训练粗大运动的能力　把玩具放到离婴儿远一点的地方，让孩子想办法去接近玩具。爸爸可以把孩子托举起来，让孩子把手伸开，体验飞一样的感觉。注意，不可以把孩子抛起来再接住。妈妈可以轻轻地、缓慢地抓着孩子的手，把孩子从仰卧位拉起再慢慢放下，注意一定不能突然地使劲拉胳膊（此时孩子的骨骼还没有长好，使劲拉胳膊容易造成脱臼）。

吹泡泡，训练大运动及认知能力　吹泡泡可以让孩子感觉泡泡在空中飘来飘去，他／她可以去追视，并试图抓住泡泡，然后把它们捅破。"吹泡泡"游戏对训练孩子手眼协调及认知的能力很有好处。

唱歌，训练语言及对韵律的感觉　经常给孩子唱儿歌，让孩子熟悉儿歌的韵律，注意可以改编歌词，加入爸爸及妈妈的元素。

找几个玩伴一起玩，训练社会能力　邀请几个同月龄的孩子一起玩。孩子们可以在地垫上分享一个玩具或彼此对视，并用自己的语言进行对话，这对培养孩子的社交能力非常有益。

|安全常识|

窒息

不要给孩子能放到嘴里的玩具，或容易脱落的小零件。不能在小床里放置毛绒玩具、枕头、棉被，不能把孩子盖在厚厚的毛毯下面。

烫伤

洗澡水温度在 37 ~ 38℃为宜。不可以在洗澡期间离开宝宝，不可以把孩子抱到厨房，手里拿着热水时不宜抱孩子。

| 常见疾病及治疗方法 |

睡眠不佳

这个月龄的宝宝应该每天睡 14 个小时左右，夜间睡眠为 10 ~ 11 个小时，白天睡两大觉或几小觉。

婴儿睡眠问题主要出现在晚上。有的孩子会频繁地醒来，最常见的安抚方式就是给孩子喂奶。实际上一个健康的 4 个月的孩子晚上应该只吃一次或两次奶，喂养应该主要在白天。孩子晚上不到喂奶的时间醒来不一定都是因为饿了，家长首选的安抚方式应该是等待（10 分钟为宜），观察孩子是否能自我调整，并再次入睡。如果孩子越来越烦躁，下一步可以试着拍拍孩子或给个安抚奶嘴，如果情况没有缓解，可以抱起来哄哄，哄睡了再放下。喂奶要尽量有规律，如每 4 ~ 6 小时一次。

这会是一段难熬的日子，持续坚持几天（一周左右），孩子在夜里醒来的次数会逐渐减少。如孩子持续哭闹几小时，则需要就医。

大便有血

如果孩子的大便出现血丝，可能和肛裂有关。如果是大量的血和便混合在一起，可能是食物过敏、感染或其他问题。无论是哪种情况都要及时就医。

肛裂的形成不见得都和干便有关，排便时因为肠道内的气体和稀便混合在一起，喷射时会产生很大的压力，也会造成孩子肛裂。

肛裂的主要治疗方法是保持肛门干净，要勤洗屁股，洗干晾干后用蘸满凡士林的棉签涂到肛门里面一厘米深处及肛门周围。肛裂也会自然愈合，但需要点时间。

腹股沟疝

男孩、女孩都有可能有腹股沟疝，但男孩的发病率远远超过女孩。症状是腹股沟处有个鼓包，男孩的腹股沟疝可以掉到阴囊上方，给人阴囊肿大的感觉。疝的大小可能会随时间及体位而改变。如果疝发生坏死会呈紫黑色。腹股沟疝的形成是因为在孩子出生时，下腹壁双侧的腹股沟内环不闭合或不完全闭合，在腹压高时，腹腔里的肠管或其他器官从这里出来而引起疝气。如果不及时关闭腹股沟内环，有可能导致出来的肠管卡住，这会造成致命的威胁。疝气如果不进行手术是不会自行消失的，手术普遍采用腹腔镜，术后的恢复期很短。

对眼或内斜视

如果你看过很多新生儿的照片，有没有发现一些孩子的眼睛有"对眼"的情况呢？

我们说新生儿的对眼（内斜视）大多数是正常的，这叫"假性斜视"。这是因为新生儿的鼻梁扁平，内眼角是圆形的，且遮挡着部分眼球，这会造成一种错觉，觉得黑眼珠特别靠里。随着孩子长大，鼻梁渐渐增高，内眼角也越来越尖，黑眼球看起来也不那么靠里了。这种所谓的内斜视，如果不超过 4 个月就不需要担心；如果超过 4 个月则需要看眼科医生。斜视在极少情况下和眼部肿瘤及白内障有关。

阴唇粘连

很多女婴及学龄前女童都有阴唇粘连的情况，这和局部过度刺激及雌激素水平低有一定的关系，随着孩子长大自然会好。注意不要用棉签或纱布去擦洗女婴的阴唇部位，这样可能会造成粘连。

除非出现排尿困难、反复尿路感染或局部感染等情况，绝大多数孩子不需治疗，只有很少数的患者需要撕开或进行手术治疗。治疗首选局部用雌激素，注意只在粘连部位涂抹薄薄的一层即可。激素类的药物用多了会出现一过性的乳腺肿胀等副作用，停用后会逐渐消失。

发烧

体温如果超过 38℃为发烧，这个月龄的宝宝发烧要及时就医。如果是在疫苗注射后的几天发烧，可以先进行观察；如果体温超过 39℃或持续发热 3 天以上则需要就医。

尿路感染

尿路感染是婴儿最常见的不明发烧的原因。

症状　对婴儿来说，发烧、烦躁或精神不佳可能是尿路感染的表现。诊断尿路感染需要通过收集孩子的尿液做培养来检查尿液中是否有细菌生长。为了得到可靠的结果，必须用恰当的方法收集尿液，婴儿需要用膀胱导尿管来收集尿液。自己接尿或贴

尿袋都不是正确收集尿液的方式，因为尿液容易被皮肤的细菌污染，从而误诊为尿路感染。

诊断需要依据尿液培养的结果，包括细菌数目，单凭普通尿检是诊断不了尿路感染的。尿液培养呈阳性且伴有高烧则可能是肾脏感染了。

治疗方法 需要用抗生素，抗生素的选择可根据尿液培养结果来定。治疗可以是静脉用抗生素，退烧后改口服抗生素。第一次尿路感染建议做排尿系统的超声检查，反复尿路感染则需要做排泄性膀胱尿道造影以检查有无尿路反流，还可能需要其他检查。

无其他症状的反复发烧一定要小心，看是否为尿路感染，要用最科学的方式做。

| 疫苗接种 |

按照国家 2021 年版免疫规划疫苗儿童免疫程序表，满 4 个月要接种第三剂脊髓灰质炎活疫苗（OPV），注意为口服疫苗，及第二剂百白破疫苗。如果选择二类疫苗，建议接种第三剂五联疫苗（百白破 – 脊髓灰质炎 –b 型流感嗜血杆菌）、肺炎 13 价及口服轮状病毒疫苗，以上三种疫苗要按建议的间隔时间进行接种。

| 护苗 * 成长 |

宝宝吐泡泡就是得了肺炎吗？

很多孩子在 2 ~ 4 个月时，会像个小蛤蟆似的从嘴里吐泡泡，看着很可爱。其实宝宝此时正在尝试用他 / 她的嘴唇发音，吐泡泡预示着他 / 她语言能力的发育。

研究表明，吐泡泡的孩子或有舔嘴唇等动作的孩子学语言会比其他孩子更快些。

吐泡泡是个好的现象，家长可以在宝宝面前演示如何吐泡泡，你会看到宝宝努力学你的样子。向外吐舌头等动作都和语言发育有关，家长可以和孩子一起做这些动作。对于那些完全没有吐泡泡的孩子，家长也不用着急，因为每个孩子语言能力的发育时间是不同的。

总之，吐泡泡和语言发育有关，与肺炎无关。

家长常见问题

宝宝睡觉需要用包被或包巾包裹吗？

此时，孩子已经过了新生儿期，对包被的需要并不是绝对的。包着会使孩子活动受限，孩子需要伸开双臂及用手感知世界。

4个月的宝宝能坐了吗？

宝宝此时已经可以在大人的帮助下坐起来了，也可以坐在推车里。坐推车时注意系上安全带。

宝宝对大人吃饭很感兴趣，可以吃辅食了吗？

4个月的宝宝吃辅食需要满足以下几个条件：一是靠着坐时头能抬得很稳；二是看大人吃饭时嘴唇会跟着动；三是给宝宝一勺食物，会吞咽，而不是拿舌头顶出来。大多数宝宝在5～6个月时就可以吃辅食了。

宝宝头发剃了后不长，怎么回事？

没人能保证剃了头后头发就能长得又黑又密，许多民间传说是不对的。最常见的情形是剃发后头发再长出来时是一块一块的，这和微量元素缺失没任何关系。

满4个月的孩子，身体发育应该达到什么指标？

宝宝趴着时能把上身抬得很高，可以从仰卧翻到俯卧；玩手；追踪移动物体；发出"咕咕"的声音；笑出声或尖叫；追随熟悉的面孔。

湿疹妨碍接种疫苗吗？

从理论上来讲，轻度的湿疹不妨碍孩子接种疫苗，当然能不能接种疫苗还得听专业人员的建议。

孩子不好好吃奶，是进入了所谓"厌奶期"吗？

当然不是，孩子在这个月龄不好好吃奶没有特别的原因。只要体重增长正常，或每天更换6～8个湿的纸尿裤就不要担心。

孩子快速地左右摇头是正常的吗？

这个月龄的孩子是完全正常的。

孩子晚上11点睡觉，是否太晚了？

是的。一般建议宝宝晚上8点开始睡大觉。如果做不到就要找原因，如离睡大觉前的小觉太近了，下午五六点睡了一小觉就不容易在 8 点入睡了。在孩子很困的时候，试试转移孩子的注意力，尽量拖延孩子到七八点再入睡。

男宝宝出生时没切包皮，现在还能切吗?

如果没有反复尿路感染、排尿困难或生殖器红肿，一般过了新生儿期就不需要切包皮了。

孩子全身都是湿疹，是过敏吗?

可能和过敏有关。纯母乳喂养的妈妈试着不要吃奶制品及大豆制品了，包括饼干、面包、豆腐等。要给孩子进行全身润肤，多次擦拭。也可试试口服的抗组胺类药物。清水洗澡，环境要保持凉爽。家族史很重要，过敏体质是遗传的。

孩子脖子后面有块红斑，这是什么?

脖子后面、发际线左右出现的红斑多为胎记，很多人都有。长在此部位的胎记可能不会褪掉。

孩子只会从右边翻身，正常吗?

正常。

宝宝坐着的时候脖子好像有些歪，怎么办?

孩子刚刚学会靠着坐，脖子有点歪可能与孩子还在学习如何支撑脖子有关。不着急下"斜颈"的结论，再给点时间观察。

可以给孩子看彩色图片了吗?

可以。宝宝在 3 个月以后就逐渐有了鉴别色彩的能力，可以买一些有颜色的玩具或图片了。

孩子的心脏有杂音，需要担心吗?

婴儿心脏有杂音很常见。心脏杂音分六级，一级、二级为生理性杂音；三级可能是生理或病理性的；三级以上为病理性的。三级或以上的杂音需要看小儿心脏科医生，超声心动检查是必要的。

宝宝的指甲除了剪，还有什么好方法?

还可以试试用指甲锉锉平。剪指甲千万不要靠着肉剪。

4～5个月

进入4～5个月，宝宝的活动范围更大了，认知能力也有了很大的提高。作为父母要多多地陪伴孩子，不要错过孩子的成长过程。

|生长发育的秘密|

体格发育

体重平均每天增长10～20克为正常，身长的增长速度为每月2厘米。

满5个月婴儿的生长指标参照值范围

	男宝宝	女宝宝
体重（千克）	6（2%）到9.3（98%）	5.4（2%）到8.8（98%）
身长（厘米）	61.5（2%）到70（98%）	59.5（2%）到68.5（98%）
头围（厘米）	40（2%）到45（98%）	39（2%）到44（98%）

动作及能力发育

情感及社交能力　对互动更有兴趣，用踢腿或其他动作吸引大人注意；伸开双臂求抱抱；可以注视父母，且视线跟着父母移动，在父母离开时大哭；用吸吮手指或安慰奶嘴来安慰自己。

语言及交流能力　能和父母用自己的语言对话；能发出"啊""啊"的音；能辨识一些强烈的颜色；可以看到更远的地方；注意不同的形状及图片。

精细运动　能注意看很小的物体，如葡萄干；开始抓东西，有时能准确地抓住。

粗大运动　能从仰卧到俯卧，并且能翻回来；后背靠着物体时能坐得很好，且试图从仰卧自己坐起来；双腿在大人协助下能承重；试图把身体向某个物体靠近，如匍匐地挪动。

家长需要警觉的现象　对大的声响没反应；不去注意移动的物体；不对任何人微

笑；对熟悉的面孔没反应；趴着时不能抬头；不能把手放到嘴里；不发出任何声音；
不蹬腿；不能靠着坐；眼睛总是"对眼"或斜视。

| 喂养那些事儿 |

母乳喂养

这个月龄的婴儿大多数需要每 4 个小时喂一次奶。大多数宝宝吃完一侧奶的时间
不到 10 分钟，因为宝宝的吸吮更有力。夜间连续睡眠时间越来越长，很多孩子只需
要夜间喂一次奶了。

现在可以开始为满 6 个月后断夜奶做准备，夜间喂奶如果还超过一次则需要减少
次数。减少喂奶次数的方法是：孩子到该吃奶的时间醒来时，你可以试着拍拍或抱着
对其安抚，待孩子睡着后再把他 / 她放下。再醒来的话也用同样的方法。连续几天重
复这样的情形，孩子在这个时间就不再醒了。如果只喂一次夜奶，可以试着逐渐减少
奶量或减少吃奶时间，孩子也就慢慢不吃夜奶了。

配方奶粉喂养

宝宝需要每 4 个小时喂一次奶，每次吃的量因孩子而异。每天总量为 1000 毫升
左右，很多孩子已经做到在夜里只吃一次奶或完全不吃。如果还吃两次奶或更多次，
则需要逐渐减少次数。如果夜间只吃一次奶，则需要逐渐减量，如每天减少 10 毫升，
慢慢地就停了。

吃奶粉的孩子，大便会更黏稠，但也不是成形的大便。

营养补充剂

维生素 D　所有纯母乳喂养的婴儿需要每天补充 400IU。配方奶粉喂养的孩子如
果每天的奶量有 1000 毫升，就不需要补充维生素 D 了，喝不到这个量的孩子需要每
日补足 400IU。

钙　不需要补充，除非遵医嘱。

DHA　不需要补充。

益生菌　不需要补充。

铁　美国儿科学会建议纯母乳喂养的孩子从 4 个月起需要常规补铁（中国还没有
相关建议）。如果米粉的铁含量满足不了孩子的需要，则要继续补铁剂。补充铁的总

剂量按每天 1 毫克 / 千克（体重）计算。如孩子体重为 7 千克则需要每天补充 7 毫克铁剂。吃配方奶的孩子是否需要补铁取决于配方奶里的铁含量。混合喂养的宝宝需要每天补铁 1 毫克 / 千克（体重）。

辅食

宝宝一天天地长大，添加辅食变成了各位宝妈的头等大事，什么时候加，加什么，怎么加，各种问题接踵而至。这个时候各位宝妈肯定会先去网上查阅各种资料，也有的宝妈可能就直接问自己的亲戚朋友、同事，或者直接问医生。问了这么多，每个人的建议都不一样，到底该听谁的呢？

宝宝 4 ~ 6 个月时是进食辅食最重要的时间，也是从母乳过渡到辅食的一个重要阶段。此时，只喂母乳已经满足不了宝宝的生长需要了，宝妈们需要开始给孩子添加辅食。添加辅食需要具备以下几个条件：

- 孩子靠着坐的时候头能扬起；
- 大人吃东西时目不转睛地看着，小嘴巴开始嚅动；
- 试吃一口辅食，孩子不会用舌头把食物顶出来。

| 日常家庭护理 |

皮肤清洁

孩子进食后，家长要及时清理留在宝宝脸上和身上的残留物，很多食物接触皮肤后会引起皮肤刺激，如嘴周围长湿疹。清洗完后，记得要给宝宝涂润肤露或润肤膏。

大小便

大便　次数逐渐减少，但每天多少次没有一定标准。如果孩子几天不大便，但没有腹胀或不影响吃奶，就不需要担心。如果有腹胀或吃奶不好要及时就医。开始吃辅食后大便可能会变得更黏稠，如果出现大便干结，可以把米粉换成燕麦粉试试。

小便　每天应该有 8 次左右的小便，次数过多说明喂得太多了。24 小时少于 4 次则说明孩子有脱水的可能。

这个阶段，孩子的大便应该是软软的糊状，偶有绿色大便也是正常的。大便稀或稠都不需要补充益生菌，婴儿的身体会自己慢慢调节。

睡眠

婴儿在第 4 ~ 5 个月时的平均睡眠时间为 14 个小时左右，醒来的时间逐渐延长，和家长互动的机会也越来越多了。

正确的坐姿

这个月龄的孩子要多坐在家长腿上或坐在可以倚靠的座椅里。这样孩子可以看到更多的人及周围发生的事情。

家里年长的老人担心过早地让孩子靠着坐椅会对脊柱造成伤害，这种说法没有科学根据。

户外活动

这个月龄的宝宝已经可以坐成 90 度了。推车外出时要让孩子的后背靠好，并且系上安全带。

学规矩

宝宝也需要知道什么是合理要求，什么是不合理要求。当宝宝吃饱了，也不需要换纸尿裤时可以让他 / 她自己玩一会儿。即使宝宝哭了，也不一定要马上把他 / 她抱起来，等待几分钟观察一下，如果他 / 她渐渐安静下来了就不要抱。如果哭得更厉害了可以拍拍，和他 / 她说说话，放个舒缓的音乐等。如果宝宝在任何情况下一哭就抱，他 / 她反而会以为家长是在鼓励他 / 她提出各种不合理的要求。

｜亲子互动｜

吹泡泡，促进孩子的视觉及触觉发育　家长可以在宝宝面前吹泡泡，让孩子追视飘动的泡泡，也可以让他 / 她伸手碰碰泡泡，孩子会一边玩儿一边大笑。

寻找藏起来的玩具，激发孩子的好奇心　把玩具藏一半露一半，或突然撤掉盖在玩具上的遮挡物，会激发孩子的好奇心。

发声的玩具，可以促进孩子的听觉、认知，以及肌肉、耳、眼协调的能力　把发声的玩具藏好，然后不断地移动玩具的位置，看看宝宝是否能顺着声音寻找。

一起玩玩具盒，促进逻辑推理及运动能力　把几个玩具装进一个盒子里，当着宝宝的面先把盒子倾斜，然后把玩具都倒出来，重复几次，观察宝宝是否有兴趣一起玩。

　　跳跃的球，促进大运动，社会能力及好奇心　在宝宝面前拍球或把球滚到他/她面前，看看宝宝是否会去抓滚过来的球，甚至把球再推给你。

　　拉着宝宝坐起来，促进亲子交流及头部的控制　父母坐在地板上，把腿伸直，让宝宝躺在你的腿上，你轻轻地拉着宝宝的手将他/她拉着坐起来。一定要慢慢地拉，不要突然把孩子拽起来。可以边做边和孩子对话。

　　低空飞行　爸爸可以把孩子托举起来，让孩子把手伸开，感受飞一样的感觉。注意不可以把孩子抛起来再接住。

　　唱歌　经常给孩子唱儿歌，让孩子熟悉儿歌的韵律，注意可以改编歌词，加入爸爸及妈妈的元素。

| 安全常识 |

坠落

　　宝宝已经完全掌握了翻身的技能，家长绝不可以把孩子放在没有栏杆的床上或沙发上。如果大人需要离开，即使只是一秒钟，也一定要把孩子放在地垫上或婴儿床里。

窒息

　　一定不能给孩子提供可以放进嘴里的小玩具或容易脱落的小零件。家里如果有哥哥或姐姐，要注意不能让婴儿接触到大孩子的玩具，因为吃了小块儿的玩具可能会造成孩子窒息。不能在小床上放置毛绒玩具、枕头、棉被，不能把孩子盖在重重的毛毯下面。

溺水

　　给孩子洗澡时，大人一定不能离开孩子，哪怕只是几秒钟。洗澡盆里的水不可以超过10厘米。

| 常见疾病及治疗方法 |

湿疹

　　孩子在开始吃辅食后，面部尤其是嘴周围会长红红的皮疹，这跟食物过敏没什么关系，多半是因为辅食接触皮肤后引起的刺激性疹子。如果皮疹出现在全身且伴有呕

吐或血便则要怀疑食物过敏。怀疑食物过敏时要把可能引起过敏的辅食都停掉，最值得怀疑的是两周内新添加的辅食。

湿疹的治疗主要靠反复涂抹润肤霜，有时一天需要涂抹 10 次以上。如果红肿严重及痒，可以用激素类药膏。但要短期、小面积用，且用低强度的，如 0.1% 氢化可的松药膏。

严重湿疹的治疗方法　湿疹严重时，除了使用药物治疗，也可以试试"湿裹疗法"。它可以帮助皮肤保湿也可以使局部用药更有效。

治疗步骤如下　1. 先给孩子洗澡，涂上保湿霜及外用药；2. 用温水把一层纱布或干净柔软的布稍微打湿一下，注意不能是全湿，潮湿的就可以；3. 轻轻地将潮湿的布裹在湿疹处；4. 将一层干布裹在湿布上面；5. 再给孩子穿上睡衣；6. 可以在第二天醒来时把包裹的几层布去掉，晚上再重复。

注意，如果湿疹是在手脚处，也可以试试用包食物的塑料薄膜包裹湿布，或用手套及袜子包裹湿布。

发烧

体温如果超过 38℃ 为发烧，这个月龄发烧要及时就医。没有其他症状的高烧要小心尿路感染。

鞘膜积液

很多男婴生下来时阴囊肿肿的。家长问医生这是怎么了，医生经过检查会回答说这是"鞘膜积液"。鞘膜积液分为交通性或非交通性的鞘膜积液。新生儿的鞘膜积液一般为非交通性的，这些液体会逐渐被吸收，到 1 岁左右就都消失了。如果持续，则需要看医生，交通性的鞘膜积液可能需要手术。

耳前窦道或耳前皮赘

很多宝宝出生时耳朵前面就有个小洞，有的小洞里还时常有些分泌物，这叫"耳前窦道"。有些宝宝耳前长了一块多余的肉，这叫"耳前皮赘"或"副耳"。

"窦道"就是皮肤下面有一个像小管样的结构，开口处形成了耳前的小凹陷或小洞。窦道或副耳都是先天形成的，和听力障碍无关。有的窦道会反复感染，感染时窦道口有分泌物。这与耳前皮赘（副耳）不同，皮赘不引起感染，只是外观的问题。发现耳前窦道时要看耳鼻喉科医生。

治疗方法　对反复感染的窦道，耳鼻喉医生可能会建议切除。如果只是耳前凹陷或窦道不发生感染，则不需做任何处理。耳前皮赘（副耳）的切除多半是因为美观，但副耳本身并不引起任何问题。这些现象都可能与遗传有关。

｜疫苗接种｜

按照国家 2021 年版免疫规划疫苗儿童免疫程序表，满 5 个月要接种第三剂百白破疫苗。如果选择二类疫苗，在这个月龄则没有需要接种的。

｜护苗 * 成长｜

如何为宝宝选择餐椅

现阶段你可以购买餐椅了，餐椅可是喂辅食必备的物品。餐椅要选择经过国家安全认证的，如不含双酚 A 的塑胶宝宝餐椅或者多功能宝宝餐椅。餐椅要比较宽敞，里面除了能够放得下宝宝的身体之外，还要有宝宝挪动的富余空间，让宝宝能在里面自由地动来动去，如果紧巴巴地将宝宝包围在里面，不仅影响宝宝的心情，也使其身体不能舒展，从而影响宝宝的发育。要买带三点式安全带的、三角结构、四点支撑、受力面广的餐椅，这样更加安全、稳固。

家长常见问题

宝宝的头型需要矫正吗?

很多家长都纠结宝宝的头型,后脑勺太平了不行,太凸出了也不行,似乎很难找到令家长满意的头型。但现实生活中我们并不会特别注意一个成年人的头型。

孩子头颅的形状是很容易改变的。最常见的头颅异型为偏头及平头,尖头及颅缝早闭不常见。偏头为头颅侧后面一侧比另一侧更平,从脑袋顶上看脑袋是歪的,多与睡觉时头只往一边转有关。平头为后脑勺完全是平的,这多与平躺有关。

偏头和平头怎么办?

因为这些多与睡姿有关,所以还得从睡姿入手。偏头的孩子需要人为地让孩子多睡不平的一侧,平头的孩子需要尽量多趴着,能坐起来的孩子尽量多坐着,减少继续压迫是首要原则。从姿势入手即可,很少有孩子需要戴头盔矫正头型,头盔戴起来很不舒服,也容易引发皮疹。尖头及颅缝早闭要及时找神经外科医生看诊,有些孩子需要手术。

蚊子咬的包,会持续多久?

孩子被咬的地方会出现红肿,这是过敏反应,会自行缓解的。太肿胀的话可以用冰敷,痒的话可以用清凉油止痒,实在太痒可以涂点氢化可的松药膏。

孩子需要喝水吗?

不需要,孩子渴了喝奶就可以。

这个月龄的孩子坐着时,头可以直立了吗?

完全可以了。注意还是要靠着坐。

5 ~ 6 个月的发育指标是什么?

可以翻身了,趴着到仰着,仰着到趴着;笑出声音;眼睛跟着大人看;伸手试图抓东西;靠着坐得很好;喜欢和人玩及交流。

怎么知道孩子胖了?

用体重身高比曲线,找到体重和身高的交点,如果在 85% 以上的话就胖了。(曲线见附录)

还需要每天都吃维生素 D 吗?

需要,尤其是纯母乳喂养的孩子。

孩子趴着时抬头还有问题，怎么办？

孩子可能有大运动发育障碍，需要专业评估及治疗，越早越好。

宝宝有时候不爱吃奶，是怎么了？

只要孩子活动量正常、精神活跃就没什么特别需要担心的，如果尿量不够（24小时少于4次）就需要就医。大多数情况下，孩子吃奶少并没有特殊原因，过几天就好了。

宝宝的指甲为什么容易劈？

宝宝的指甲比较薄所以容易劈，出现指甲分层也是正常的。

女宝宝肛门和阴道之间有个小包，是什么？

最常见的是皮赘。大便次数多或大便干燥时，皮赘被刺激会长得大一些，不需要特别处理或担心。

腹泻症状有哪些？

24小时内大便次数超过6次且为水样，每次大便的量远远超过平时每次的量，孩子精神不佳，尿量不足一天6次，或伴发烧、呕吐，以上情况都要及时就医。

这个月龄可以把屎把尿吗？

尽量不要。因为这个月龄的孩子生理功能并没有达到能把尿把尿的成熟度。

孩子为什么头部老出汗？

头出汗多数是因为房间温度过高，需要降室温，即使孩子手脚凉也没关系。出汗会让孩子睡觉不踏实及烦躁。

孩子偶尔夜里尖叫，为什么？

很有可能是做噩梦呢。如果尖叫1~2个小时都不见缓解，则需要就医。

能给宝宝用痱子粉吗？

一定要注意痱子粉的成分，痱子粉中不应含有滑石粉，如果吸入会造成肺的损伤。

孩子白天每次睡多长时间为宜？

孩子白天的睡眠没有固定的时间长度，有的只需要30分钟就够了，有的睡两个小时，这些都可以。

为什么孩子看起来头大、身子小？

婴儿期的孩子，身体的比例是头相对较大，到了1岁后，手脚就会慢慢变长，身体比例也就越来越接近成人了。

为什么孩子吃得挺多但长不胖？

婴儿的体重身高除了与食物摄入量有关外，还与遗传有关，就是说如果父母在与孩子同龄时瘦小，那么孩子也可能会瘦小，不管吃多少都不会胖。

5 ~ 6 个月

这个月龄的孩子和家长互动的能力更强了，从行为到情感，孩子更愿意跟家长交流。同时孩子也能熟练地翻身、坐起来，并用小手去抓东西，所以在安全方面家长要格外注意。

丨生长发育的秘密丨

体格发育

体重平均每天增长 10 克为正常，身长的增长速度为每月 1.5 ~ 2 厘米。

满 6 个月婴儿的生长指标参照值范围

	男宝宝	女宝宝
体重（千克）	6.4（2%）到 9.8（98%）	5.7（2%）到 9.3（98%）
身长（厘米）	63（2%）到 72（98%）	61（2%）到 70（98%）
头围（厘米）	40.8（2%）到 45.7（98%）	39.6（2%）到 44.8（98%）

体重身高比曲线

体重身高比是指在一定身高下，相对应的理想体重应该是多少。体重身高比类似于体重指数（BMI）的概念，但 BMI 只用于 2 岁以上的孩子。

体重身高比曲线的具体用法是在曲线上找到孩子对应的身高和体重的交点（和年龄无关），如果交点落在曲线的 85% 或以上，则要考虑孩子已经超重。如果落在曲线的 2% 以下则为过轻（曲线见附录）。

动作及能力发育

情感及社交能力　开始意识到谁是陌生人；喜欢和他人玩耍；能感受别人的喜怒，平时很爱笑；喜欢看镜子里的自己；注意周围的物品及动静。

语言及交流能力　能发一些辅音，如"m"或"b"；对周围人低声的对话也很敏感；能出声表达喜悦或不高兴；听到别人叫自己的名字时有反应。

精细运动　能把东西准确地放到嘴里；两手之间能传递东西；能准确地伸手抓住东西。

粗大运动　从俯卧翻到仰卧；可以独立坐了；抱着孩子的腋下时，孩子可以在家长腿上蹬腿或跳；有的孩子可以匍匐爬行。

家长需要警觉的现象　未达到3个月的发育指标；不能试着伸手抓东西；对任何人都没兴趣；对周围声音没反应；不能把东西放到嘴里；不能发出"啊"的音；不能翻身，尤其从仰卧翻到俯卧；全身总是绷着劲儿，肌肉发紧；全身很瘫软，吃不上劲；对父母的拥抱没反应。如有以上现象，要及时看医生。

|喂养那些事儿|

母乳喂养

这个月龄的孩子母乳喂养一般为白天4～5次，夜间可以不喂母乳了。大多数孩子这时已经开始吃辅食了，或者正在添加辅食。随着辅食的逐渐增加，孩子吃奶量会逐渐减少。刚开始吃辅食时，量可控制在15～30克间，在孩子吃奶后或两次喂奶之间喂食即可。

配方奶粉喂养

奶粉喂养的宝宝需要每4个小时喂一次，每次吃的量因孩子而异。每天的总量为800～1000毫升。吃辅食原则与母乳喂养的宝宝相同。

营养补充剂

维生素D　所有纯母乳喂养的孩子需要每天补充400IU。奶粉喂养的孩子如果每天的奶量有1000毫升，就不需要补充维生素D了，喝不到这个量的孩子需要根据奶粉里已经含有的维生素D的量补足400IU。

DHA　配方奶里加了足够的DHA，母乳也可以提供给宝宝足够的DHA。

钙　正常的孩子只要吃到了每日建议的奶量，钙就是足够的，不需要额外补充，除非有特殊疾病的孩子。

益生菌　不需要补充。

铁　美国儿科学会建议纯母乳喂养的孩子需要从 4 个月起常规补铁（中国并没有相关建议）。每天总需铁量按 1 毫克 / 千克（体重）计算，如孩子体重为 8 千克，则需要每天补充 8 毫克铁剂。给孩子吃婴儿米粉或燕麦粉要注意两者中铁的含量，按每天 1 毫克 / 千克（体重）铁需要量计算，如果米粉无法满足孩子每日铁的摄入量，则需要从铁剂中补充。

辅食

5 ~ 6 个月的孩子要开始添加辅食了。

添加辅食，首选高铁米粉，这是专业人士都认可的。开始给孩子米粉时要循序渐进，从一茶勺开始，可以和 3 ~ 4 茶勺的奶或水混合成黏糊状。用婴儿专用的勺子喂坐在餐椅里的宝宝。看到孩子不张嘴或把食物往外顶时，就不要再继续喂了。

刚开始给辅食时只需要一天一次，两周后看孩子适应的情况，如果非常适应可以再加一次。除米粉外，首选肉类，然后尝试根茎类的食物，如土豆、红薯等，每次给 15 克左右。每种新食物可以连续给 3 ~ 5 天，如果孩子没有发生呕吐或起疹子的情况，则说明孩子吃该食物没有过敏现象，然后再换不同的食物。试过的食物也可以混合起来给孩子吃。有的家庭想先尝试肉泥或蛋黄，也没有问题，原则是少量给并逐渐加量。各类食物没有先后顺序，早点开始喂肉泥有利于铁的摄入，易致敏的食物越早尝试越好。

喂孩子辅食

刚开始添加辅食时，切忌一次给得太多，这个月龄的孩子还是以奶为主，奶是给孩子提供全面营养的基础食物，辅食不可以代替奶。一下给孩子太多辅食容易造成奶量摄入不足。

自制辅食注意事项见第 94 页。

提前购买的餐椅终于可以派上用场了，喂辅食时一定要将宝宝放进餐椅中，同时系好安全带，给孩子从小养成良好的进食习惯和安全意识是非常重要的。家长们从婴儿期就要开始培养孩子的独立性，不要让孩子养成坐在大人腿上进食的习惯。

| 日常家庭护理 |

大小便

大便　次数逐渐减少，尤其是加了辅食以后，但每天多少次没有一定标准。如果孩子几天不大便，但没有腹胀或不影响吃奶，就不需要担心。如果有腹胀或吃奶不好要及时就医。

小便　每天应该有 8 次左右的小便，次数过多说明喂得太多了，24 小时少于 4 次说明孩子有脱水的可能。

睡眠

婴儿在第 5 ~ 6 个月时平均睡眠时间为 12 ~ 14 个小时，醒来的时间逐渐延长，和家长互动的机会也多了。很多孩子夜里可以睡整觉了。

如何停夜奶?

停夜奶的方式很简单，一种是逐渐减少次数，当减少到一次时，就可以减少喂奶量，慢慢的孩子就不吃夜奶了。还有一种方式是当孩子夜间醒来时，不给吃奶，只是抱着安抚，试着坚持几天（一周左右），孩子就可以戒掉夜奶了。

正确的坐姿

满 6 个月大的孩子可以练习独立坐了。很多宝宝在 6 个月左右会身体前趴，家长此时不用担心宝宝的腰或脊柱，因为宝宝很快就学会用双臂支撑身体。是的，这就是宝宝学会独立坐的过程。注意学坐时一定要在地垫上，不要在床上，一是因为床太软，二是因为孩子容易坠床。

出牙

大多数孩子在6个月左右出牙，出牙的早晚和父母出牙年龄有关，除非极端情况，与缺钙没有关系。出牙最明显的症状为流口水。在牙顶出牙龈时孩子可能会有疼痛、发低烧、流清鼻涕或有几天稀便的情况。有的孩子的吃奶量也会随之下降，夜间睡得不安稳或哭闹，这都属于正常现象。

出牙顺序详见下图，但也不是绝对的。每个孩子的出牙时间都不一样，所以只供参考。

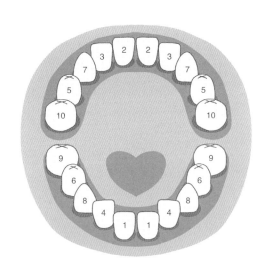

1. 6～10个月
2. 8～12个月
3. 9～13个月
4. 10～16个月
5. 13～18个月
6. 14～18个月
7. 16～23个月
8. 16～23个月
9. 23～33个月
10. 23～33个月

宝宝出牙顺序示意

学规矩

宝宝也需要知道什么是合理要求，什么是不合理要求。当宝宝吃饱了，也不需要换纸尿裤时，可以让他/她自己玩一会儿。即使宝宝哭了，也不一定马上把他/她抱起来，如果哭得更厉害了可以拍一拍，和他/她说说话，放个音乐等。如果宝宝在任何情况下一哭就抱，反而让他/她感觉家长在鼓励这种不合理要求。

| 亲子互动 |

拍手，能促进孩子的精细动作及认知能力　父母握住宝宝的手，轻轻地拍击他 / 她双掌，孩子会开心地笑。

经常和孩子对话，促进语言发育及聆听能力　虽然我们听不懂孩子的语言，但他 / 她明显地在试图表达着什么。和宝宝对话时要鼓励他 / 她多说，同时也让他 / 她学会聆听。

玩"藏猫猫"游戏，可以促进孩子的认知能力及好奇心　把自己的脸或孩子的脸盖上，然后突然把脸露出来，宝宝会开心地大笑。"藏猫猫"的游戏能让宝宝学习"客体永存性"（看不到的物体不一定就消失了）。

"飞翔"游戏，训练大运动能力及空间感　爸爸可以把孩子举起来，让他 / 她在空中飞翔。注意不要将孩子在空中抛起再接住，这很危险。

模仿大人的动作，训练大运动能力及认知能力　在宝宝面前把双手举起、放下，宝宝会模仿你。再换个姿势让孩子跟着你做不同的动作。

拉着宝宝坐起来，促进亲子交流及头部的控制　父母坐在地板上，把腿伸直，让宝宝躺在你的腿上，你轻轻地拉着宝宝的手将他 / 她拉起并坐起来。一定要慢慢拉，不要突然把孩子拽起来。边做边和孩子对话。

唱歌，训练语言能力及韵律感　给孩子唱儿歌，让孩子熟悉儿歌的韵律，注意可以改编歌词，加入爸爸及妈妈的元素。

与同月龄的宝宝一起玩耍　邀请几个同月龄的孩子一起玩儿，孩子们可以在地垫上分享一个玩具或彼此对话，这对孩子的社交能力非常有益。

| 安全常识 |

窒息

一定不要给孩子提供可以放到嘴里的小玩具或容易脱落的小零件。不能在小床里放置毛绒玩具、枕头、棉被，不能把孩子盖在重重的毛毯下面。这个月龄的孩子，吃辅食不能给块状的食物。

烫伤

洗澡水温度在 37 ～ 38℃为宜。家长绝对不可以在孩子洗澡期间离开宝宝，不可以把孩子抱到厨房，不能在抱孩子时手里拿着热水。也不能在孩子玩耍的附近放热的水、咖啡或汤。孩子会抓着任何感兴趣的东西往自己这里拉，很多悲剧都是这么发生的。

溺水

给孩子洗澡时一定不能离开孩子，哪怕是几秒钟。洗澡盆里的水不可以超过 10 厘米，也不可以一边往洗澡盆里倒水一边洗。

坠落

宝宝从床上或沙发上很容易坠落，因为他 / 她已经会翻身了。有的孩子坠落时是头着地，有的是四肢先着地。不管孩子是怎样摔下来的，首先要判断孩子是马上哭还是过了几秒才哭。

● 对于马上哭的孩子，首先要检查一下有没有肿起来的部位，尤其是头部和四肢，再观察孩子四肢是否都能动，按按四肢是否有疼痛感。如果以上情况都没有，则可以在家里观察一段时间。如果孩子在坠落后的 24 小时内有嗜睡或有喷射状呕吐的情况，要马上就医。

● 对于那些有几秒钟或更长时间没有哭或没反应的宝宝，要马上带着去医院。医生除了检查孩子的身体外，可能还要给孩子做个头部 CT，来检查有没有颅骨骨折或出血。做 CT 时要使用让孩子睡觉的药物，因为孩子乱动是无法做 CT 的。

有的孩子坠落后有四肢或锁骨的骨折，主要表现为受伤的一侧肢体活动减少或疼痛，孩子会比较闹，有这些情况要及时就医。医生需要给孩子做 X 光后再决定如何治疗。

| 常见疾病及治疗方法 |

发烧

孩子发烧有很多原因，最常见的是感染。感染也分病毒感染、细菌感染、真菌感染及其他感染。病毒感染中最常引发的是感冒。孩子感冒往往是由于家里的大人或哥哥 / 姐姐感冒传染所致，表现为发烧、流鼻涕、嗓子疼及咳嗽。大多数孩子发烧会持续 3 ~ 5 天，流鼻涕及咳嗽会持续一到两周。感冒时除了退烧药及海盐水之外不需要其他药物。任何非处方的止鼻塞、镇咳或化痰药不仅无效还有副作用，所以 4 岁以下孩子尽量不要使用，这是世界卫生组织及美国儿科学会的建议。

大人嗓子不舒服或打喷嚏一定要注意戴口罩，以免传染给孩子。孩子发烧时要就医，如果家长有经验了，可以试着自己在家处理。如果发烧超过 3 天，且退烧后出现精神萎靡或尿少的情况，也要及时就医。18 岁以下的人一定不能服用阿司匹林退烧，6 个月以下的婴幼儿不用美林退烧。

毛细支气管炎

宝宝在冬天很容易得"毛细支气管炎"，毛细支气管炎的标志是肺里能听到"喘息"。它是由病毒感染引起的小气道的感染，冬季最常见的病毒为呼吸道合胞病毒。

婴儿表现为咳嗽、发烧、严重鼻塞，有的伴有呼吸快及呼吸困难，极少数的宝宝全身会有青紫现象。有以上情况要及时就医。医生在听诊时会听到孩子肺里有"喘息"的声音。因该病为病毒感染，治疗多为支持治疗，如退烧、补水、海盐水冲洗鼻腔等。使用雾化的万托林不见得有效，雾化布地奈德不建议使用，因为对缓解病情没有帮助。

严重的毛细支气管炎可能还需要呼吸机的支持。

注意少去室内公共场所，家里其他人感冒要注意戴口罩，其他孩子从学校回来要注意洗脸、洗手，等换衣服后再接触婴儿。

胃肠炎

胃肠炎是婴儿的常见疾病，表现为发烧、呕吐及拉肚子。胃肠炎也分病毒性、细菌性、寄生虫性等感染。其中病毒性胃肠炎最为常见，会有发烧、呕吐的症状，腹泻多为水样便，没有血便。常见病毒如轮状病毒、诺如病毒、腺病毒及其他病毒。

治疗方式为退烧及补液。婴儿在胃肠炎时很容易脱水，一定要及早就医。如观察到宝宝精神状态不好、眼窝凹陷，或 24 小时排尿少于 3 次，要及时去医院。医生可能会给孩子静脉补液。口服补液盐为最重要的口服补液用药，任何年龄都适用。

细菌性胃肠炎除了发烧和呕吐，孩子可能会有脓血便。医生需要做大便培养来确定是哪种细菌感染，然后根据细菌种类及药物敏感度来治疗。大便常规无法有效地区分是细菌还是病毒感染，所以还是要做大便的轮状病毒或诺如病毒的病原体检测，怀疑细菌感染时要做大便培养。

那么，患胃肠炎时是否可以吃益生菌呢？研究表明，益生菌对胃肠炎可能有缓解的作用，可以试试，服用 1 周左右就足够了。如果需要口服抗生素治疗则最好同时服用益生菌（益生菌要用 37℃的水冲泡，水太烫会杀死菌群）。

孩子在得了感染性腹泻后可能会有一段时间出现乳糖不耐受的情况，这些都可以

自愈，不需要服用乳糖酶。

肛周脓肿

肛周脓肿就是在肛门周围发生的脓肿，它多半是肛门腺体感染引起的。

开始时可能在肛周只是一个小疖子，慢慢地变得红肿及疼痛，有的有脓性分泌物，有的孩子还会伴有发烧和情绪烦躁。

病因　有肛裂的孩子因为皮肤有切口所以细菌更易进入。大多数病因不明。

治疗　切开引流为主要治疗方法。患儿有 50% 的概率会产生窦道，窦道是炎性分泌物排出体外后形成的通道，连接病灶和体表。有的窦道很长时间都有分泌物，需要到外科进行处理。

所以，当发现孩子肛门周围有红肿时要及时看医生，以免肛周感染引起窦道的形成。一旦窦道形成就会迁延很久。

预防　要注意在孩子大便后及时用清水给孩子冲洗屁股，并保持尿布区域干净及干燥，室温不要太高，以免孩子出汗过多。另外，要使用质量高的尿布。还要注意预防便秘，便秘也会造成肛裂，所以要给孩子吃足够的高纤维食物并保证充足的液体。

| 疫苗接种 |

按照国家 2021 年版免疫规划疫苗儿童免疫程序表，满 6 个月要接种第三剂乙肝疫苗及第一剂流行性脑脊髓膜炎 A。如果选择二类疫苗，建议接种第三剂乙肝疫苗及第一剂流行性脑脊髓膜炎 AC。

| 护苗 ＊ 成长 |

为什么要在 6 个月左右断夜奶?

宝宝白天可以摄入足够的营养来满足一天的能量需求，因此不再需要夜间喂养了。断夜奶后妈妈也可以休息得更好。

此外，夜奶不利于宝宝牙齿的健康。

父亲对孩子成长的重要性

现代社会"丧偶"式育儿很常见。很多家庭都是由母亲负责孩子的吃穿及教育，父亲负责为家庭提供经济保障。有些家庭的孩子甚至很多天见不到父亲，尤其是离异家庭，父亲基本消失了。有些研究指出：从出生起，有父亲参与照顾的孩子在情感上更有安全感，更有自信探索周围的世界，孩子长大后与社会的联系也更紧密。父亲在与孩子一对一的陪伴及游戏的过程中，能做些更刺激及好玩的事情。通过这些，孩子能学会如何调整自己的情感及行为。此外，有父亲参与照顾的孩子，学习成绩更好，语言发育、逻辑推理及科研能力更强。

由此可见，父亲对孩子的成长很重要。那一个好父亲应该是什么样的呢？

永远都把孩子的利益放在首位　烟草对孩子有伤害，那就要果断地戒烟，不管自己需要下多大决心，付出多少努力都要去做。这不仅是对孩子的爱护，也是为孩子树立榜样。

保护孩子　保护孩子不仅仅指的是保护孩子不受侵犯，更要在日常生活中注意点点滴滴。比如，家庭安全措施的设计，安全座椅的设置及坐车时是否有系安全带等细节。

陪伴是最长情的告白　一天忙碌的工作结束后，家长回家时身心疲惫，但也要尽量和孩子互动，问问孩子今天在学校里都发生了什么事，跟孩子玩一会儿，读个睡前故事等。等孩子睡了再干自己的事情。

暖心的拥抱　中国父亲的情感往往比较含蓄内敛，不愿表达。和孩子的身体接触会给孩子传达更强烈的情感，不要对拥抱孩子有丝毫的吝啬。

增加亲子互动　父亲和孩子一起玩耍或运动是母亲无法替代的，所以，周末一对一的陪伴很重要。

尝试妈妈的角色　家庭生活中，很多事情被认为是妈妈应该做的，比如，换尿布、喂孩子、洗澡及穿衣服等。父亲也可以试着做这些事情，在这个过程中可以和孩子更好地建立亲密关系。

和孩子一起阅读　父母和孩子一起阅读不仅对孩子的语言和阅读能力有利，还能增进亲子关系。对很多书的内容，父亲的讲解方式和母亲是不一样的，孩子能从中学到不一样的东西。

教育理念和家庭观念与母亲保持一致　一个好父亲要永远对孩子的妈妈保持尊重，不打骂妈妈，尤其是在孩子面前。在孩子的教养和一些家庭问题上尽管可以有不同的想法，但在孩子面前要保持一致。母亲在家里被尊重会使孩子更自信。

教给孩子自尊及自信　孩子的自尊心及自信心来自父母，父母的关爱、陪伴都有助于孩子自信心及自尊心的建立。打击及贬低孩子的行为是对孩子最大的伤害。

教给孩子理财观念　父亲在孩子小的时候就应该教给孩子如何管理自己的零花

钱，这样的孩子长大后才会有计划地花钱及挣钱。

对自己负责 一个好的父亲首先要对自己负责，保持健康的生活方式会对孩子将来的人生起到深远的影响。健康的饮食及多运动都能给孩子树立很好的榜样。

爱护妻子 经常向妻子表达爱意，一起出去吃饭及多拥抱都会给孩子传达很强的信号，表明家庭生活幸福，并充满了爱。一个家庭只有妈妈快乐，孩子才能快乐，妈妈和孩子都快乐，爸爸自然也会快乐。

家长常见问题

孩子身上长湿疹，怎么办?

湿疹与遗传、环境等因素有关。也就是说，家里人有过敏性疾病如湿疹、鼻炎或哮喘的话，孩子也容易有。如果环境过于干燥或潮湿，孩子也易长湿疹。严重的湿疹也与过敏有关，如霉菌、尘螨或食物过敏。

治疗主要靠避免与过敏原的接触，但婴幼儿很难查出过敏原，所以润肤就显得格外重要。润肤霜需要一天多次涂抹，有时需要每小时涂抹 1 次。最好用质地比较稠的润肤产品。

激素类药物要慎用，不要经常用，也不要大面积用。孩子应该待在凉爽的环境里。洗澡时水不要太热，时间也不要太长。尽量选择全棉材质的衣服。

现阶段发育正常的简单指标

能来回翻身，能靠着坐或独立坐，能在大人腿上跳一跳，能伸手抓东西且会把东西从一只手换到另一只手，能明确表达自己的喜怒，会发"啊"的音。

大便有血丝是怎么回事?

吃辅食后很多孩子的大便很干，干便排出时容易撑破肛门而造成肛裂。所以饮食上可以吃些含高纤维的食物，如高铁燕麦粉。护理肛裂时需要勤洗肛周，并用凡士林涂抹肛周。如果大便中含大量血则要及时就医。

出牙了需要刷牙吗?

需要。买一把软毛牙刷及含氟的儿童牙膏，牙刷上涂薄薄一层牙膏，每天晚上睡前刷牙及早起刷牙。刷完牙后可以给孩子喝一口水，漱漱口，吞咽极少量含氟牙膏是很安全的，不必担心。

刷牙一定要在晚上吃完最后一顿奶以后，否则刷牙没有意义。指套牙刷及纱布擦牙都没有清洁牙齿的功效，要用软毛牙刷。

孩子老抓耳朵或揪头发是怎么回事?

大多数情况为孩子的习惯动作，如在烦躁时会抓耳朵或揪头发。如果揪耳朵还伴随发烧则要及时就医，看是否得了中耳炎。

孩子老揉眼睛怎么办?

很多婴儿烦躁时会有揉眼睛的动作，但如果伴随有眼睛红、流眼泪或有分泌物的情况，要及时就医。如果没有的话，观察即可。

辅食一定要自己做吗?

辅食不是非要自己做，买成品也没有问题，要注意买质量有保障的厂商出品的婴儿食物。成品婴儿食物多分为几段，区别就是食物的细碎程度和是否为多种食物的混合。开始时可只给一段纯泥状的食物，且是单一的食物，不用给几种食物混合的辅食。

辅食每天吃几次?

开始的时候每天只给一次，约 15 克，黏糊状，一两周后可以给两次，加蔬菜、水果或肉泥。

添加辅食时干呕怎么办?

婴儿在开始尝试辅食时会有干呕的现象，如果有干呕就不要再喂了，第二天可以继续尝试。开始给辅食时量不要太大，一次 15 克（混合后）就可以了，然后逐渐加量。

6 个月大的孩子都能吃哪些水果及蔬菜?

常吃的有苹果、香蕉、梨、红薯、胡萝卜、菠菜、豌豆及南瓜等。当然也可以尝试其他食物，基本没有什么禁忌。水果在开始尝试时最好是蒸熟的，吃一段时间后再吃生的。

孩子特别爱吃辅食，可以加量吗?

孩子在 1 岁前的饮食应以奶为主，辅食要适量，不能过多影响奶的摄入。6 个月的孩子每天的奶量应该为 800 毫升左右，如果少于这个量就应该减少辅食的量，而增加奶量。

添加辅食后，多久可以吃鸡蛋?

吃鸡蛋没有年龄的限制，只要开始吃辅食了就可以试试。越来越多的研究表明，吃辅食的顺序没有标准，原来以为易过敏的食物要晚些吃，现在被证实没有这个必要。

孩子辅食吃得挺多，为什么还不长肉?

吃辅食不是为了让孩子增加体重，只有母乳或奶粉才能给孩子提供最全面的营养。所以无限量地给辅食会造成孩子吃奶量减少，反而会影响孩子的生长。所以这个月龄应该是每天至少喂 4 次母乳，每天的奶量为 800 毫升左右。

开始吃辅食后，大便总是稀的，这是怎么回事?

添加辅食后，孩子大便的次数可能会变少，形状会变稠，不过有时大便会变稀，这些都是肠道适应新食物的过程。只要不伴有呕吐、发烧或脱水（一天换尿布不超过四次），就先观察几天。很多情况下坚持几天就正常了。

添加辅食时要一样一样地试吗？

在开始吃辅食时可以一样一样地试，每样连续给 3～5 天，然后再加另一样，如果没有产生过敏或副作用就可以混起来吃了。

孩子老吃手指，手指看起来都粗了，怎么办？

别担心，孩子吃手是在安慰自己。以后不吃手时，手指就会恢复正常。

孩子早上四五点要吃奶，这也算夜奶吗？

是的。只要吃完了又去睡就是夜奶。这个年龄段宝宝的夜奶要停掉。

臀纹不对称到底有没有问题？

明显的臀纹不对称可能和发育性髋关节脱位有关系，体检时需要医生检查髋关节，看有没有发育性脱位。如果还不确定，6 个月以下怀疑髋关节脱位可以用超声检查，再大些则需要 X 光检查。确诊脱位后需要戴支具纠正。

清晨第一次尿可能是黄的，正常吗？

正常。因为宝宝夜里一夜不吃奶会有浓缩尿，随着白天吃奶次数的增加尿会变浅。

微量元素需不需要进行常规检查？

不需要。孩子发生微量元素缺乏的概率很低，所以不用常规查，如果有临床指征则需要抽静脉血来查。

枕秃、不好好吃饭、指甲分层等都不是微量元素缺乏的绝对症状。

孩子老让抱着，有问题吗？

有问题。老抱着就会减少他／她自己活动的时间。多在地垫上活动才有助于大运动发育，有助于孩子成长。

孩子皮肤上有牛奶咖啡斑，需要担心吗？

如果有 6 个以上，且每个都超过 1.5 厘米，要检查是否有神经纤维瘤病。

能给孩子掏耳朵吗？

耳屎的产生是为了保护我们的耳膜。耳屎可以把进入耳朵的异物粘住，这样异物就不易掉到耳膜上了，所以不要轻易掏耳朵。

耳朵前面有个洞是怎么回事？

很多人耳朵前面都有个洞，叫"耳前窦道"。大多数耳前窦道并没有分泌物出来，不需要干预。如有大量分泌物则需要看耳鼻喉医生。这与遗传有关。

7 ~ 8 个月

　　进入 7 ~ 8 个月，孩子的活动范围更大了，他 / 她开始尝试用语言来表达自己，会和家长玩"藏猫猫"等游戏。这个月龄，家长最重要的是增加和孩子的互动，多做各种游戏，启发他 / 她的好奇心，建立解决问题的能力。

| 生长发育的秘密 |

体格发育

　　此时，孩子已经开始有认生的意识了，也担心和家长分离。宝宝的运动能力也大大地增加，他 / 她开始不再时时需要父母，这对父母来说也是一种新的体验。

满 7 个月婴儿的生长指标参照值范围

	男宝宝	女宝宝
体重（千克）	6.6（2%）到 10.2（98%）	6（2%）到 9.7（98%）
身长（厘米）	65（2%）到 73.5（98%）	62.5（2%）到 72（98%）
头围（厘米）	41.4（2%）到 46.4（98%）	40.2（2%）到 45.5（98%）

满 8 个月婴儿的生长指标参照值范围

	男宝宝	女宝宝
体重（千克）	6.9（2%）到 10.6（98%）	6.2（2%）到 10.2（98%）
身长（厘米）	66（2%）到 75（98%）	64（2%）到 73.5（98%）
头围（厘米）	42（2%）到 47（98%）	40.7（2%）到 46（98%）

体重身高比曲线

　　体重身高比指在一定身高下，相对应的理想体重应该是多少。体重身高比类似于体重指数（BMI）的概念，但 BMI 只用于 2 岁以上的孩子。

体重身高比曲线的具体用法是在曲线上找到孩子身高和体重的交点（和年龄无关），如果交点落在曲线的 85% 或以上则要考虑孩子超重，如果落在曲线的 2% 以下则为体重过轻（曲线见附录）。

这个月龄的孩子身高和体重的增长都慢了下来，有的孩子在体重曲线上有所下降，只要不在 3 个月内下降超过两条曲线都不必太担心。比如，在 4 个月时，体重在 90% 的曲线上，7 个月时体重在不到 50% 的曲线上，这就说明孩子的生长可能出了问题。需要让医生检查一下，看看是喂养不足，还是生病了。

动作及能力发育

情感及社会能力　开始意识到谁是陌生人，开始表达对陌生人的恐惧；喜欢和他人玩耍；分离焦虑很明显，愿意黏着大人；故意扔东西，且看着它掉下去；平时很爱笑，能感受别人的喜怒；喜欢看镜子里的自己；注意周围的物品及动静；能识别不同颜色，且能看到很远的距离。

用"摸一摸"的方式感知物体，喜欢把所有东西都放到嘴里试一试；乐于寻找藏起来的东西；会玩"藏猫猫"的游戏；知道一天的常规，如在小床里就是要睡觉，坐餐椅里就是要吃饭；知道因果关系；知道自己的喜好，如喜欢的食物及气味；有了自己最喜欢的玩具。

语言及交流能力　能发出"a""ma-ma""da-da"等音；对周围人低声的对话也很敏感；理解"不"的意思；他人说"不可以"时，会表达不悦或害怕；能出声表达喜悦或不高兴；对叫自己名字有反应；能模仿别人发音。

精细运动　能把物品准确地放到嘴里；能两手之间相互传递物品；能准确地伸手抓住物品；开始用指尖抓物品；会用双手拍桌子；会摆弄玩具。

粗大运动　从俯卧翻到仰卧；可以独立坐了；抱着孩子的腋下，孩子可以在家长腿上蹬腿或跳；有的孩子已经可以匍匐爬行或手膝爬；开始拉着床栏杆试图站起来；撞击两手中的玩具；会扔或往前推球。

家长需要警觉的现象　不伸手抓物品或只用一只手抓物品；对任何人都不感兴趣；对周围发出的声音没反应；不能把物品放到嘴里；不能发"啊"的音；不能翻身，尤其从仰卧翻到俯卧；肌肉发紧，全身总是绷着劲；全身瘫软，吃不上劲；对父母的拥抱没反应；眼睛内斜视或外斜视；眼睛不断地流眼泪；大人抱着孩子的腋下时，双腿不能跳；即使靠着也坐不住；对自己的名字从来没反应。

| 喂养那些事儿 |

母乳喂养

这个月龄的孩子，母乳喂养应该是白天 4 次，夜间不需要喂任何母乳。随着辅食的逐渐增加，孩子吃奶量会逐渐减少，但每天喂母乳不能少于 4 次。

配方奶粉喂养

宝宝需要约每 4 个小时喂 1 次，每次吃的量因孩子而异。每天的总量为 700 ~ 800 毫升左右。夜里不需要喂夜奶。

营养补充剂

维生素 D　所有纯母乳喂养的孩子需要每天给 400IU。奶粉喂养的孩子如果每天喝 700 ~ 800 毫升，需要隔日补充 400IU 的维生素 D。

钙　不需要补充，除非遵医嘱。

DHA　不需要补充。

益生菌　不需要补充。

铁　按照美国儿科学会建议，纯母乳喂养的孩子从 6 ~ 12 个月起，每天需要 11 毫克铁。母乳每升含铁 0.35 毫克，可以忽略不计，因此需要完全从铁剂及米粉中补铁。奶粉每 1000 毫升中含铁量为 10 毫克左右，吸收率不超过 30%，所以也需要从米粉及铁剂里摄取铁。

给孩子吃婴儿米粉或燕麦粉要注意铁的含量，按 6 ~ 12 个月月龄的孩子每日需要 11 毫克算，如果从米粉中无法满足每日需要的量，则需要从铁剂中补够足量的铁。

辅食

七八个月大的孩子可以每天吃两顿辅食外加一次水果。

第一顿辅食可以是 5 ~ 10 克含高铁的米粉加 20 毫升水、30 克蔬菜泥（如一半胡萝卜泥、一半菠菜泥）、30 克左右的蛋白质，蛋白质包括蛋黄、肉类、水产品等食物。辅食吃完后再给孩子喂 50 ~ 100 毫升的奶，注意喂辅食不要影响孩子的奶量，现阶段，宝宝每天仍需吸引 700 ~ 800 毫升的奶量。如果奶量不够则需要减少辅食的量，而增加吃奶量。

第二顿辅食可以给 5 ~ 10 克含高铁的燕麦粉加 20 毫升水、30 ~ 40 克蔬菜泥（如红薯泥和豌豆泥），再加 30 克肉泥。

水果可作为加餐，一天吃 1～2 次，每次 30 克左右。水果含糖量高，家长要注意不能无限制地给孩子吃水果，糖分摄入过多会造成孩子肥胖，同时会影响孩子的食欲。

手指食物

宝宝在现阶段已经有用指尖抓食物的能力，所以可以试试手指食物。如将煮熟的红薯、胡萝卜切成条，将嫩黄瓜心切成条，将梨等水果切成小丁、小的泡芙等。

宝宝用手指抓食物

温馨提示：
一定不能给孩子滑溜的、圆圆的食物，如葡萄或小西红柿等。2～3 厘米大的食物足以让孩子窒息，要千万小心。

水量

家长现在可以引导孩子用吸管杯或鸭嘴杯喝水，尽量不使用奶瓶喝水。这样可以训练孩子用杯子喝水的习惯，为早日戒掉奶瓶做准备。

不要给孩子养成喝果汁的习惯，一旦养成习惯孩子就不喜欢喝没味道的水了。喝水量没有标准，一般每天喝几十毫升就够了，不要因为喝水太多而影响奶的摄入。

一日常规

俗话说"没有规矩，不成方圆"，这里的"规矩""方圆"指的是良好的常规和行为习惯。一个家庭常规的好坏，直接影响孩子的成长和家庭生活的质量，如果家庭常规没有建立好，孩子就没有好的习惯。一个家庭一旦建立了细化、完善的常规，形成一个自然有序的生活环境，孩子也会在良好的环境中不断地成长，也能为将来的学习和生活奠定基础。

以下是为宝宝们设计的家庭一日常规安排，宝爸宝妈们可根据家庭的实际情况进行调整。

家庭一日常规时间表

时间	活动内容
6：00～8：00	起床　刷牙　喝奶（母乳或配方奶 200 毫升）
8：00～9：00	家里游戏或户外活动　喝水
9：00～10：00	辅食　外加 100～150 毫升奶
10：00～11：00	睡觉时间
11：00～12：00	吃少量水果
12：00～13：30	游戏时间　喝水
13：30～15：00	喝奶 150～200 毫升　午睡　醒来给少量水果　喝水
15：00～17：00	家里游戏或户外活动　喝水
17：00～17：30	吃辅食　喝水
17：30～19：00	游戏时间
19：00～20：00	洗澡　喝奶 200 毫升左右　刷牙
20：00	入睡

|日常家庭护理|

大小便

大便　随着辅食的添加大便会变得更黏稠，每天大便几次或每几天一次。如果有成形的大便，说明有便秘的情况，可以试着给些水，或把米粉换成婴儿燕麦粉，能缓解便秘。

小便　每天应该有 6～8 次小便，每 24 小时少于 4 次说明孩子有脱水的可能。

大便稀或稠都不需要吃益生菌，孩子的肠胃会自己进行调节。

睡眠

婴儿在第 7～8 个月平均睡眠时长为 12～14 个小时，醒来的时间逐渐延长，和家长互动的机会也多了，很多孩子夜里可以睡整觉了。

停夜奶的方式很简单：一种是逐渐减少次数，当减少到一次时，可以开始减少这次喂的奶量；还有一种方式是拿出几天（一周左右）的时间，当孩子夜间醒来时，不给吃奶，只是抱着安抚。只要坚持几天，孩子就可以戒掉夜奶了。

训练宝宝用杯子喝水

家长从宝宝 6 个月时就要训练他 / 她用杯子喝水，可以买个吸管杯或鸭嘴杯，父母先示范一下怎么喝，孩子往往会模仿大人。孩子开始时会把杯子当玩具，不停地把杯子里的水往外倒，没关系，给他 / 她足够的时间去练习。

爬行

很多孩子从六七个月起就会爬行了，不管是手膝爬还是匍匐爬。这时尤其要注意安全，把孩子放在地上爬才是最安全的。家长可使用围栏限制孩子的活动空间，不要让他 / 她去楼梯、厨房或洗手间等地方。家中所有家具的角都要包好，电门也要盖住。如果家里是瓷砖地，可给孩子戴上护膝及护肘。

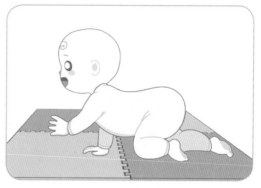

爬行中的宝宝

刷牙

你的宝宝已经长出第一颗小白牙了吗？大多数孩子的出牙时间在 6 个月左右。出牙的早晚和父母出牙的年龄有关，除非是极端情况，和缺钙没有必然关系。

宝宝出牙前最明显的症状就是大量流口水。在牙顶出牙龈时，孩子可能会有疼痛、发低烧、流清鼻涕或有几天稀便的症状，有的孩子吃奶的量也会减少或夜间哭闹。不要担心，这些都是正常现象。

出牙后每天要刷两次牙，要买婴儿专用的软毛牙刷及含氟的儿童牙膏。不要用纱布或指套牙刷，它们清洁牙齿的效果并不理想。牙刷涂薄薄的一层牙膏即可，给宝宝刷牙时要照顾牙的外侧及内侧，刷完后可以给孩子喝口水，少量的含氟牙膏吃进肚子里不会造成伤害。晚上应该在最后一顿奶后刷牙，刷完牙以后就不要再进食了。早上起来也要用同样的方法刷牙。

为了更好地刷牙，可以训练孩子形成一个睡前常规：如先洗澡，然后喝奶，喝完奶刷牙，刷牙时放一段舒缓的音乐，当孩子一听到这个音乐他 / 她就知道要刷牙了。这样慢慢地形成规律，养成好的生活习惯。

户外活动

这个月龄的孩子外出活动时仍要坐在推车里，要记得系上安全带。在户外，孩子可以观察不同的人和事物，如看汽车，听鸟叫等，这些声音和视觉的刺激都有利于孩子的发育。注意不要带孩子去人多拥挤的空间和空气不流通的环境，避免不必要的交叉感染。

| 亲子互动 |

锻炼孩子识别脸部特征及视觉接受能力　给孩子一本家里人的相册看，让他 / 她学习识别人的脸，也告诉宝宝照片中的他 / 她是谁，比如"这是姑姑"。

寻找藏起来的玩具，学习"客体永久性"　让孩子寻找盖起来的物体，他 / 她会慢慢发现虽然某个物体在眼前暂时消失，但它还是存在的。

玩积木，训练孩子的精细动作和手眼协调能力　给孩子一些颜色鲜艳的积木，家长示范把积木摞起来。虽然此时孩子的能力还达不到，但他 / 她可以试着去摆一摆。注意一定是每个边长都超过 3 厘米的大积木，否则孩子误吞后有造成窒息的危险。

尝试不同的食物，训练孩子的味觉及嗅觉　可以一次让孩子试吃几种不同的食物，注意看孩子的表情，你会发现孩子的面部表情是不一样的。

在镜子面前玩"藏猫猫"的游戏，训练孩子的视觉能力、感知能力，并理解"深度"的概念　家长和孩子在镜子前坐下，把孩子的脸用毛巾盖住，然后突然把毛巾拿走，让孩子看到镜子里的自己和家长，他 / 她会觉得很神奇。

玩布袋木偶游戏，训练孩子寻找声源的能力　家长和孩子坐在地上，手持布袋木偶，一边操作木偶一边讲故事。孩子会探寻是木偶在发声吗。

感知光和影，训练孩子的感知能力　拿手电往墙上打光，引导孩子感知光。也可以在黑暗中用手电照亮某个物体，让孩子看到光和影的关系。

玩水里的玩具，有利于提升认知能力，训练孩子对因果关系的感知　洗澡时，往水里放几个能漂起来的玩具，让孩子坐在水里去抓它们，大人示范把玩具按入水里，一松手就漂起来了。孩子也会模仿着去做。

玩一按就发声的玩具，让孩子学习因果关系　当孩子知道某些玩具一按就能发出声音时，他 / 她会觉得很新奇，会不停地去按它。在这个过程中宝宝学到了按压和发声的因果关系。

互动对话，训练语言及认知能力　跟孩子说一说今天都玩什么了，发生了哪些有意思的事情。告诉孩子不同的形状和颜色，解释自己在做什么等。

"爬山"，训练大动作、平衡及协调能力　在地上用枕头或坐垫搭一个"山"的造型，鼓励孩子往上爬。不要去帮他/她，让他/她自己尝试。

"盒子里有什么？"训练宝宝的好奇心　拿一个纸盒子，上面掏个小洞，把一些玩偶或玩具放在里面，让孩子从里面把玩具拿出来。注意玩具一定不能小到可以放到嘴里。

看看衣柜里都有什么　孩子特别喜欢拉抽屉和打开柜门，没关系，让他/她去看一看，摸一摸，这有助于提高他/她的认知能力。

"穿过隧道"的游戏，可以训练孩子的社会能力及运动能力　买一个玩具隧道或把纸盒子两边打开，让孩子从一头爬到另一头，他/她会觉得这种游戏充满了乐趣。

让孩子用手来抓面条，训练孩子的精细动作和认知能力　煮一盘面条，让孩子抓着玩，有些面条很黏手，看看孩子怎么把它拿下来，也可以再配些五颜六色的蔬菜。

| 安全常识 |

坠落

虽然孩子已经会坐和爬了，但也绝不可以把孩子独自放在床上或沙发上。如果大人需要离开，哪怕只是几秒钟也要把孩子放围起来的地垫上或婴儿床里。游戏或互动时，一定是在小床里或地垫上。把孩子放在大床上是非常危险的，大人以为看到孩子要掉下去时可以迅速抓住孩子，事实上，你的反应能力并没有孩子坠落的速度快。也不要以为一个小小的枕头就能挡住孩子想探索世界的脚步。

孩子会站了以后，要把婴儿床的床屉及时调低。床栏杆的高度应该高于孩子站起来时的乳头线水平。

窒息

能放到孩子嘴里的玩具，或容易脱落的小零件都是禁忌。小床里尽量不要放置毛绒玩具、枕头、棉被等物品。

很多家长认为坚果的营养价值高，日常会给孩子吃坚果补充营养，有时会随手喂孩子一粒。你不知道的是，坚果是窒息食物黑名单的第一名。有的坚果遇水发胀，卡在喉咙后会越变越大，从而直接导致孩子无法呼吸。再次强调，尽量不要给小孩和老人食用坚果，但可以研磨成粉末或小颗粒再吃。

手指食物是现阶段宝宝的首选，但一定要注意食物的大小，不给直径 2 厘米左右或边长 2 厘米左右的食物，也不要给滑溜溜的食物，如葡萄。孩子吃任何食物时都要有家长在场。不能边跑边吃或边喊叫边吃。

烫伤

我这里有"3 个不"送给家长们：不可以把孩子抱到厨房；抱孩子时手里不要拿着热水；孩子活动的范围内不要放热的水、咖啡或汤。孩子看见新奇的东西，会想尽办法往自己这里拉，很多悲剧都是这么发生的。

溺水

给孩子洗澡时一定不能离开孩子，哪怕只是几秒钟的时间。洗澡盆里的水不可以超过孩子坐起来的腰部的高度，也不可以一边往洗澡盆里放水一边洗。

家里的安全设置

七八个月的孩子活动范围已经很大了，他 / 她并不知道什么是危险，所以家里的一切设施要最大限度地保证孩子的安全。

- 将所有有尖锐棱角的墙角及家具角包起来；
- 将所有电门都盖上，孩子最喜欢用小手抠抠洞口里有什么；
- 将所有装清洁剂的瓶子锁起来或往高处放；
- 将所有药物收好，避免孩子误服；
- 将所有桌布收起来，孩子最喜欢拉着桌布站立，如果桌子上正好有一盆热汤就很有可能伤到孩子；
- 将所有电视及家具固定在墙上，否则孩子使劲拉时容易倾倒并压着孩子。

安全无小事，每天上演的悲剧都和家里的安全设置不合标准脱不了关系。

| 常见疾病及治疗方法 |

发烧及如何退烧

孩子发烧有很多原因，最常见的是感染。感染分病毒感染、细菌感染、真菌感染及其他感染。对婴幼儿来说，最常见的还是病毒感染引起的发烧。

常用的退烧方法有药物退烧及物理退烧。

药物包括泰诺及美林。两种药都有婴儿剂型及儿童剂型，婴儿剂型更浓缩，所以每毫升含药物量更大。给孩子多少退烧药是根据体重，不是根据年龄。原则为：泰诺10 ~ 15 毫克 / 千克（体重）/ 剂，每 4 小时一次；美林 10 毫克 / 千克（体重）/ 剂，每 6 小时一次。

两种药物尽量避免交叉使用，因为容易出错。如果非得交叉使用，则一定要做记录，写下给药时间和给的什么药，给了多少。以下为可参考的记录表格：

药物种类	给药时间	剂量	温度
儿童泰诺	5：00	5 毫升	38.8℃
儿童美林	8：00	5 毫升	39.3℃

交叉用泰诺及美林的主要原因是还没到给下剂药的时间孩子又烧起来了，这时可以考虑给另一种退烧药。

物理方法也可以退烧，如给孩子全身用凉毛巾擦拭。仅靠额头退烧贴效果不好。物理退烧的原理是皮肤在接触凉水时会有冷热交换，且水在蒸发时会从身体带走热量，所以水温一定要比皮肤温度低。一般建议水温为 32 ~ 35℃，这个温度不会"激着"孩子。

18 岁以下的人一定不能用阿司匹林退烧，6 个月以下的孩子不用美林退烧。

指甲有白斑

很多家长都相信孩子指甲上的白斑是缺钙的原因，真是这样吗？

指甲上的白点或白线在医学上叫"白甲"，绝大多数情况不是疾病的表现，几个月后这些白点也就被剪掉了。那为什么孩子指甲上会有白点或白斑呢？最常见的原因是孩子在无意中碰撞到了甲床（甲根部），几个月后就会在指甲上呈现白斑或白线。这种现象在医学上称为"部分白甲"，部分白甲又分为线型、点型及纵向型。其他原因有过敏反应，如接触指甲油或任何化学物质。还有感染的原因，如指甲被真菌感染后，不仅有白斑，还比较脆。缺锌也有可能表现为白甲，但不常见。缺钙和白甲

白甲

没有直接关系。白甲还有可能和药物有关，如化疗药物。其他更不常见的原因有：肾衰、心脏问题、湿疹、牛皮癣、肺炎、砷或铅中毒等。

白甲的治疗 绝大多数白甲不需要治疗，除非是感染及其他原因引起的，如真菌感染。

什么情况下需要看医生？ 整个指甲都是白的；所有指甲上都有明显的白点或线；指甲有白色及棕色的变化等。

孩子指甲上的白点或白斑绝大多数情况不需要家长担心，耐心观察即可。这和缺钙没有直接关系。

肺炎

孩子发烧容易烧出肺炎 答案当然是不能。发烧只是身体感染或炎症反应的症状之一，发烧本身不引起感染。肺炎在婴儿时相对常见，引起肺炎的原因有病毒、细菌、真菌或其他致病原感染。婴幼儿肺炎的表现为吃奶不好、精神状态不佳，少数可能没有咳嗽或发烧，有以上任何情况都要及时就医。延误治疗可能会发生悲剧。

婴儿得肺炎多半伴有发烧、咳嗽，或与生病的人有接触。医生在询问完病史及做完体格检查后就会告诉家长，孩子可能得了肺炎。如果有需要，医生会让孩子做血常规的化验及拍摄胸片。根据检查结果判断是病毒性肺炎、细菌性肺炎或其他肺炎。肺炎对婴儿来说是严重的感染，如果孩子精神不好、缺氧或脱水则需要住院治疗。

针对病毒性肺炎，并没有什么特效药物，通常情况下，孩子会自愈，家长只需要保证孩子不脱水及缺氧时给氧即可。细菌性肺炎则需要给相应的抗生素药物进行治疗。没有缺氧或脱水的孩子也可以口服抗生素，不需要住院。切记，不要给这个月龄的孩子任何感冒药！不安全。

如何预防肺炎？ 婴儿要积极接种 13 价肺炎疫苗，积极接种 b 型流感嗜血杆菌（Hib）疫苗。Hib 有单独的疫苗，或含在五联疫苗里。接种时间为宝宝第 2、3、4 个月及第 18 个月。进入秋季，6 个月以上的孩子要打流感疫苗。

流感季节要注意不带孩子去室内公共场所。家里有人生病时要和孩子隔离或戴上口罩，因为大人感冒产生的病菌对小孩来说是很危险的，一定要及时看医生。另外，男性成员不要在家里抽烟，抽烟的环境会增加孩子感染的概率。

拉肚子

拉肚子不一定是感染了，但如果伴随发烧及呕吐，或有血便，感染的可能性就比较大，要及时就医。如果孩子只是大便有些稀，吃喝和玩都正常，也可以先观察几天。有可能是孩子在初次接触某种食物时的胃肠不适或不耐受的表现。某些食物含纤维量较高，也容易引起腹泻，如红薯和南瓜。可以试试把这些食物先停一停，如果腹泻的情况不见好转则需要就医。大便常规检查不能有效地区分食物过敏、病毒性肠炎或细菌性肠炎，需要做大便的病毒检查，如轮状或诺如病毒，以及做大便培养来排除肠炎。

益生菌不是常规的治疗用药，止泻药不建议给婴儿使用，口服补液盐可以用来治疗脱水。

斜视

这个月龄的孩子不管是有内斜视还是外斜视都要去看眼科医生了。很多孩子生下来就有斜视，尤其是内斜视，这种一过性的斜视叫"假性斜视"。随着孩子长大，这种假性斜视会慢慢消失。如果 4 个月以后还不消失则需要看眼科医生。如果不及时纠正，孩子会逐渐习惯只使用一侧眼睛，从而造成"弱视"。纠正斜视，眼科医生可能会建议手术。

孩子不会爬

对于孩子不会爬，社会上有很多种说法，如孩子不会爬对大脑的发育不好，所以有部分家长就一定要孩子有爬行的过程。然而事倍功半，小宝宝可不会老老实实地任你摆布，很多孩子就跨越爬行直接进阶到站起来行走。

那不会爬到底对孩子有什么影响呢？有些研究说，爬行能使孩子的手眼及动作协调得更好，从而促进大脑的发育。但反对的声音说，没有任何确切的证据说明不爬的孩子会在发育上落后。事实是，你无法强迫孩子爬行，你也无法阻止孩子站起来。据统计，发达国家完全不爬的孩子从 1994 年后逐渐增加，有的专家认为可能和孩子不俯卧，因而上肢力量不够强壮有关。所以现在建议婴儿在醒着的时候要多趴一趴，让孩子练习抬头，增强手臂及后背肌肉的力量，这些都有利于爬行。

| 疫苗接种 |

按照国家 2021 年版免疫规划疫苗儿童免疫程序表，满 7 个月没有需要接种的疫苗。如果选择二类疫苗的话，建议接种第二剂流行性脑脊髓膜炎 AC。

　　按照国家 2021 年版免疫规划疫苗儿童免疫程序表，满 8 个月需要接种麻疹、风疹、流行性腮腺炎及乙脑疫苗。乙脑疫苗分为减毒活疫苗及乙脑灭活疫苗，乙脑减毒活疫苗在这个月龄接种一剂，乙脑灭活疫苗在这个月龄接种两剂，7~10 天间隔。

| 护苗 * 成长 |

如何从一段奶粉转二段奶粉

　　孩子在六七个月时往往需要把奶粉从一段换到二段，这不是必须在 6 个月时完成的，把一段奶粉都喝完后再转二段奶粉也不迟。转奶粉可采用隔顿喂养的方法，循序渐进地把一段奶粉替换掉。但不要把一段奶粉和二段奶粉混合在一起，因为在混合的过程中有可能出现化学反应而影响奶的质量。如发现呕吐、腹泻或全身长很痒的皮疹，则需要把二段奶停一停，换个品牌再试。

自制辅食的注意事项

- 自制辅食要注意所有用具要干净卫生，不要和大人做饭的用具混在一起。
- 刚做好的食物要放凉到室温的温度再给孩子吃，防止孩子烫伤。
- 有些家长觉得孩子吃剩下的辅食倒掉了非常浪费，便想放在冰箱冷藏室，下一顿接着吃，这样的想法是非常错误的。吃不完的辅食要直接倒掉，因为里面容易滋生细菌。
- 很多宝妈在休完产假返岗上班后，为了孩子吃得安全健康，同时也为了节省时间，会提前做出一周的辅食冷冻在冰箱里。这时一定要注意冰箱的洁净，冰箱中要划分出专门放宝宝食物的区域，不要让宝宝的食物被其他食物污染。辅食从冰箱拿出来后要先解冻再加热，然后才能给孩子吃。

疫苗反应

　　孩子 8 个月大时要接种麻腮风疫苗。这是一剂活疫苗，意味着孩子有更多的机会发生疫苗反应。麻腮风疫苗常见的反应为发烧及起皮疹。这些疫苗反应一般在打完疫苗后的 6 ~ 12 天之间开始，持续 3 天左右。发烧温度也会很高，39℃以上，此时可以给孩子服用退烧药。有的孩子还会因此诱发高热惊厥。

　　皮疹可以是全身的小红点或片状的红斑，一般 3 ~ 5 天消失，皮疹不疼不痒。如果发烧超过 3 天，孩子有精神萎靡、瘙痒、高热惊厥等情况要及时就医。

家长常见问题

爬的时候明显左右不对称，有问题吗?

没问题。宝宝刚刚学着爬，用力和平衡能力还在学习中，不必担心。

孩子便秘怎么办?

这个月龄的便秘可能与食物有关，如米粉吃得太多可能会引起便秘。试试把米粉换成燕麦粉，也可以加点水。

一定要停夜奶吗?

夜间进食后，食物的残留物会形成牙菌斑从而损伤宝宝的牙齿。6个月的宝宝已经不需要再吃夜奶了，虽然夜里还是会醒来，但并不代表他／她饿了。

辅食里可以有颗粒状的食物吗?

可以试试。如果孩子吃了干呕就要过一段时间再试。

可以吃鱼肉了吗?

当然可以。鱼肉脂肪含量低，营养价值高。

七八个月的简单发育标准有哪些?

能独立坐；会爬或匍匐前进；能大把抓东西；有的会用拇指和食指捏东西；

可以配合拍打游戏，配合玩"藏猫猫"的游戏；可以发"ma""ba"的音；能向发出轻微声响的方向转头。8个月大的孩子会试图拉着支撑物站起来。

体重超过了身高百分比，正常吗?

可能超重了，需要看看是不是喂得太多或活动量太少了。

可以在辅食里加点橄榄油吗?

可以。橄榄油一天的用量最多5毫升，也可以吃些核桃油。

能给孩子喝果汁吗?

尽量不要。因为果汁含糖量过高，孩子一旦习惯喝甜的东西就会抗拒喝白水。

"消化不好"，能吃益生菌吗?

这得看具体是什么问题，便秘、拉稀、胀气还是其他症状，具体问题具体处理。不需要用药，对症治疗，益生菌可能也没任何帮助。

如何吃才能不缺营养?

食物是分类的，每一类食物都吃

就不会缺营养。食物分成碳水化合物、蔬菜、蛋白质、水果及奶制品。蛋白质包括禽类、红肉、水产品、植物蛋白（如大豆）、蛋类等。

可以吃磨牙饼干吗？

磨牙饼干要选择有质量保证的大品牌的。太软的饼干如果被孩子咬下来一大块儿可能会导致窒息，千万注意。前面我曾说过，孩子吃东西的时候大人一定要寸步不离。

每天的两顿辅食，都需要有蛋白质吗？

需要。每天及每顿蛋白质的摄入量大概占食物总量的 1/4 到 1/3，主食约占 1/3，蔬菜占 40% 左右，可以再给一顿水果。

现阶段每天的奶量应该保持在多少毫升？

母乳一天 4 次，配方奶每天给 700 ~ 800 毫升即可。

孩子需要吃不同的谷类吗？

不需要刻意地去吃。虽然市面上有各种谷物做成的婴儿食品，但宝宝不需要试吃所有的，适合宝宝的才是最好的。

冻奶如何给宝宝吃？

冻奶拿出来先完全融化再加热，融化了的奶不可以重复冷冻。化了的奶只能在冰箱里保存 24 小时。融化冻奶需要在 4 ~ 8℃的冰箱里或室温条件下融化，不能拿热水或微波炉融化。

能给孩子吃肉松吗？

肉松是干燥食品，经过加工的食品营养容易流失，尽量不给婴幼儿吃。

嘴周围老长湿疹，是过敏反应吗？

嘴周围的湿疹跟皮肤接触食物及口水有关，与过敏关系不大。长湿疹期间，要在饭后把脸洗干净，然后擦润肤露。

能给孩子穿拉拉裤了吗？

拉拉裤有的做得太贴身，不容易透气，小孩子的皮肤很敏感，不宜太早用。

蚊子咬后红肿怎么办？

红肿明显时可冰敷，太痒时可以局部用止痒的药品，如炉甘石、激素药膏。注意避蚊，购买避蚊剂时要注意看是否含避蚊胺这个成分，不含该成分的产品效果可能不太好。

宝宝的头摸着为什么不平呢？

宝宝的头不是鸡蛋壳，凹凸不平是正常的。

孩子下眼睑为什么发青呢？

下眼睑发青和局部静脉回流不佳有关，最常见的引起该部位静脉回流不佳的原因就是过敏性鼻炎。有家族过敏性疾病的孩子更容易有黑眼圈。

必须在 6 个月时换二段奶吗?

不一定。把一段奶粉吃完了再换二段奶粉也是可以的。

孩子在小床里翻身碰到床栏杆就会醒，怎么办?

先不要急着去抱孩子或是安抚，可以先观察一会儿。宝宝们也是有自己的小心思的，一次两次妈妈都来哄，他 / 她会认为你是在鼓励他 / 她这种要求，从而更加依赖大人抱。

孩子睡觉太轻，有点响动就醒，怎么办?

孩子白天睡觉时不要人为地制造黑夜及很安静的环境，家里一切如常即可。从婴幼儿期就要培养孩子不受外界干扰的能力。

孩子偶尔咳嗽，需要担心吗?

只要没发烧，吃喝玩耍都正常就不需要担心，有时候口水也会引起咳嗽。

孩子无理要求不能满足时就哭，怎么办?

这时候可以让他 / 她哭一会儿，让他 / 她了解父母的态度，知道哭是不能解决问题的。

9 ~ 10 个月

　　这个月龄的孩子能站、能爬，且充满了好奇心，他 / 她开始更主动地去探索这个世界。家长需要给孩子提供一个安全的环境，鼓励孩子的探索精神，让孩子成长为最好的自己。他 / 她也越来越多地想要获取自由，对事物有自己清晰的想法，会对自己不喜欢的东西表达"不"。此时，家长不仅要满足孩子的日常需求，更要学习管理孩子复杂行为的技能。

｜生长发育的秘密｜

体格发育

满 9 个月婴儿的生长指标参照值范围

	男宝宝	女宝宝
体重（千克）	7.1（2%）到 11（98%）	6.4（2%）到 10.5（98%）
身长（厘米）	67.3（2%）到 76.3（98%）	65（2%）到 75（98%）
头围（厘米）	42.4（2%）到 47.5（98%）	41.2（2%）到 46.5（98%）

满 10 个月婴儿的生长指标参照值范围

	男宝宝	女宝宝
体重（千克）	7.3（2%）到 11.3（98%）	6.6（2%）到 10.8（98%）
身长（厘米）	68.5（2%）到 78（98%）	66.5（2%）到 75（98%）
头围（厘米）	42.8（2%）到 48（98%）	41.5（2%）到 47（98%）

体重身高比曲线

　　体重身高比指在一定身高下，相对应的理想体重应该是多少。体重身高比类似于体重指数（BMI）的概念，但 BMI 只用于 2 岁以上的孩子。 体重身高比曲线的具体用法是在曲线上找到孩子身高和体重的交点（和年龄无关），如果交点落在曲线的85%或以上则要考虑孩子超重，如果落在曲线的2%以下则为过轻（曲线见附录）。

这个月龄的孩子身高和体重的增长都慢了下来，有的孩子在体重曲线上有所下降，只要不在3个月内下降超过两条曲线都不必太担心。比如，在6个月时，体重在曲线的90%，9个月时体重在不到50%的曲线上，这就说明生长可能出了问题。需要让医生检查一下，看看是喂养不足还是生病了。

动作及发育能力

情感及社交能力　意识到谁是陌生人，表达对陌生人的恐惧；分离焦虑很明显；愿意黏着大人；故意扔东西，且看着它掉下去；平时很爱笑，能感受别人的喜怒；喜欢看镜子里的自己；注意周围的物品及动静；能识别不同颜色，且能看到很远的距离；用"摸一摸"的方式感知物体，喜欢把所有东西都放到嘴里试一试；乐于寻找藏起来的东西；会玩"藏猫猫"的游戏；知道一天的常规，如在小床里就要睡觉，坐餐椅里就是要吃饭；知道因果关系，如把东西扔了就应该捡起来；知道自己的喜好，如喜欢的食物及气味；有了自己最喜欢的玩具；会挥手做"再见"的动作；对声音很敏感，电话响起时，会很快地爬过去看看；对物品是怎么工作的很感兴趣。

语言及交流能力　发"ma ma""ba ba"等音；理解"不"的意思；他人说"不可以"时，会表达不悦或害怕；能出声表达喜悦或不高兴；对叫自己的名字有反应；能发一连串的声音；喜欢模仿他人发音；用手指东西。

精细运动　用拇指及食指指尖捏物品；能把物品准确地放到嘴里；能准确地伸手抓住物品；双手拍桌子；会摆弄玩具；会把玩具、用具摞起来；会使用杯子喝水。

粗大运动　能扶着床栏杆站起来；有的孩子会扶着东西挪步；有的孩子会扶着东西从站着到蹲下，或从蹲着到站起来；能从爬的姿势转换为坐下；开始手膝并用地爬行；撞击两手中的玩具；会扔或往前推球。

家长需要警觉的现象　达不到6～8个月的发育标准；大人托着腋下时，双腿还不能跳一跳；即使靠着物体也坐不起来；不能一起做游戏，如把搭好的积木推倒；对叫自己的名字从来没反应；不看你指的方向；对熟悉的面孔没反应；对周围声音没反应；不能把物品放到嘴里；不能发音，如"ma ma"的音；全身总是绷着劲，肌肉发紧；全身瘫软，使不上劲；对父母的拥抱没反应。

ASQ 评估

按美国儿科学会的建议，这个月龄的孩子需要做儿童发育筛查（ASQ）。这个筛查的目的，是找出发育不正常的孩子以便及早干预。我国目前有 ASQ 筛查的网站，家长可以自己回答这些筛查的问题，问卷最后会给出孩子发育是否正常的答案，也会给出可参考的游戏及活动。这些问卷是收费的。

| 喂养那些事儿 |

母乳喂养

这个月龄的孩子，白天需要喂 4 次母乳，夜间不应喂母乳了。随着辅食的逐渐增加，孩子吃奶量会逐渐减少。

配方奶粉喂养

宝宝仍需要每 4 个小时喂一次，每次吃的量因孩子而异。每天总量大概是 600 ~ 700 毫升，夜里也不需要喂奶了。

营养补充剂

维生素 D　所有纯母乳喂养的婴儿需要每天给 400IU。奶粉喂养的孩子如果每天喝 700 毫升左右，需要隔日补充 400IU。

钙　不需要补充，除非遵医嘱。

DHA　不需要补充。

益生菌　不需要补充。

铁　9 个月左右时，要检查血液中血红蛋白水平，看看宝宝是否贫血。

辅食

9 个月大的孩子需要每天吃 2 ~ 3 次辅食，每次 120 ~ 150 克，每次吃什么没有固定标准。辅食可以给 10 ~ 15 克的高铁米粉加 30 毫升水混合，加 50 克蔬菜泥（如一半萝卜泥、一半菠菜泥）或切成条状、块状的蔬菜，加 40 克肉泥，或鱼泥，或一个蛋黄；吃完后给 50 ~ 100 毫升奶或水。另一顿辅食也是类似的配比。蔬菜以颜色分类，如绿色、黄色或紫色，每天搭配不同颜色的蔬菜给孩子吃。蛋白质不仅指肉类、鸡蛋、水产品及豆类等，只要属于蛋白质类食物，都可以搭配着吃。水果可作为零食，一天给一到两次，每次 30 克左右。一定要限制水果的摄入，水果摄入量过多容易让孩子长胖，也影响孩子吃其他东西的食欲。

|日常家庭护理|

大小便

大便　随着辅食的添加，大便变得更黏稠或半成形，可以每天几次或几天一次。如果有成形或干大便说明有便秘的情况，可以试着给些水，或把米粉换成婴儿燕麦粉，能缓解便秘。

小便　每天应该有 6～8 次的小便，24 小时少于 4 次说明孩子有脱水的可能。大便稀或稠都不需要通过补充益生菌来调节。

睡眠

婴儿在第 9～10 个月间，平均每天睡眠时间为 12～14 个小时，醒来的时间逐渐延长，和家长互动的机会也多了。孩子夜里应该睡整觉了，夜奶也早就戒了。如果偶尔醒来也不应该抱起来哄，孩子哭两声就会睡着。

家长行为指导

家长要有技巧地让孩子知道什么是允许的，什么是不允许的。家长应该尽量少说"不"或"不可以"，要留着这些严厉的词句给真正危险的行为，如拿钥匙捅电门。当你看到孩子站在那里容易掉下去时，你可以说"坐下"而不是"别站着"，这样孩子更容易接受。对孩子喊叫、打骂的管教方式都是无效的，大人要学会控制自己的情绪。

|亲子互动|

往盒子里扔玩具，训练精细动作和语言　给孩子示范如何把玩具扔到盒子里，家长可以边扔边发出"嘭"的声音。孩子也会学着大人往里扔玩具，边扔边出声。装满了倒出来再扔。

让藏起来的玩具发出声音，训练认知能力及"客体永久性"　"客体永久性"指儿童理解了物体是作为独立实体而存在的，即使个体不能感知到物体的存在，它们仍然是存在的。

把能发声的玩具藏在身后，孩子会寻找声音的来源，反复发声，看看孩子的反应。

边拍手边唱歌，训练手眼协调性及节奏感　让孩子坐在你腿上，抱着他 / 她一起坐滑梯。

玩沙子，训练精细动作　家长和孩子一起坐在沙坑里，给他 / 她一把小铲子及一个小桶，看他 / 她能否将沙子倒在桶里面。注意别让孩子吃到沙子或弄到眼睛里。

推着能滚动的玩具移动，训练大运动能力　让孩子跪在地板上推着玩具从一头到另一头，孩子会乐此不疲。

玩追赶的游戏，训练大运动能力　家长和孩子在地上玩追赶的游戏，他 / 她爬你也爬。如果有哥哥 / 姐姐参与，就更好了。

搭积木，训练精细动作、解决问题及认知能力　家长先示范怎么把积木摞起来，注意要用大块的积木。孩子会先把摞起来的积木推倒，然后再尝试着把它们摞起来。

将玩具固定在地板上，训练认知及解决问题的能力　把几个玩具用双面胶固定在地板上，观察宝宝无法拿起玩具时会想什么办法。

翻越障碍物，训练大运动及手眼协调能力　拿一些纸盒子或枕头设成障碍物，在障碍物的另一边放上能吸引孩子的玩具，看看孩子是不是能努力翻越障碍物。

礼物盒，训练解决问题的能力及记忆力　拿几个不同形状的空纸盒，里面放满孩子的玩具，看看他 / 她怎么想办法把盒子打开，把玩具都拿出来再放进去，也看看他 / 她能不能记得哪个玩具放到哪个盒子里。

围巾游戏，训练认知能力　把妈妈不用的围巾头尾相接地系好，把一长串围巾放到空的抽纸盒子里，露个尾巴让孩子看到。孩子会抓着尾巴往外拽围巾。孩子会对长长的围巾感到好奇，同时也感受到了不同的颜色。

玩打手游戏，促进社会技能及情感发育　家长手心朝上，把孩子的手放在自己的手心上，突然抽走自己的手，然后轻轻拍一下孩子还处于原地的手，孩子会被逗得咯咯地笑的。

| 安全常识 |

坠落

孩子在慢慢地长高，也会在小床里站起来了。要注意床栏杆的高度一定要比孩子的乳头水平线高，否则孩子有翻出来掉下去的可能。

｜常见疾病及治疗方法｜

喉炎

喉炎是因为感染引起的喉部及气管水肿的疾病。这种水肿发生在声带以下部位，常见于婴幼儿。喉炎在秋冬季最为常见，多为病毒感染引起。

传染途径　飞沫及接触传染。

症状　流鼻涕及鼻塞；犬吠样咳嗽；声音嘶哑；睡觉时打呼噜；吸气时有哮鸣音；发烧；严重时有呼吸困难、身体青紫及意识障碍。

治疗方法（要及时就医）　退烧，多喝水。

药物治疗

- 轻症患者：口服一剂地塞米松，用海盐水清洗鼻腔。
- 中重度患者：肌注地塞米松或静脉给激素，雾化吸入去甲肾上腺素等。更严重者需要用呼吸机来支持。

  - 不用抗生素！
  - 不建议雾化布地奈德！
  - 4 岁以下不建议使用止咳化痰药物！

要注意勤洗手，秋冬季节避免去人多的室内场所。

中耳炎

大多数为细菌感染，也有部分为病毒感染。中耳炎通常是由于感冒或鼻塞时把咽鼓管的一头堵住，从而造成中耳的液体引流不畅，中耳液体不流动会使细菌繁殖，进而造成感染。中耳感染时可见耳膜红肿及膨出。

治疗　最重要的是清理鼻腔的分泌物（用海盐水冲洗鼻腔），以促进中耳液体的流动。耳痛时可以给口服的止痛药，如布洛芬。2 岁以下的儿童建议积极用抗生素治疗。2 岁以上，如发烧或疼痛明显时也要考虑用抗生素。抗生素首选高剂量阿莫西林或按医生建议使用。中耳炎可能会一过性地影响听力，但反复发作的中耳炎可能会引起永久性的听力障碍，要积极考虑置管引流。

预防　要积极接种肺炎球菌疫苗，因为肺炎球菌为引起中耳炎的首要细菌；要避免感冒，感冒时要积极清理鼻腔。

秋季腹泻

秋季腹泻指的是由轮状病毒感染引起的急性胃肠炎。轮状病毒的传播途径为接触传染。一般潜伏期为 2 ~ 3 天，可有发烧、呕吐、腹泻、腹痛及少尿或精神不佳的症状。

那我们应该如何应对呢？ 首先，要给孩子足够的液体以防止脱水。首选口服补液盐，在孩子呕吐频繁时要少量多次地给孩子喝，每次只给不超过 15 毫升，每几分钟给一次。其次，在呕吐及腹泻频繁期间，其他食物最好停一停，因为发生胃肠炎时，胃肠黏膜容易遭到破坏，这时给食物只能增加胃肠负担。喂母乳的孩子可以继续少量多次地给，吃奶粉的孩子可给几天氨基酸奶粉或腹泻奶粉。再次，在孩子频繁呕吐好转后可以给少量的米粉、蒸熟的苹果及蒸熟的香蕉，但一定要少量。最后，如孩子每 24 小时尿不足 4 次、出现惊厥、精神差或有血便要及时就医。6 个月以下的孩子要在出现发烧伴呕吐及腹泻时及时就医。

预防 要勤洗手，婴儿要接种轮状病毒疫苗。

烫伤

如果为小面积（不超过手掌大小）烫伤，用凉水冲洗烫伤处，冲洗几分钟后轻轻蘸干，然后就医。大面积烫伤需要马上去医院。

可用冰袋冷敷烫伤处，如果烫伤处出现水泡或严重疼痛，需要马上就医。

禁忌：不要在烫伤处涂抹香油、凡士林，这些会使烫伤更糟糕或导致感染。

屏气综合征

屏气综合征是指孩子突然不呼吸了，可持续几秒钟到 1 分钟，在这个过程中孩子会短暂地失去意识。一般发生在孩子气愤、大哭、疼痛或害怕时。这是一种反射，不是孩子故意而为。屏气综合征有两种形式：青紫型及苍白型。前者多发生在孩子愤怒时，后者出现在孩子经历疼痛时。有时还会伴有抽搐或全身僵硬，很像癫痫。一般发生于 6 个月到 6 岁之间。有的孩子会每天发作，有的孩子只偶尔发作。屏气发作时看似可怕，但不会引起任何长久的不良影响。

绝大多数孩子不需治疗，随着孩子长大自然就好了。屏气发作时，家长需要把孩子放在一个安全的环境中。如果孩子超过一分钟还不醒来，需要给孩子口对口呼吸。孩子醒来后要安慰孩子。

便秘

孩子在开始大量吃辅食后可能会出现大便干结的情况，严重时大便里还会带血丝。

孩子出现便秘时，我们应该如何应对呢？　这里说的便秘指的是"功能性便秘"，也就是说肠道结构没问题或身体没有其他的问题。功能性便秘的出现往往没有什么特别的原因，可能与食物或喝的液体太少有关。

便秘时可以试试给孩子多喝点水，注意不要给带甜味的水，因为孩子一旦习惯了喝甜的水就不喜欢喝白水了。也可以试试把米粉停了，给燕麦粉，因为燕麦含纤维素较高，有助于排便。其他含纤维素较高的食品还有牛油果、梨、各种豆类食品、深绿色蔬菜等。如果孩子几天都不大便且肚子胀胀的，就要在医生的监督下用开塞露来缓解便秘。如果这是一种慢性问题，则需要长期服用大便软化剂来治疗，如乳果糖等。

肠套叠

什么是肠套叠？顾名思义，肠套叠就是一段肠管套进了另一段肠管。肠套叠时，肠管的血管遭到挤压，血液供应减少，肠管缺血就会肿胀而形成肠梗阻、肠坏死或肠出血，也可能会有肠道破裂而导致腹腔感染及休克。

肠套叠很少发生在出生 3 个月以下的婴儿。多见于 5 个月到 1 岁的孩子，男孩多于女孩。肠套叠是紧急情况，要立即治疗。

肠套叠的病因大多情况下不明，肠炎可能为婴儿肠套叠的病因之一，如轮状病毒感染。

症状　间断性的腹痛，婴儿有一阵阵的、突发的尖声哭闹，哭闹时会把膝盖蜷缩到腹部；黄绿色呕吐物；红色果酱样大便；婴儿很快会出现精神状态不佳、面色苍白、发烧等症状。

诊断　早期诊断至关重要。医生会根据婴儿的症状及查体怀疑是肠套叠，可能会用腹部超声来诊断，气灌肠或钡灌肠也常被用作诊断加治疗的方法。

治疗　早期的肠套叠采用气灌肠治疗，孩子在 X 光仪的监测下进行灌肠。大部分早期的肠套叠能通过这种方式缓解。

晚期肠套叠如果有肠管坏死等问题则需要用手术治疗。

肠套叠缓解后需要在医院观察一段时间。

孩子为什么总揪头发或拉耳朵?

这个月龄的孩子经常会揪耳朵或揪头发,很多家长担心是不是得了中耳炎? 如果我们仔细观察宝宝,可能会注意到孩子拉耳朵或揪头发多半是在他 / 她很烦躁或无聊时。如果揪耳朵出现在感冒后的 1 周左右,最好还是去看看医生,因为感冒导致鼻塞后很可能会引发中耳炎。

| 疫苗接种 |

按照国家 2021 年版免疫规划疫苗儿童免疫程序表,满 9 个月需要接种第二剂流行性脑脊髓膜炎 A。如果选择二类疫苗,在这个月龄没有需要接种的。

| 护苗 * 成长 |

你知道烟草对孩子的影响吗? 你知道什么是二手烟吗?

二手烟被定义为抽烟人呼出的烟雾及烟、烟斗或雪茄燃烧时产生的烟雾。这些烟雾包含 4000 多种化学物质,其中没有任何一种是有益于我们身体的。它有 50 种左右的致癌物,这是确定的。

在皮肤上、头发里、衣服上及沙发上残留的烟草为三手烟。很多研究发现三手烟一样会伤害孩子及大人。

接触二手烟及三手烟会造成哪些严重的后果呢?

在孕期 流产、早产、低体重婴儿、婴儿猝死综合征、多动症及学习障碍。

对婴儿的影响 婴儿猝死综合征(婴儿无征兆地死亡)、中耳炎、感冒、咳嗽、支气管炎、肺炎、过敏性鼻炎及哮喘、龋齿。

对孩子的长期影响 肺发育障碍、肺癌、心脏病、白内障、学习障碍、行为问题、多动症。

为了给孩子一个良好的成长环境,家长需要完全戒烟。一些大人以为在外面抽烟孩子就不会接触到三手烟,这种想法是错误及不负责任的。还要注意车里也应该是无烟环境。不要带孩子去充满烟味的餐馆及室内公共场所,也不要带孩子去抽烟人的家里。

为了你的孩子及家人,请你戒烟!

家长常见问题

现阶段爬行时两侧肢体依然不对称，怎么办？

不要过分担心，多练一段时间就慢慢对称了，给孩子点时间。

这个月龄喂养的原则是什么？

可以给 2 ~ 3 次辅食，每天吃 700 毫升左右的奶，1 ~ 2 次少量水果。

孩子一见陌生人就哭，怎么办？

这个月龄的孩子开始"认生"了，这是正常的。可以带孩子多出去接触不同的人，但要注意保持距离，不要把孩子给陌生人抱或抚摸，否则会使孩子感到恐惧。慢慢来。

可以给孩子喝酸奶了吗？

最好 1 岁以后再喝酸奶。

孩子对某些蔬菜很拒绝，怎么办？

可以试着把他 / 她不爱吃的蔬菜混在爱吃的食物里，逐渐加量。若实在拒绝就过一段时间再试吧。

孩子 9 个月就能走路了，正常吗？

这很正常。孩子的发育是没有人能阻挡的。

孩子老站着，会影响腿型吗？

不会的。不要阻拦孩子站着，但也不需要特意训练。

辅食能加糖或盐吗？

不可以。这个月龄还不能吃额外加糖或加盐的食物。要利用食物的天然味道来调味，如想吃甜的可以加点红薯，想吃酸的可以加几滴柠檬等。

这个月龄简单的发育指标是什么？

能爬行（匍匐或手膝爬），能拉着自己站起来，拇指和食指能捏物品，会拍桌子，能发出"ma ma""ba ba"的声音，害怕陌生人。

孩子吃辅食的时候只有玩着才肯吃东西，怎么办？

这是很不好的习惯。如果孩子对吃辅食没兴趣也不需要逼着他 / 她吃，能吃几口就吃几口，不要强迫，更不应该边玩边吃。

孩子看似脸色苍白，怎么回事？

这个月龄要常规检查一下血液的血红蛋白，看看是否贫血。如果是缺铁性贫血，要及时治疗。

耳朵后面有个小包，是什么？

最有可能是淋巴结。但要及时看医生，看医生给的结论是什么。

孩子老歪着脖子看东西，有问题吗？

如果只是在看东西时脖子才歪着，要赶快看眼科医生，看看眼睛是否有问题。如果任何时候脖子都是歪的，则要看外科或骨科医生。

如何对待孩子的分离焦虑？

孩子最怕的就是大人突然消失，所以家长在离开孩子的时候要告诉孩子，跟孩子说"再见"，不要突然消失。突然消失会使孩子没有安全感。与孩子告别后，孩子可能会哭一会儿，但很快他/她就会接受这个事实，与他/她的看护人玩起来。

"积食"是怎么回事，积食就得少吃肉吗？

老一辈人总说孩子"积食"了，这是一个中医概念，它是很多症状的总称，如大便干燥、食欲不振及手心发热等。对西医来说，没有"积食"这个诊断，西医对每个症状都有不同的诊断及应对办法。但是少吃肉肯定不是解决问题的办法。吃中药要注意对孩子可能产生的副作用，任何药物都有副作用，对婴儿来说更是如此。

孩子每天应该喝多少水

首先得知道孩子一天对液体总量的要求，总量大概为 1000 ~ 1200 毫升，用这个总量减去奶量、果汁量及汤的量就是每天应该给的水量。

给孩子手指食物，不会自己放进嘴里，怎么办？

家长可以给孩子反复示范，慢慢就学会了。

早上第一顿是给奶还是给辅食？

第一顿可以给奶，做起来相对方便。

孩子老要哄睡，怎么办？

哄睡是不好的入睡习惯。当孩子困了就要把他/她放到小床里，孩子可能会哭一会儿，但家长不要干预。自己入睡的习惯可以从白天开始培养，一旦习惯了，晚上也就没问题了。

母乳喂养多久最好？

国际母乳协会建议喂到 2 岁。

牛奶蛋白过敏都有哪些表现？

如果出现血便、体重不长、腹胀、腹泻、呕吐、全身有荨麻疹或严重的湿疹，要考虑牛奶蛋白过敏。奶粉要换成深度水解或氨基酸奶粉，不要试大豆奶粉及羊奶奶粉，因为这些奶粉里的蛋白质和牛奶蛋白有相似处，吃了也同样可能会过敏。

磨牙是正常的吗?

是正常现象，有时和出牙有关。

如何预防流感?

6个月以上的孩子要接种流感疫苗，第一年接种的是两剂，间隔时间为1个月，以后每年接种一次。接种时间为秋季。流感季节，大人出门要注意戴口罩，回家后要先洗脸、洗手再抱孩子。

这个月龄不吃米粉，吃米粥可以吗?

米粥不能代替米粉，因为不含铁，孩子1岁以后吃的食物更丰富，因此就不需要含铁米粉了。

孩子鼻塞了一个多月，是什么原因?

如果孩子发烧，也不咳嗽，吃得也挺好，鼻塞一个月以上要考虑过敏。家里如果有人抽烟，也会让孩子有慢性鼻塞或咳嗽，要及时就医。

孩子吃胡萝卜后，拉出来的大便中有胡萝卜，需要担心吗?

这是正常的。孩子吃进去和拉出来的数量是不一样的，这说明孩子还是"消化"了一部分胡萝卜的。随着孩子消化道愈发成熟会有所改善。

家里能开电视吗?

没问题，孩子不会长时间盯着电视看的。大人看看电视没问题。

11 ～ 12 个月

这个月龄的孩子对独立及自由的要求更高了，家长要注意在保护孩子安全的前提下鼓励孩子的探索精神，不要什么都说"不可以"。孩子开始专注于自己做事情，也特别愿意模仿大人。他／她已经逐步拥有去探索世界的能力，但也期待父母的肯定，家长的肯定会使他们更自信。

| 生长发育的秘密 |

体格发育

满 11 个月婴儿的生长指标参照值范围

	男宝宝	女宝宝
体重（千克）	7.7（2%）到 11.6（98%）	6.8（2%）到 11.2（98%）
身长（厘米）	70（2%）到 79（98%）	68（2%）到 78（98%）
头围（厘米）	43.2（2%）到 48.3（98%）	41.8（2%）到 47.3（98%）

满 12 个月婴儿的生长指标参照值范围

	男宝宝	女宝宝
体重（千克）	7.7（2%）到 12（98%）	7（2%）到 11.5（98%）
身长（厘米）	71（2%）到 80.5（98%）	69（2%）到 79（98%）
头围（厘米）	43.4（2%）到 48.6（98%）	42.2（2%）到 47.6（98%）

体重身高比曲线

体重身高比是指在一定身高下，相对应的理想体重应该是多少。体重身高比类似于体重指数（BMI）的概念，但 BMI 只适用于 2 岁以上的孩子。体重身高比曲线的具体用法是在曲线上找到孩子身高和体重的交点（和年龄无关），如果交点落在曲线的

85% 或以上则要考虑孩子超重，如果落在曲线的 2% 以下则为过轻（曲线见附录）。

　　这个月龄的孩子身高和体重的增长都慢了下来，有的孩子在体重曲线上有所下降，只要不在 3 个月内下降超过两条曲线就不必太担心。假如在 8 个月时，体重在曲线的 90%，11 个月时体重在不到 50% 的曲线上，这就说明生长发育可能出了问题。需要让医生检查一下，看看是喂养不足还是生病了。

动作及能力发育

　　情感及社交能力　能找到掩藏的玩具；看书上的图片；用动作表达自己的需求；故意扔东西，且看着它掉下去；能感受到别人的喜怒；注意周围的物品及动静；能识别不同颜色，且能看到很远的距离；会玩“藏猫猫”的游戏；知道一天的常规，如在小床里就是要睡觉，坐在餐椅里就是要吃饭；知道因果关系，如把东西扔了，妈妈就去捡起来；知道自己的喜好，如喜欢的食物及气味；有了自己最喜欢的玩具；会把勺子放在碗里晃动；会打开箱子盖找东西；会拉开抽屉翻东西；会和家长分享他 / 她喜欢的玩具。

　　语言及交流能力　会发“ma ma”“ba ba”及其他音；理解“不”的意思；理解简单指令；能随着音乐扭动；会模仿唱歌；能发一连串的声音；能在穿衣服时和家长合作；当说到一个物体的名字时会看看相应物体；会用手指指东西；会边发声边做动作，如“再见”。

　　精细运动　会扔东西；会用勺子搅动食物；能用指尖抓很小的物体；能把东西准确地放到嘴里；会摆弄玩具；会拿笔胡乱地涂抹；能拿蜡笔；能摘帽子；会摆弄玩具。

　　粗大运动　一只手拉着物品就能挪步；能从坐着爬起来或站起来；独立站的时候双腿分开以保持平衡；能一只手扶着家具移步；在没有依托物的情况下能站几秒钟；开始手膝爬，且爬得很快；会扔或往前推球。

　　家长需要警觉的现象　达不到 9 个月的发育标准；大人托着腋下时，腿脚还不能跳；不能独立坐；不能一起做游戏，如把搭好的积木推倒；对叫自己的名字从来没反应；不看你指的方向；对熟悉的面孔没反应；对周围声音没反应；不能把物品放到嘴里；不能发音，如“ma ma”；全身总是绷着劲儿，肌肉发紧；全身瘫软，使不上劲；对父母的拥抱没反应。

|喂养那些事儿|

母乳喂养

这个月龄的孩子，白天进行 3 ～ 4 次的母乳喂养，夜间不需要喂任何母乳了。随着辅食的逐渐增加，孩子吃奶量会渐渐减少。

配方奶粉喂养

白天需要吃 3 ～ 4 次奶，每次吃的量因孩子而异。大概每天总量不少于 600 毫升。夜里不需要喂夜奶了。

营养补充剂

维生素 D　纯母乳喂养的婴儿需要每天给 400IU。奶粉喂养的孩子如果每天喝到 600 毫升，则孩子需要隔日补充 400IU。

钙　不需要补充，除非是遵医嘱。

DHA　不需要补充。

益生菌　不需要补充。

铁　6 ～ 12 个月的宝宝，每天需要 11 毫克铁。母乳每升含铁仅 0.35 毫克，所以可以忽略不计，需要完全从铁剂及米粉中摄取。奶粉每 1000 毫升含铁量为 10 毫克左右，吸收率不超过 30%，所以还需要从米粉及铁剂里摄取。给孩子吃婴儿米粉或燕麦粉时要注意铁的含量，如果从米粉中无法满足每日需要量，则需要从铁剂中摄取。

辅食

11 个月大的孩子需要每天吃 2 ～ 3 次辅食，每次 120 ～ 200 克。其中的一餐辅食可以是米粉、蔬菜、水果及蛋白质的混合。注意，这个月龄每天仍需要保证 600 毫升的奶量，如果奶量不够则需要少吃些辅食。

鼓励孩子自己吃东西　家长要注意，孩子 1 岁半左右时就不要再给孩子喂饭了。孩子自己吃虽然慢一些，但会逐渐适应。孩子不能独立吃饭，主要是因为家长不放手以及没有养成良好的饮食习惯。吃饭时，不要边看电视或电子产品边吃，家长也要以身作则。

| 护苗 ✳ 成长 |

为什么鼓励孩子自己吃饭非常重要?

● 宝宝在七八个月大时就会自己拿手抓东西吃了,尤其是会用食指及拇指捏东西,自己会拿东西吃是独立吃饭的基础。

● 宝宝可以通过自己吃东西锻炼手和眼的协调,如用勺子盛起食物并把它送到嘴里。因为孩子被食物吸引,所以他们会特别努力地练习。

● 对触觉的发育也极有好处,孩子吃东西时会弄得满身满脸,通过接触食物他 / 她会知道什么是黏的、冷的及热的。

● 他 / 她也能通过接触食物找到自己的耐受极限,如太热的和太冷的就不碰了。

● 了解身体各部位的相对位置,如眼和嘴的距离。

● 用敞口杯子喝水,会让孩子了解杯子和脖子如何倾斜才能喝到水。

要鼓励孩子自己决定吃多少,而不是由父母决定。

早早地训练孩子自己吃饭好处很多,赶快行动起来吧!

如何教孩子自己吃饭?

训练孩子自己吃饭要从小开始。首先要教给孩子用手指捏着东西吃,家长把食物用手指捏起来,让孩子抓着你的手把食物送到他 / 她嘴里。然后你拿着一小块食物,让孩子从你的手里把食物捏起来,这样可以训练孩子用食指及拇指捏东西的能力。再把一小块吃的放在孩子面前,让他 / 她自己试试。

如何教孩子用勺子?

一般在孩子 8 ~ 11 个月时,当你看到孩子开始抓你手里的勺子时,时机就到了。勺子要买适合孩子的,不容易被咬碎的。食物应是稠的糊状,家长示范如何盛起食物并送到嘴里,然后帮孩子把食物盛到勺里,让他 / 她练习往嘴里送。不断表扬孩子的每一点进步,即使把食物弄得满地满身也要继续练习。

| 日常家庭护理 |

大小便

大便　随着辅食的添加,大便会变得更黏稠或半成形。次数可以每天几次或每几天一次。如果有成形的大便说明有便秘了，可以试着给些水，或把米粉换成婴儿燕麦粉，这能缓解便秘。大便稀或稠都不需要通过补给益生菌进行调节。

　　小便　每天应该有 6 ~ 8 次的小便，每 24 小时少于 4 次说明孩子有脱水的可能。

睡眠

　　婴儿在第 11 ~ 12 个月，每天的平均睡眠时间为 12 ~ 14 个小时，逐渐地把白天的两小觉并成一大觉了。

｜亲子互动｜

　　用食物做个脸的形状，训练手眼协调认识形状的能力　把蔬菜或水果切成条状或块状，让孩子把它们摆成脸的形状。如用半个小西红柿做眼睛，胡萝卜条做嘴巴，面条做头发等，等都摆好了再让孩子吃。孩子天生就爱玩儿食物，让他 / 她参与肯定会激发他 / 她的兴趣。

　　把玩具摞起来或套起来，训练手眼协调、精细动作能力，以及创造性　不管是套圈、摞积木或者是大小不同的杯子，让孩子一个个地把它们套起来或摞起来，反复示范，反复练习。

　　在跳跳床上运动，训练粗大运动能力　孩子很喜欢跳跳床，可以买个小的跳跳床，家长辅助他 / 她在上面运动。

　　听音乐跳舞，训练语言、乐感、动作能力　放一段儿歌或父母喜欢的音乐，家长跟着起舞及学唱，孩子也会自然而然地模仿。

　　从隧道里滚出来的球，训练精细动作、因果关系的判断　用纸盒子做个隧道，把一个球从一头放进去，当孩子看到球从另一侧滚出来时会非常兴奋。他 / 她也会模仿着你把球放进去。

　　背靠背游戏，训练粗大动作能力　父母背靠背坐在地上，让孩子从中间挤进你俩中间。然后你和孩子背靠背地坐下，让另一个大人或孩子挤进来。可以重复进行。

　　"爬山"游戏，训练粗大运动能力　两个大人间隔一臂距离，侧身躺在地上，让孩子爬过一个人，再爬过另一个人。

　　小小画家，训练手眼协调及认识颜色的能力　在孩子面前放很多水彩颜料和一张大纸，家长用手蘸满颜料涂在纸上示范给孩子，然后让他 / 她模仿你。

　　拼图，训练精细动作及解决问题的能力　选择将不同颜色、形状的板子做成的拼图拆开，然后和孩子一起重新拼起来。一边讲颜色和形状，一边和孩子拼图。

"藏猫猫"游戏，训练社会能力、粗大运动能力及视觉技能　家长可以把自己的脸盖上，或把孩子的脸盖上，或把玩具藏起来，或把自己藏起来。孩子也会学着把自己的脸盖上，等你去把布拉下来。

看书，训练读书能力、听力及精细动作能力　家长和孩子一起读书，让孩子自己翻书，不管他 / 她有没有在听，家长都要大声地朗读。

骑车，训练粗大运动能力及对空间的感觉　买一个孩子可以用双脚骑着走的玩具，并给他 / 她足够的空间去探趣。

室内沙坑，训练触觉及解决问题能力　家长和孩子一起在沙坑里挖沙子，将沙子装在桶里，再倒出来。也可以用湿的沙子做个造型，让孩子去踩一踩。

| 安全常识 |

坠落

这个月龄的孩子动的能力已经很强了，但他 / 她还没有风险意识，绝不可以把孩子放在任何一张大床上或沙发上。如果大人需要离开，哪怕是几秒钟也一定要把孩子放在有围栏的地垫上或婴儿床里。把孩子单独放在大床上是很危险的。大人误以为孩子要掉下去时可以迅速抓住，事实上，家长的速度并没有孩子坠落的速度快，也不要以为一个枕头就能挡住孩子。

孩子在慢慢地长高，也会在小床里站起来了。要注意床栏杆的高度一定要比孩子的乳头水平线高，否则孩子有翻出来掉下去的可能。大多数小床的高度是可以调节的，要把床屉降一降以保证安全。小床内不要放枕头或被子，因为孩子可能会踩着它们翻出小床。

窒息

在孩子 3 岁以内，家长要把所有会引起孩子窒息的物品收起来，放在孩子看不见的地方并锁好，这些物品包括：弹珠、纽扣、笔帽、别针、回形针、珠子、小颗粒积木、橡皮筋、硬币、长绳子、项链等。

烫伤

保持水温在 48℃以下，现阶段孩子已经可以自己打开水龙头了，如果水太烫则很容易烫伤孩子，一定要把水温控制在 48℃以下。

溺水

只要 2 分钟时间就足以导致孩子在 5 厘米的水深中溺亡。为了防止在家里发生溺水的情况，要盖好马桶盖儿，孩子洗澡时家长要寸步不离。不要把水留在浴缸、水桶或是脸盆里中！

家里的安全设置

孩子在这个月龄的活动范围已经很大了，但他／她并不知道什么是危险，所以家里的一切要最大限度地保证孩子的安全。

- 要把所有有尖锐棱角的墙面及家具角包起来；
- 把所有电门都盖上，孩子最喜欢用小手抠抠小的洞口，看看里面有什么；
- 将所有装清洁剂的瓶子锁起来或往高处放；
- 把所有药物收好，孩子误服会致命的；
- 所有桌布都得收起来，孩子最喜欢拉着桌布看看桌子上有什么，或拉着桌布站立，如果桌上正好有一盆热汤，会很容易倒在宝宝身上导致烫伤；
- 所有电视及家具都应该固定在墙上，否则孩子使劲拉时容易倾倒并压着孩子。

安全无小事，每天上演的悲剧都和家里的安全设置不规范有关。

| 常见疾病及治疗方法 |

缺铁性贫血

孩子从 4 个月开始，身体储存的铁就逐渐消耗殆尽，母乳无法提供足够的铁来满足孩子的生长发育。如果在 4 ~ 6 个月间不及时给高铁米粉或铁剂，孩子可能会出现"缺铁性贫血"。6 个月以前，孩子每日需要的铁量大概为 1 毫克／千克（体重），6 ~ 12 个月为 11 毫克。

一般建议在孩子 9 个月时做个血红蛋白检查，如果低于正常值，可以试着给铁剂治疗。铁的剂量视贫血程度而定，一般每天为 3 ~ 6 毫克／千克（体重）。治疗 3 个月后再查血红蛋白，如无改善则需要看血液科医生，看是否有其他原因造成的贫血，如地中海性贫血。

对血红蛋白在边界值的孩子，可以试试食补，如红肉、蛋黄、土豆、西红柿、豆类、深绿色蔬菜、牛油果及葡萄干等。

幼儿急疹

幼儿急疹为婴幼儿常见的感染性疾病。发病年龄为 1 岁左右，2 岁以后极少见。

幼儿急疹为病毒感染，由疱疹病毒 6 或 7 型（HHV6，HHV7）引起。不是每个孩子得幼儿急疹时都有症状，有的是隐性感染，也就是说没有发烧及出疹的过程，但是已经感染过了。

传播途径　飞沫及接触传染。

症状　突发高烧（39℃以上），持续 3 ～ 7 天。发烧 3 ～ 7 天后突然降温，没有体温逐渐下降的过程。可伴有鼻塞及稀便。烧退后 12 小时内皮肤出现小红疹，全身都有，1 ～ 2 天内完全褪去，超过两天或为片状红疹则可能不是幼儿急疹。发烧期间传染性很强，一旦疹子出来就没有传染性了。除退烧药外不需要任何治疗。

一旦感染过，就会终身免疫。虽然很少见孩子得两次幼儿急疹，但理论上是可能的，因为引起幼儿急疹的病毒有两种。

荨麻疹

荨麻疹在这个月龄相对常见，因为孩子在尝试不同的食物及接触不同的环境。

荨麻疹发生的原理：当孩子接触过敏原、感染，遇到极冷和极热的温度或面临压力时，人体的肥大细胞会释放一种化学物质叫组织胺，它会引起液体从血管渗出到皮下，从而引起又红又痒的皮疹，这就是荨麻疹。

常见的诱因

- 蚊虫叮咬；
- 接触化学物质，如肥皂、洗衣粉或润肤露等；
- 接触动物的皮毛；
- 食物也是诱因，如水果、牛奶、坚果、带壳的海鲜等；
- 花粉；
- 病毒感染。

不常见的诱因

- 焦虑及紧张；
- 细菌感染；
- 运动；

- 冷空气；

- 药物；

- 日晒。

什么情况下需要马上去医院？

- 1 岁以下的孩子全身都是皮疹且很痒；

- 孩子看起来很没精神；

- 吃药以后起的皮疹；

- 吃了致敏的食物，如花生、带壳海鲜或鸡蛋；

- 父母觉得皮疹太严重。

什么时候需要叫救护车？

- 孩子声音嘶哑；

- 呼吸困难或喘息；

- 孩子流口水，说话不清；

- 接触了已知过敏原；

- 孩子头晕或失去意识，或你觉得孩子有生命危险。

治疗荨麻疹的药物　一般治疗用药为抗组织胺类药物，如氯雷他定或西替利嗪。治疗荨麻疹需要 5 ~ 7 天，太早停药皮疹容易反复。治疗严重的荨麻疹时可能会加激素类药物。有呼吸道问题的可能需要肾上腺素或雾化气管扩张剂。

荨麻疹会好吗？　一般情况下，当荨麻疹不是很严重时，不需要治疗也能消失，但有些孩子的荨麻疹必须要治疗。荨麻疹可能会反复发生，要注意避免接触过敏原才能减少发生的次数。

扁平足

很多家长问："孩子的脚为什么长得像包子一样，没有足弓？"正常足弓的缺失叫"平足"。平足对婴幼儿来说非常正常，孩子的足弓在 4 ~ 5 岁时自然形成，随着孩子长大，足弓会越来越明显。平足是显性遗传的，也就是说如果父母是平足，孩子也可能是平足。平足一般不影响孩子的行走或运动，也不需要治疗，穿矫正的鞋子毫无帮助。病理性的平足多发生于大孩子，症状为患侧疼痛，常见的原因是跗骨并合，需要看骨科医生。

囟门

孩子的囟门什么时候闭合？　新生儿的颅骨由五片骨头组成，骨头间由很坚实的纤维组织连接，几片颅骨相遇的地方就是囟门。囟门有前囟及后囟，后囟一般在 2 ~ 4 个月闭合，前囟一般在 18 个月左右闭合。

为什么孩子需要有囟门？　囟门及头颅缝使整个头颅变成可以塑形的结构。它使胎儿能承受通过产道时的挤压，也会随着孩子大脑的增长一起延伸。头颅受伤时囟门也起到缓冲的作用。

当大脑增长慢下来时，囟门处的组织逐渐骨化且与其他颅骨融合。

囟门可以碰吗？　囟门处的那层膜很结实，轻轻地触碰没有任何关系。

囟门什么时候闭合？　每个孩子都不一样，一般前囟在 18 个月左右关闭，最早在 9 ~ 12 个月关闭。

佝偻病会使颅骨变软，按着像乒乓球，不单纯表现为囟门晚闭。

枕秃、出汗、不长牙、肋骨外翻、夜里老醒等症状都是因为缺钙？

实际上这些症状跟缺钙没多大关系。如果一个孩子摄入钙不足或钙吸收不良，可能会缺钙或患低钙血症，症状可能有：肌肉痉挛、骨密度下降、指甲脆、蛀牙、经常生病及疲劳等。这些和我们传说的症状并无关系。很多人说的"缺钙"实际上指的是"佝偻病"。

那佝偻病有什么症状呢？　骨头疼、生长缓慢、骨折、蛀牙、颅骨变软、O 形腿及脊柱侧弯等。

如果一个孩子没有特殊的遗传或代谢疾病，只要吃足够的奶制品及维生素 D，则得佝偻病的概率很低。

| 疫苗接种 |

按照国家 2021 年版免疫规划疫苗儿童免疫程序表，满 12 个月没有建议接种的疫苗。如果选择二类疫苗，建议满 12 个月的孩子接种肺炎 13 价疫苗加强针。

| 护苗 ＊ 成长 |

阅读能力的培养

所有的孩子都是天才，从生下来完全不会说话，到两三岁时什么都会说了。任何语言对婴儿来说都是外语，我们能想象成年人这么快就学会一门外语吗？

孩子可以同时学习说话和阅读　语言的发育是各种因素促成的。婴儿一般通过别

人对他 / 她说话而学会说话，然后学会阅读。

但很多人都不知道的是孩子也可以同时学会说话及阅读，甚至在学会说话前就已经会阅读了。因为我们的大脑就是被这样设计的，它并不区分你以说话还是阅读的方式学习语言。这就是说，孩子可以通过大人对他 / 她说话而学会说话，通过对他 / 她阅读而学会阅读。

更神奇的是，在双语家庭生长的孩子能同时学几种语言，条件是这些语言都是他 / 她平时能听到的。家长可以在孩子 3 个月大时就让他们开始阅读了。那为什么不能更早开始呢？是因为孩子在出生的头 3 个月里视力还不是很好，他 / 她还看不清楚你在读的书，但这不代表我们不能给他 / 她大声地朗读。

家长给孩子阅读的最早时机是什么时候？　这取决于孩子追踪物体的能力，家长可以试着在距离孩子 20 ～ 25 厘米远的地方举着一个鲜艳的图片从左到右地移动，如果孩子能追着图片看，就代表可以教孩子阅读了。

虽然我们说最早教孩子阅读的年龄是 3 个月，但不一定适合每个孩子及家庭。如果孩子还没过肠绞痛期，或父母没有意识到教孩子阅读有多重要，都不适合这么早开始。

对家长及孩子来说，阅读是让人高兴的事情，而不是任务。在 3 个月到 3 岁前开始都可以。在亲子阅读时，父母可以与孩子互动及交流，阅读时间可以是半分钟到几十分钟。

教宝宝阅读越早越好　虽然教一个 18 个月大的孩子阅读并不能看到明显的成果，但不代表婴儿没在学习，只是这个年龄的孩子无法表达他 / 她学会了什么。学习阅读越早越好。

那如何教宝宝阅读呢？

越早开始越好，在婴儿期可以每天读三到四本与年龄相符的图书，如果能配有图画、声音、触觉或味道就更好了。

- 边读边问孩子问题。

在读书时可以问孩子："你看到狗狗了吗？""狗狗叫什么呀？"

- 要把书放到孩子容易找到的地方。

要把书放到孩子玩耍的地方，不要放在高高的书架上，要让孩子随时感受摸书的感觉，要在书架旁边设置读书区。

- 让孩子习惯用图书馆。

家长帮助孩子建立自己的"图书馆"，或者让孩子养成去图书馆的习惯。

- 把字和发声联系起来。

　　家长可以一边读一边指着字，慢慢地孩子就会将字的样貌与发音联系起来，这是针对大孩子的。

●　家长以身作则。

　　阅读习惯的养成及能力的培养对孩子今后的发展非常重要，养成好的阅读习惯终生受益。家长要以身作则，在阅读时要耐心陪伴孩子。

家长常见问题

这个月龄简单的发育指标是什么?

自己拉着东西站起来;可以扶着东西挪步;拇指食指可以捏东西;可以抓东西吃;会说 "ma ma、da da、ba ba";东西掉了会找;爬得更熟练了;会挥手做 "再见" 的动作;会玩 "藏猫猫" 的游戏。

晚上的最佳入睡时间

最好晚上 8 点入睡。注意下午最后一觉不要睡得太晚。如果下午 5 点左右还睡一觉,就可能影响晚上的入睡时间。

能把孩子高高举起吗?

没问题。但不要把孩子抛起再去接住,容易发生接不住孩子而摔倒在地的危险。

孩子在这个月龄还不会走路,需要担心吗?

如果孩子其他发育都正常则不需要担心。不需要特意训练走路,等到孩子下肢力量足够时自然就走了。多大年龄开始走路也和父母小时候走路的早晚有关系。如果孩子还有其他发育落后则要及时看医生。

鼻泪管到这个年龄还不通,怎么办?

可以继续按摩内眼角,到 1 岁还不好,需要去眼科听取医生建议,看是否需要用金属棒通一下。

孩子肋骨外翻,是佝偻病吗?

现在佝偻病已经极少见了。大多数孩子的肋骨看着很凸出,但并不是外翻,等胸部肌肉发达了,肋骨自然就不那么明显了。

1 岁了还要继续吃维生素 D 吗?

还要继续吃,1 岁以后可以每天给 600IU。

可以给孩子吃除奶粉外的奶制品吗?

孩子 1 岁以后就可以试试牛奶、酸奶及奶酪。每天的奶量为 500 ~ 600 毫升,不要超过 600 毫升。

能训练孩子大小便了吗?

还太早。孩子的生理发育还没成熟,没有能力自行排尿或排便。男孩平均在 29 个月,女孩平均在 25 个月会自己如厕。

孩子咬人怎么办?

要有惩罚措施。要在咬人后把孩子放到餐椅里，系好安全带，等候 1 分钟再把他 / 她抱出来，之后可以告诉他 / 她咬人是不好的行为。每次咬人都要这么做，骂他 / 她或打他 / 她是无效的。

孩子肚子里会有虫子吗?

寄生虫感染在大城市已经很少见了。如果有长期腹泻或肚子疼的症状，还是要检查大便找虫卵。

刷牙一定要用牙膏吗，孩子不会把牙膏咽进肚子里吗?

刷牙要用儿童含氟牙膏，只在牙刷上抹薄薄的一层，这个量即使咽了也是安全的。一天要刷两次牙。

发现孩子最近的生长速度变慢了，正常吗?

很正常。孩子出生后的 3 个月是他 / 她一生中长得最快的阶段，然后生长速度就会放缓。只要体重、身高及头围的百分比在生长曲线上没有明显下降，就是正常的（曲线见附录）。不要担心。

耳朵后面有个小包，有时候大些有时候小些，是怎么回事?

最有可能是淋巴结。淋巴结摸着是活动的，不疼，有时候变大跟感冒或头皮的感染及刺激有关，观察就可以。

如果有疼痛、红肿或摸起来很硬要及时就医。

晚上孩子需要喝水吗?

如果白天液体喝够了，晚上是不需要喝水的，除非是发烧或生病了。

孩子的饭里能放盐吗?

还不能放盐，所有食物都已经含盐了。加入的糖也要有限制，每天不超过 5 克。

9 ~ 12 个月间要常规查血红蛋白吗?

是的。9 ~ 12 个月间是孩子患缺铁性贫血的高发期。

还可以给孩子继续使用奶嘴吗?

可以。奶嘴对孩子来说是个安慰物。慢慢地，孩子找到其他安慰物后自然就戒了。这个年龄用安抚奶嘴不影响牙齿的咬合。

需要训练孩子走路吗?

不要特意训练孩子走路，他 / 她自然会走的。不会走路说明孩子的发育还没有到相应的阶段。

嘴周围长湿疹，怎么办?

注意，吃完芒果、西红柿、橙子等要洗脸，否则嘴周围可能会长疹子。洗完脸后要擦一层润肤霜。

男孩的包皮需要清洁吗?

1 岁以后可以在洗澡时轻轻地把包皮往后拉,并用流动的水冲一下。

在家里走路是否需要穿鞋?

随着孩子站立及行走越来越多,家长会问孩子需要穿鞋吗?在家里孩子可以光脚走或站立,如果地上很冷可以考虑穿防滑袜子。外出要给孩子穿鞋,最好是鞋底柔软,且有一定厚度的鞋,孩子的脚需要鞋的保护。如果只注重柔软性而选择太薄的鞋,孩子的脚就容易受到伤害。

Part 3

幼儿期

（1～3岁）

每个人的生长发育都会经历五个阶段，分别是婴儿期、幼儿期、儿童期、青春期、成年期。幼儿期是其中的第二个阶段，位于婴儿期和儿童期之间，在这个阶段的孩子发育快，身体许多部分都在发育成熟。那么幼儿期是指出生多少天呢？

幼儿期有不同的划分标准，划分的年龄段略有偏差。临床医学领域根据生理学的特征，一般将 1 ～ 3 岁定义为幼儿期。此时期小儿生长速度减慢，智能发育加速，活动范围增大，接触社会事物增多。语言、思维和社交能力有明显发展。由于缺乏对危险事物的识别能力和自我保护能力，易发生意外伤害和中毒，此时的养育重点在于培养孩子良好的饮食及卫生习惯，保证营养和辅食添加，预防传染病和意外事故。

中国 7 岁以下儿童生长发育参照标准

1 ～ 3 岁男宝宝				1 ～ 3 岁女宝宝			
年龄	月龄	身高（厘米）	体重（千克）	年龄	月龄	身高（厘米）	体重（千克）
1 岁	12	68.6 ～ 85.0	7.21 ～ 14.00	1 岁	12	67.2 ～ 83.4	6.87 ～ 13.15
	15	71.2 ～ 88.9	7.68 ～ 14.88		15	70.2 ～ 87.4	7.34 ～ 14.02
	18	73.6 ～ 92.4	8.13 ～ 15.75		18	72.8 ～ 91.0	7.79 ～ 14.90
	21	76.0 ～ 95.9	8.61 ～ 16.66		21	75.1 ～ 94.5	8.26 ～ 15.85
2 岁	24	78.3 ～ 99.5	9.06 ～ 17.54	2 岁	24	77.3 ～ 98.0	8.70 ～ 16.77
	27	80.5 ～ 102.5	9.47 ～ 18.36		27	79.3 ～ 101.2	9.10 ～ 17.63
	30	82.4 ～ 105.0	9.86 ～ 19.13		30	81.4 ～ 103.8	9.48 ～ 18.47
	33	84.4 ～ 107.2	10.24 ～ 19.89		33	83.4 ～ 106.1	9.86 ～ 19.29
3 岁	36	86.3 ～ 109.4	10.61 ～ 20.64	3 岁	36	85.4 ～ 108.1	10.23 ～ 20.10
	39	87.5 ～ 110.7	10.97 ～ 21.39		39	86.6 ～ 109.4	10.60 ～ 20.90
	42	89.3 ～ 112.7	11.31 ～ 22.13		42	88.4 ～ 111.3	10.95 ～ 21.69
	45	90.9 ～ 114.6	11.66 ～ 22.91		45	90.1 ～ 115.3	11.29 ～ 22.49

13 ～ 15 个月

　　这个月龄的孩子，已经开始尝试学习走路，也开始有独立的意识、想法和喜好，也会不断地学习和尝试解决一些问题。他／她会要求你给他／她读画报、讲故事，会要求你带他／她去散步，即使他／她无法完整地用语言表述出来，但是也可以拉着你，或者用自己的手指准确地示意他／她想要什么。

　　这个阶段的孩子心比天高，但能力又达不到，所以每天都在自我挑战，还要时时失望及无奈。如何给这个月龄的孩子足够的自由度及自信心，同时又要限制他／她不出格是每一位父母都要面对的问题。

┃生长发育的秘密┃

体型的变化

　　这个月龄的孩子头部和身体比例发生了明显变化，胳膊和腿在快速地变长，头在整个身体的比例逐渐减小，上身的比例也在逐渐减小。孩子因为腹肌还没有那么发达，所以肚子显得较为突出，随着孩子活动量的加大，肚子也会慢慢缩回去的。

体重身高比曲线

　　体重身高比是指在一定身高下，相对应的理想体重应该是多少。体重身高比类似于体重指数（BMI）的概念，但 BMI 只用于 2 岁以上的孩子。体重身高比曲线的具体用法是在曲线上找到孩子身高和体重的交点（和年龄无关），如果交点落在曲线的85% 或以上，则要考虑孩子超重。如果落在曲线 2% 以下，则为过轻（曲线见附录）。

动作及能力发育

　　情感及社会能力　开始变得时而黏人，时而又非常独立；有取悦家长的行为；能找到藏在被子下面的玩具；仍然会有分离焦虑，可能会用哭闹的方式来让你留下来；

一旦得逞，会继续用此法；开始变得以自我为中心，对身边的一切与他／她有关的事都比较关注；开始学习模仿周围人的言语和行为，家长要特别注意这一时期的"模范作用"；会用手指向自己感兴趣的东西；能脱袜子和简单的鞋；模仿大人动作，把盒子里的玩具倒出来；知道自己想玩儿什么；有自己的安抚物，如毯子或毛绒玩物；害怕某种声音或物件，如吸尘器；主动给别人一个拥抱或亲吻；探索玩具的玩法，学习解决问题的能力，如玩拼图。

语言及交流能力　接受性语言：当被问到"球在哪儿"时，能做出适当的回应；表达性语言：能说出 3 个词语，会说出一些含糊不清的词，及没有真正含义的话；能命名一个物体；能指着某个物体让家长说出该物体的名字；把书拿给家长读；能准确指出自己的鼻子、嘴在哪里等。

精细运动　会尝试把较小的物体放到瓶子里；能用拇指、食指捏物品，并捏得很熟练；试着用勺子搅和食物；能拿蜡笔胡乱画些线条；能把 2 ~ 3 块积木摞起来；有时能把勺子上的食物放到嘴里；能把圆形的东西从孔洞里拿出来并放进去。

粗大运动　爬得很快；可以扶着家具行走，或可以高高地举起手臂行走；有的孩子已经会独立行走或独立站立；会爬矮一点的楼梯；能蹲下捡东西。

父母需要警觉的现象　大人扶着的时候还不能站立；当着孩子的面把物品藏起来，但孩子却无动于衷；不会使用肢体语言，如招手、摇头等；不会用手指指物体或者图片。如有以上现象，要及时看医生。

| 喂养那些事儿 |

母乳或奶粉喂养

13 个月的宝宝，每天需要奶（母乳、牛奶、奶粉、酸奶及低盐奶酪）的总量为 500 ~ 600 毫升；在每天三餐的间歇时间喝奶，母乳每天仍需喂 3 次，1 岁以后可以喝全脂牛奶了，不一定非得喝配方奶。

营养补充剂

维生素 D　孩子进入 1 岁以后，所有纯母乳喂养的孩子需要每天补充 600IU。奶粉喂养的孩子如果每天的奶量在 500 ~ 600 毫升，每日需额外补充大概 400IU 的维生素 D。

钙　如果能喝到以上建议的奶制品的量，就不需要再补充了。

DHA　不需要补充。

益生菌　不需要补充。

每天热量的摄入

13 个月的孩子，手的灵巧度逐渐可以满足自己吃东西和用两只手拿起杯子喝水的需要。此时可以和大人吃一样的食物。但还需略微加工，如切成一立方厘米的小块。这一阶段的幼儿正在逐渐提高自主进食的能力，为了满足对能量和营养素的需求，家长需要将自主进食和喂食结合起来。

这个月龄的孩子每天需要从一日三餐中摄取约 1000 卡路里的热量，如瘦肉、鱼、禽和蛋，最好和大人一起进餐，外加两次加餐。但是不要指望孩子每天、每顿都吃得一样多。每顿饭吃多少取决于孩子的活动量、生长的速度和新陈代谢的情况。家长尽可能给孩子准备种类丰富的食物，经常变换口味，每天吃什么种类的食物由家长决定，每顿吃多少，由孩子来决定。在孩子拒绝食物或没吃完食物时，家长不要喂给孩子糖果、甜点等不健康食品。

在餐前 2 小时内不要给孩子吃零食，否则会影响他 / 她的食欲。也不要马上在饭后给零食，因为有些孩子不吃饭就是为了等零食吃，不能养成这种习惯。

吃饭的规矩

孩子吃饭需要坐在餐椅上，并戴上围嘴。这个月龄的孩子需要尝试自己吃饭。每次吃饭时，家长要先让孩子自己吃 10 分钟，10 分钟后吃不完的，家长再喂给孩子吃。要允许孩子拿勺子或用手抓着吃，虽然餐椅上一定是狼藉一片，但这是培养孩子独立吃饭的必经过程。

吃饭时不要给孩子玩具或看电视，吃饭需要专心。

孩子吃饱了就不要再劝孩子吃了，孩子有权决定吃多少。强迫孩子吃完所有食物只能使孩子对饱和饿的感觉越来越不敏感，孩子自己知道应该吃多少。

每天的水量

每天除了喝 500 毫升奶之外，还需要约 250～500 毫升的水量，或按照孩子的需求喝水。注意不要给孩子喝果汁，因为果汁里的糖分过多，喝太多果汁也会引起幼儿腹泻。

加餐及零食

加餐是小儿膳食的重要组成部分。幼儿平均每日进食 7 次，加餐占每日能量摄入的约 1/4。学龄前的幼儿通常每日进食 3 餐和吃两次加餐。相比于较年幼的幼儿，学龄儿童每日吃正餐和加餐的次数通常更少。

健康的零食包括新鲜水果、奶酪、全麦饼干、面包、牛奶、生蔬菜、花生酱和酸奶。不应鼓励饮用软饮料和其他含糖饮料（如果汁饮料、加味水），水是儿童饮料的优先选择。任何加糖和盐过多的食物都不应该给孩子当零食，如山楂条、紫菜（含很多盐）、辣条（油和盐过多）及薯片等。

毫无计划地给零食会导致很多问题的发生，如肥胖。随时给孩子零食吃也会降低孩子吃饭的欲望及混淆孩子的饥饱感。但健康的零食会让孩子获得更多的营养。

在家里设定吃零食的区域，不可以随时随地吃零食，不要养成在沙发上边看电视边吃零食的习惯。家长一定要控制孩子摄入零食的量及种类。

| 家庭日常护理 |

大小便

大便　随着以固体食物为主，大便逐渐变成成形的条状。次数可以是 1 天 2 次或 2 天 1 次，逐渐形成自己的规律。大便稀或干都不需要通过益生菌来调节。

小便　每天应该有 6 ~ 8 次的小便，每 24 小时少于 4 次，说明孩子有脱水的可能。

睡眠

1 岁左右的孩子每天大概需要 12 个小时左右的睡眠量。很多孩子白天只在中午睡一大觉，晚上要保证 10 个小时的睡眠量。

睡觉时孩子磨牙或凌晨来回翻身都是正常现象，和缺钙没有关系。室内不要太热，也不要盖得太多，否则孩子会睡不踏实。温度设定在 24℃是比较适合孩子的。

洗澡

水温不超过 38℃，洗澡时间不超过 5 分钟。注意保暖，洗完澡可用润肤露做抚触及润肤。冬天可以每周洗两到三次，洗澡时注意保暖，把所需物品都准备好后再给孩子洗澡。

孩子可以在澡盆里玩一会儿水，但时间不宜过长，时间过长容易使孩子的体温降低，泡泡浴会增加孩子尿路感染的风险。

训练宝宝用杯子喝水、喝奶

这个月龄的孩子尽量不要使用奶瓶喝水、喝奶了，可以使用吸管杯或鸭嘴杯，还可以尝试自己抱着敞口杯喝水。宝宝用敞口杯喝水时可能会把水洒出来一些，但是没关系，给孩子足够的时间去练习。

戒掉奶瓶不仅是形式上也是从心理上成长的标志，这意味着孩子从此告别了婴儿期。

穿衣指南

给孩子穿衣服的原则是以家里穿得最少的人为标准，不能比大人穿得多。夜间孩子频繁踢被子，就不需要反复给孩子盖了，孩子觉得热才会踢被子。孩子不会被"冻感冒"的，感冒是因为接触到了感冒的病原体——病毒。

夜里太热会使孩子睡不踏实，很烦躁。休息不好会导致孩子的抵抗力下降，更容易生病。

孩子的衣服上不能有纽扣或绳索，纽扣脱落可能使孩子窒息，绳索套在脖子上会引起生命危险。

蹒跚学步

1岁大的孩子往往已经开始蹒跚学步了。通常走路时手臂高举，膝盖和脚呈外翻的步态。家长要注意在孩子学步阶段保护孩子防止跌倒。

刷牙和定期牙医看诊

孩子进入13个月时，家长可以带孩子去牙科进行牙齿常规检查了。日常，需要每天刷两次牙，买婴儿用的软毛牙刷及含氟的儿童牙膏。不要用纱布或指套牙刷，因为清洁牙齿的效果不理想。晚上要在最后一顿奶后刷牙（刷完牙后就不能再吃东西了），注意刷牙的外侧及内侧，刷完后要漱口。少量的含氟牙膏吃了也没问题。早上起来以后用同样的方法刷牙。

为了更好地刷牙，可以训练孩子形成一个睡前常规，如先洗澡，后喝奶，喝完奶刷牙，刷牙时放一段音乐，当孩子一听到这个音乐就知道要刷牙了，久而久之，就会形成这种习惯。

户外活动

只要温度不是极端冷或热，都应该多进行户外的活动。注意避免太阳直晒孩子，要给孩子戴遮阳的帽子，冬季要戴保暖的帽子。外出时穿的衣服和大人一样薄厚即可。天气很冷或很热时减少在外面待的时间。注意不要去人多的室内空间，或有人抽烟的环境。

| 亲子互动 |

游戏"看看这是谁"，锻炼孩子识别脸部特征及视觉接受能力　给孩子一本家里的照片簿看，让他／她通过照片识别人的脸，同时告诉他／她这是谁，比如"这是姑姑"。

寻找藏起来的玩具，学习"客体永久性"　让孩子寻找盖起来的物体，他／她会慢慢发现虽然某个物体在眼前暂时消失，但它还是存在的。

玩积木，训练精细动作和手眼协调能力　给孩子一些颜色鲜艳的积木，家长示范把积木摞起来，虽然孩子还做不到，但他／她可以试着去摆一摆。注意一定要选择每个边长都超过 3 厘米的大积木，否则孩子误吞后有引发窒息的危险。

给他／她不同种类的食物试吃，训练他／她的味觉及嗅觉　可以一次让孩子试吃几种不同的食物，注意观察孩子的表情，当遇到他／她爱吃的食物和不爱吃的食物时，孩子的面部表情会发生明显的变化。

玩"布袋木偶"游戏，训练孩子寻找声源的能力　家长和孩子坐在地上，手持布袋木偶，边操作木偶边讲故事。孩子会探寻是木偶在发声吗。

感知光和影，训练感知能力　用手电往墙上打光，让孩子感知光。也可以在黑暗中用手电照亮某个物体，让孩子感知到光和影的关系。

玩一按就发声的玩具，让孩子学习因果关系　当孩子发现某些玩具一按就能发出声音时，他／她会觉得很新奇，会不停地去按它。在这个过程中孩子就会学到按压和发声的因果关系。

水里的玩具，训练孩子对因果关系的感知　洗澡时，可以往水里放几个能漂浮的玩具，让孩子坐在水里去抓它们。大人示范把玩具按入水里，一松手玩具就漂起来了。孩子也会模仿着去做。

户外活动，促进认知及社会能力发育　在户外和孩子捡落叶或花，引导孩子观察，闻闻味道，看看颜色，还可以把树叶扬起看它们飘落。

把小棍子放到瓶子里，训练精细动作及认知能力　给孩子找几个小棍子，让他／

她把棍子塞到空瓶子里，反复做几次。

推车或拉车，训练粗大运动、平衡及认知能力　给孩子买个小车，可以推着走，也可以拉着走。在这个过程中需要学习如何绕着障碍物走，也可以让孩子蹲下把地上的玩具捡到车里。

游戏"神奇的镜子"，训练空间感及认知能力　家长和孩子坐在镜子前，一起做鬼脸，模仿彼此的表情及动作等。

玩撕纸的游戏，训练精细运动、手眼协调及左右协调能力　给孩子找些用过的纸，可以是彩色的，坐在地上和孩子一起撕纸。这个过程不仅训练孩子的精细动作能力，还能让孩子感受不同材质的纸及认识各种颜色。游戏完成后，引导孩子将撕完的纸扔到垃圾桶里。

大声给孩子读书，训练语言能力　家长和孩子坐在一起读书，家长在大声朗读的同时加上表情和动作。引导孩子摸一摸书上的事物，如动物和花草，有时孩子也会模仿着大人一起读呢。

能粘的纸，训练手眼协调及精细动作能力　找些能粘在墙上的胶带或纸，让孩子把这些胶带粘在墙上或玻璃上，然后再把它们撕下来，反复练习。孩子会乐此不疲的。

在地上画画，训练精细动作和手眼协调能力　家长和孩子去户外，带一桶水和一个大毛笔。像很多老爷爷一样在地上画画，孩子会觉得能在地上画出痕迹很神奇，而且这些痕迹还会很快消失。

游戏"吊起来的气球"，训练大运动、认知及手眼协调能力　把气球吊在空中，让孩子用手或拍子追逐它，只需玩一会儿，孩子就会累得气喘吁吁的。

追逐游戏，训练粗大动作能力　在户外和孩子追逐，最好在有地面保护的场所，如在小区的室外游乐场进行，注意大人别跑得太快了，因为孩子在追赶你时可能会摔跤。

户外嬉戏，训练认知及社会能力　带孩子去户外，如公园、动物园、山里及海边，让孩子感受大自然的魅力。他／她会对看到的所有新鲜事物感到好奇，让他／她尽情感受自然，不要太限制他／她。

| 常见行为问题 |

固执

所有幼儿都很固执，他／她知道自己想做什么及想怎么做，他／她可能完全不顾大人的警告，同时也会试探家长的底线。作为父母，应该如何应对这些行为呢？

首先，我们要知道这些行为是孩子发育过程中必经的，也是正常的。其次，作为家长，我们的底线是保护孩子不受伤，以及不伤害他人。这个年龄的孩子充满了能量，白天需要给他／她足够的时间消耗这些能量。最后，家里可以设置一个房间或角落，专门供孩子玩耍，玩耍的同时要远离尖锐的棱角、电门及可能引起烫伤的物品。最简单的方法就是给孩子一个球，让他／她满屋子去追。

此时，家长要注意观察孩子，在遇到任何危险情况时要及时吸引他／她的注意力，或直接把孩子抱走。不要总是对孩子说"不可以"，他／她弄不清楚什么是不被允许的，也不知道什么是被允许的。所以，"不"字要留到最关键的时候用。

作为家长，你只需要远远地观察，不需要事无巨细地控制他／她，但大前提是以保护孩子的安全为准则。

咬人或打人

很多幼儿在情绪激动时会咬人或打人。这个年龄的孩子并不知道打人或咬人会很疼，他／她以为咬人就像扔了东西掉在地上一样简单，不会引起严重后果。

孩子打人或咬人时我们应该怎么办呢？

孩子的这些行为一般发生在很累了或生气时，被咬的对象可以是家人或其他小朋友。家长在孩子们一起玩的时候要注意监督，当感觉有起冲突的情况时，要及时把孩子抱走。如果没有任何预警信号就咬人或打人，要严肃地告诉孩子"不可以，咬人很疼的"。在他／她情绪激动时也可以做 time out（暂停），方法是把孩子放到餐椅里1分钟的时间，注意系好安全带，1分钟过了再把他／她抱出来，同时要告诉他／她咬人是不对的。做 time out（暂停）时，家长要表明自己的态度，要严肃起来，不能给他／她玩具，也不能表达同情。注意要把餐椅放在屋子的中间，以免孩子情绪激动时踢到桌子，发生翻倒的情况。

打骂孩子都被证明是无效的纠正孩子行为的方法。大人要注意以身作则，不要示范错误的行为，不要在孩子面前行为失控。如果大人在生气时大喊大叫或打人，孩子就会以为这些行为是被允许的。

分离焦虑

你知道如何应对幼儿的分离焦虑吗？　分离焦虑会发生在每个孩子身上，在孩子10～18个月大时达到高峰，2岁以后逐渐减少。

离开孩子时要说"再见"，不要偷偷溜走 悄悄离开孩子只能让孩子的分离焦虑更严重，因为他/她不知道你在哪一刻就消失了，他/她会时时地跟着你、黏着你。在离开孩子前要清楚地告诉孩子你要走了，并说"再见"，这个过程不要反复地进行，说走就要走，不要回头。虽然孩子会哭一会儿，但几分钟后也就好了。

孩子入睡时也是类似的情况，如果在他/她入睡时你在那里，但等他/她醒了你却消失了，他/她会感到害怕。所以，晚上要让孩子自主入睡，家长不需要陪着他/她。

告诉孩子你什么时候回来，给孩子一点儿盼头 离开时清楚地告诉孩子你要走多久，孩子不懂时间的概念，可以说"你睡完午觉我就回来了"或"吃晚饭时我就回来了"。也可以告诉孩子："妈妈一会儿带你出去玩"，这样可以使孩子不那么沮丧。

给孩子一个过渡的物品，起到安慰和陪伴的作用 家长在离开时可以把安慰物给孩子，如他/她喜欢的小毯子或毛绒玩具。不要用食物来做安慰物。

试着逐渐和孩子分离 在离开孩子的半个小时前就让阿姨或家人陪孩子一起玩，不要等到要离开时。

每天尽量在同一时间离开孩子 孩子需要知道每天的常规，这会减少他/她的焦虑。如果他/她知道妈妈每天都要在早饭后离开，逐渐也就习惯了。孩子最怕与阿姨出去玩了一会儿，回家就见不到妈妈了。

让孩子学习并适应每日的分离 很多事情都是孩子在成长中必须要经历的，和父母分离就是其中之一。父母能做的只有这么多，其余的只有让孩子自己去适应并学着长大。这对孩子的发育是有好处的。

夜间醒来

孩子夜间醒来是很常见的，也是正常的。当孩子进入浅睡眠期时，会反复翻身或醒来，这时父母又该如何应对呢？

父母的第一反应可能是马上抱起孩子进行安抚，这样就会鼓励孩子这种行为，以后每天夜里醒来都要找你抱。马上安抚的方式不可取，那应该怎么办呢？首先要确定孩子是否生病了，是不是排便了。如果两者皆无，则首选等待，你只需等待几分钟，观察一下孩子能否自己调整状态直至再次入睡。很多孩子从4个月大就掌握安慰自己入睡的本领了。如果孩子越哭越厉害，可以过去拍拍孩子，给孩子个安抚奶嘴或他/她熟悉的小毯子。如果这些都试过了，效果还不好，则可以抱起来进行安抚，待孩子安静后再放下，不要哄睡了再放下。如果以上招数都不管用，那也只能让孩子哭一会儿了。

| 安全常识 |

安全座椅

外出时，仍要坚持坐安全座椅。安全座椅可以有效保护孩子的出行安全，现阶段还是要使用三点式的系安全带方式，车内不可以抽烟。

危险的窗台

这个年龄的孩子最喜欢登梯爬高，所以对窗台很向往。虽然他／她有能力踩着桌子和椅子爬上去，但他／她并不知道可能的危险，如坠楼。有孩子的家庭一定要注意窗户要严格地锁上，仅靠一层纱窗来阻挡是危险的。如果是能开启的窗户要在外面安装防护栏杆。

家长要反复对孩子强调不许上窗台，看到孩子企图上去就要及时阻止。也不要让孩子养成从窗台往楼下看的习惯。窗台前面绝不能放置椅子和桌子，不能给孩子爬窗台提供方便。窗台上不要放置吸引孩子的玩具或用具。

窒息

安全无小事，1岁左右是最让家长操心受累的年龄，一定不能给孩子可以放到嘴里的玩具。不能在小床里放置毛绒玩具、枕头、棉被，不能把孩子盖在重重的毛毯下面。

烫伤

洗澡水的温度在 37 ~ 38℃ 为宜。孩子慢慢长大，家长更不可掉以轻心，坚决不可以在洗澡期间离开孩子，不可以把孩子抱到厨房或允许孩子在厨房玩耍，不能在抱孩子时手里拿着热水，也不能在孩子玩耍的附近放热水、咖啡或汤。孩子喜欢抓着东西往自己这里扒拉，很多悲剧都是这样发生的。

药品及清洁剂的保管

这个年龄的孩子对瓶子里装着什么特别感兴趣，他／她也有能力去开启简单的瓶子。孩子一旦把瓶子打开，就会本能地想尝尝里面的东西。试想一下，如果里面是老人的降压药，孩子吃了会有生命危险；如果是碱性很强的洗涤剂，孩子喝了会烧坏食道。所以孩子一旦会走了，尤其是会开瓶子了，就要严格地把家里所有药物、洗涤剂及杀虫剂锁起来，不给孩子接触的机会。如果发生误服的情况，要立即就医。

禁止去厨房

孩子不管是自己还是有大人监督都不能去厨房，一则厨房有锐器，二则厨房有太多能烫伤孩子的东西了。

婴儿床的安全

婴儿床四面栏杆的高度不得低于孩子站立时的乳头水平线，否则孩子容易坠落。也不要在床里面放置枕头及被子，孩子会踩着这些东西爬上去，并发生坠落的危险。

楼梯

要在楼梯口设置安全门，把楼梯完全挡上。

| 常见疾病及治疗方法 |

蚊虫叮咬

夏天来临时，孩子在户外活动的时间逐渐多了起来，被蚊虫叮咬的情况在所难免。最常见的就是蚊子，其他还有蜜蜂、各种蚁类、跳蚤、黄蜂及蛛形类。被咬后最常见的感觉是疼痛，随之而来的可能是对蚊虫毒液的过敏反应。毒液是蚊虫通过嘴或蜇针注射到人体内的。绝大多数叮咬没有很明显的不适，但有些可能是致命的，尤其是对某些蚊虫毒液有严重过敏反应的人。

预防是最重要的，万一被叮咬了要及时识别致命反应并立即就医。

被蚊子叮咬后几乎马上就能看到一个或几个肿起来的红包，如果对蚊子毒液过敏的话，这些小红包会逐渐变得更加红肿，摸起来还有炽热感，有的还会流水。这些都是过敏反应。如果过度抓挠则有可能在几天后激发感染，红肿处不但没有好转，反而会越来越肿并开始疼痛，严重的还伴有发烧。这时就要赶紧看医生了。

蚊子都能传播哪些疾病呢？　蚊子的唾液里能携带病毒、细菌及寄生虫。当它们叮咬人时可以通过唾液把它们传播给人类，从而引起致命的感染，比如疟疾、黄热病、登革热、日本脑炎等。每年上亿的患有疟疾的病人大多是通过蚊子感染的。

如何治疗蚊子叮咬？　首先要把叮咬处用肥皂水清洗干净。可以用些局部止痒的药膏或药水。要是太肿了可以冰敷。把孩子的指甲剪短，以免他 / 她因过度抓挠而引起感染。很少有孩子对蚊子叮咬有致命性的过敏反应。如果被咬后浑身酸疼、头疼或发烧，要及时就医，这可能是蚊子传播某些疾病的表现。

如何预防蚊子叮咬？ 家里不要存长期不流动的水，如脸盆里或桶里的水，因为蚊子会在水里进行繁殖。窗户要安装纱窗。外出时尽量给孩子穿宽松的长衣长裤，给孩子皮肤及衣服上喷上驱蚊剂。按时打乙脑疫苗，到流行区前也要打疫苗，如去非洲某些国家要打黄热病的疫苗，去印度时要用预防疟疾的药。在家里要给孩子用蚊帐，不要寄希望于蚊香或所谓能驱蚊的手环。任何有气味的熏蚊子的东西都可能引起孩子呼吸道的问题，要慎用。

应该给孩子选择哪种驱蚊剂？ 似乎孩子是蚊子最愿意叮咬的对象。蚊子是通过什么探测到我们的存在呢？蚊子会被二氧化碳吸引，当我们呼吸时会呼出二氧化碳，我们睡觉时也会散发二氧化碳。除二氧化碳外，蚊子还会被人体的温度及湿度吸引。

我们应该选择哪种驱蚊剂来保护孩子呢？到目前为止，避蚊胺被科学实验证实为最安全及最有效的驱蚊剂。今年美国儿科学会正式将含避蚊胺的产品推荐用于两个月以上的儿童，且建议避蚊胺的安全浓度为 10% ~ 30%。

含避蚊胺的驱蚊剂在需要时可重复喷，23.8% 浓度的需要每 5 个小时喷 1 次，20% 浓度的需要每 4 个小时喷 1 次，6.65% 浓度的需要每 2 小时喷 1 次。

另一个常见的驱蚊剂为派卡瑞丁（Picaridin），但美国儿科学会没有对其应用于儿童的安全性做任何评论。含二氯苯醚酯（除虫精）的驱蚊剂不可以直接用在孩子皮肤上，只能用在衣服上。

选用安全的驱蚊剂对孩子来说极为重要，没有经过科学检验的不要给孩子用。

感冒

感冒多发在秋冬季。幼儿感冒非常常见，因为他 / 她开始接触不同的孩子和大人。一个经常上早教课的孩子，秋冬季的感冒频率可能为每两周 1 次，但这并不代表孩子的"抵抗力"差。

感冒为病毒感染引起的，其表现为 发烧，有时会高达 40℃ 左右，一般持续 3 ~ 5 天；流鼻涕及鼻塞，一般持续 1 ~ 2 周；咳嗽，因为鼻涕流到嗓子会引起的刺激性咳嗽；嗓子疼，影响孩子吃东西。

感冒是自限性疾病，如果感冒引起发烧，除服用退烧药外不需要任何药物进行介入治疗。所谓的感冒药、化痰药不仅无法缓解症状还可能会引起严重的副作用。世界卫生组织建议 4 岁以下儿童慎用或禁用。

感冒时对孩子的护理要注意 补充足够液体，不要强迫孩子吃东西；退烧药要按医嘱建议的时间及剂量服用；可多次用海盐水给孩子冲洗鼻腔以缓解鼻塞及咳嗽；

睡觉时注意把头部垫高些以减轻鼻塞和咳嗽；注意观察孩子的尿量，每 24 小时不足 4 次要及时就医；如果退烧时精神不好要及时就医；如果咳嗽越来越严重要及时就医。

蜂蜜水能止咳　经过严格的研究及统计（Cochrane 系统评价："蜂蜜有治疗孩子急性咳嗽的作用"，2016 年 7 月 1 日），蜂蜜水被证明能起到镇咳的作用。当大于 1 岁的孩子出现感冒症状时，在睡前给他 / 她喝蜂蜜水，可以减少夜间咳嗽的频率，也会睡得更好。与常用的镇咳药右美沙芬对比，蜂蜜水的镇咳作用是相同的。但不建议用于 1 岁以下的孩子。

那如何给孩子用蜂蜜水呢？　可将 10 毫升蜂蜜加入一杯温水中，在睡前服用。如果白天需要的话，可以把 10 毫升的蜂蜜分成几次给孩子，注意蜂蜜一天的用量为 10 毫升。加入多少温水由父母来决定。不要在孩子咳嗽的过程中给蜂蜜水，等他 / 她咳嗽缓解了再给。注意不要给 1 岁以下的孩子喝蜂蜜水。

在孩子感冒时，除了用海盐水多次清洗鼻腔，也可以试试睡前给孩子点蜂蜜水，看看是否有助于孩子的睡眠。

胃肠炎

孩子最常见的胃肠炎为病毒感染引起的，如秋季腹泻就是由轮状病毒引起的。

病毒性胃肠炎的症状为　发烧，有时高达 40℃，一般持续 3 天左右；呕吐，开始时有频繁的呕吐，12 小时后慢慢缓解；腹泻，多为很臭的水样便，没有血便；间歇性腹痛，孩子表现为阵发性哭闹；少尿，当呕吐或腹泻次数太多时则有尿少的现象，如每 24 小时不到 4 次为异常，需要马上就医。如果孩子有嗜睡、眼窝凹陷、哭的时候没有眼泪，要及时就医。

诊断　多根据症状及病史。必要时可以化验大便里是否有轮状病毒或诺如病毒。大便常规无法有效地区分病毒、细菌感染或其他原因引起的腹泻，所以做大便常规检查意义不大。如果有脓血便，需要做大便培养。

治疗　治疗的核心是预防脱水。孩子在频繁呕吐期间要少量多次地给口服补液盐，如每 5 分钟给 5 毫升，一次给太多液体会引起更多的呕吐。食物尽量先停一停，吃得越多越易呕吐。母乳喂养的孩子可继续少量多次地喂母乳。吃配方奶的孩子最好先用口服补液盐代替奶粉，直到呕吐的症状得到缓解。孩子如果有胃口吃东西，可以选择易消化的食物，如米粉、米饭、白米粥、苹果泥、香蕉泥等食物，且要少量多次进食。正常饮食要逐渐恢复。

一般胃肠炎会持续 3 天左右，孩子的呕吐物及大便具有很强的传染性，家里所有人都要好好洗手。婴儿要接种轮状病毒疫苗。

高热惊厥

很多孩子都有高热惊厥的经历，那什么是高热惊厥呢？　高热惊厥一般发生于 6 个月 ~ 6 岁间，惊厥发生在发高烧期间。不伴随发烧的惊厥不叫高热惊厥。高热惊厥的孩子中，有 30% 是有家族史的。惊厥时可能会伴有眼睛上翻及全身僵硬的情况，持续的时间一般不到 1 分钟，有时候会稍长些。高热惊厥不会伤及大脑，发作时不要掐人中或往嘴里放勺子，让患儿平躺，头转向侧面即可。患儿清醒后可服用退烧药或进行物理降温。如果是第一次发生惊厥，最好去医院让医生检查一下。

医生在检查完孩子后，如果明确是病毒感染，如感冒或急性胃肠炎，可能也不需要做任何其他检查，家长只需遵医嘱给孩子退烧及对症治疗即可。一般不需要做脑 CT、核磁或脑电图。如果惊厥持续 15 分钟以上、只有一个肢体抽动或 24 小时内有 1 次以上的发作、惊厥后不清醒，则需要就医及做更多检查。

高热惊厥并不可怕，孩子长大后自然就好了。有高热惊厥史的孩子的后代可能也会有高热惊厥。

乳糖不耐受

乳糖不耐受是因为身体无法产生足够的乳糖酶来分解乳糖，没有在小肠被分解的乳糖到达大肠就会被细菌发酵成气体及酸。这个过程就会引起腹痛、肠绞痛及腹泻，一般在进食奶制品后 30 分钟 ~ 2 小时后发生。

亚裔乳糖不耐受的发生率很高，但在小孩子中的原发性乳糖不耐受不常见，一般在 5 岁以后会慢慢出现。孩子最常见的还是继发性乳糖不耐受，如胃肠炎后。胃肠炎后的乳糖不耐受是一过性的，一般不需要用乳糖酶进行治疗。有的妈妈会在孩子拉肚子期间给孩子喝腹泻奶粉，腹泻奶粉不含乳糖，所以有缓解腹泻的作用，但一定要注意无乳糖奶粉不宜长期服用（不超过一周），因为孩子生长需要乳糖。

所以千万不要滥用乳糖酶，因为不是所有腹泻都是乳糖不耐受的表现。

EB 病毒感染

什么是 EB 病毒，EB 病毒感染易引起什么疾病？　EB 病毒即 Epstein-Barr 病毒，是疱疹病毒家族的成员。95% 的人群会在一生中某个年龄感染 EB 病毒，像疱疹病毒一样，一旦感染 EB 病毒，它就会永远地存在于你的身体里。大多数时间该病毒处于不活跃状态，但偶尔也会变得活跃起来，它可以分泌到唾液及其他体液中。

当你第一次感染 EB 病毒时，它会引起传染性单核细胞增多症。以后再次感染的症状会轻很多。

EB 病毒是如何传染的？ EB 病毒可以通过人的唾液、血液及体液传染给其他人，这种传染需要亲密接触，如接吻或性接触。感染 EB 病毒可以发生在任何年龄，但最常见的是 15～30 岁之间。

感染 EB 病毒后有什么症状？ 很多婴幼儿感染了 EB 病毒时为无症状或者症状很轻微。传染性单核细胞增多症常见的症状为：发烧；喉咙疼，咽部有层白色的膜；淋巴结肿胀，在颈部、腹股沟及腋下等部位；疲劳。其他症状还可能有：寒战，头疼，食欲不振，眼睑肿胀，肝脾肿大，畏光，贫血。有的孩子也会得脑膜炎、脑炎、格林巴利综合征等，偶尔也会见到心肌炎、血小板减少及睾丸炎等。

EB 病毒也和几种肿瘤有关，在非洲常见的有 EB 病毒引起的伯基特淋巴瘤，在亚洲常见的有鼻咽癌。

如何诊断传染性单核细胞增多症？ 该病的诊断是依靠病史、体检及血常规的化验结果。血常规检查会显示非典型淋巴细胞增加，EB 病毒抗体阳性及肝功能异常等。

治疗方法 没有特异性的治疗，治疗的主流为支持疗法：用退烧药退烧及止痛（喉咙痛）；用温盐水漱口以减少喉咙痛；尽量卧床休息，患者会感到极度疲劳。避免用抗生素，EB 病毒为病毒感染，抗生素不会有任何作用，当扁桃体肿胀到完全堵塞呼吸道时可考虑口服激素治疗。抗病毒的药物只用于有合并症的病人，但效果有争议。

得急性传染性单核细胞增多症的孩子不应该在生病的 4～6 周内参加对抗性的运动，如篮球或足球等比赛，因为此时的脾脏可能非常肿胀，当有撞击时会引发脾破裂，脾破裂会导致大出血从而危及生命。

传染性单核细胞增多症的预后 大多数孩子的症状在发病后 1～3 周内好转，但疲劳感可能会持续很长时间。

预防 不要和大人共用杯子、筷子及勺子等，患病时不要和他人亲吻。

传染性单核细胞增多症是一种极其常见的疾病，没有传说中的那么可怕，绝大多数孩子会在几周内自愈，不需药物治疗。没有合并症的病人不需要抗病毒治疗。注意在急性期不要参加对抗性运动。

给孩子掏耳朵的危害

每位妈妈都很疑惑孩子的耳屎多了怎么办？有时候忍不住去给孩子掏耳朵，我们应该给孩子常掏耳朵吗?

我们耳朵里的分泌物叫耵聍,它起到了保护耳朵的作用。这种油性及黏黏的物质可以粘住入侵的病菌使它们不能进入耳道的更深处。研究表明,儿童耳朵出现感染和听力下降的很大一部分原因是掏耳朵引起的,所以家长一定要格外注意。

以下是一些掏耳朵引发的常见问题:

耵聍会自己出来吗?　当耵聍在耳朵里越积累越多时,它会变得越来越干,自己就会往外移动,遇到水的时候就自动被冲洗出来了。

耵聍太多会影响孩子听力吗?　当耵聍把耳朵完全堵死时,会引起耳朵疼及听力下降,但这种情况并不常见。

耵聍堵塞耳朵和中耳炎如何区别?　两者都会引起孩子耳朵不舒服,但耵聍堵塞耳朵不会引起发烧或晚上睡眠不佳的情况。

如何去除耵聍?　永远不要试图用棉签或耳挖勺给孩子清除耵聍,很多情况下不仅清除不了,还可能会把耵聍越推越深,或捅破耳膜。如果医生给孩子开了软化耵聍的药水可以定期给孩子使用,堵得严重时医生会用专业工具清除,有时也会给孩子清洗外耳道来清除耵聍。

川崎病

川崎病,也叫皮肤黏膜淋巴结综合征,为一种血管炎。亚洲人及男孩更常见。

病因　确切病因不明。可能是遗传和环境相互作用的结果。

诊断标准　高烧五天,并加上有以下五项症状中的四个即可诊断:躯干及腹股沟处皮疹;眼睛红;嘴唇红;草莓舌;颈部淋巴结肿大;手脚红肿。

辅助检查　心脏超声看冠状动脉是否扩张。血小板可能会慢慢攀升,血沉及C反应蛋白增高。

治疗　治疗开始得越早(一般认为在发病后10天内)越能预防心脏的损伤。治疗为静脉输免疫球蛋白及口服阿司匹林。阿司匹林疗程随病情不一而不同。

合并症　部分没有得到及时治疗的患者会继发心脏合并症,如心肌炎、心律不齐及冠状动脉血管瘤。

预后　及时得到治疗的患儿发生心脏问题的比例为3%～5%,动脉瘤的概率为1%。但还要进行常规随诊。

牵拉肘

　　牵拉肘是急诊室最常见的小儿肘关节问题。当幼儿胳膊伸直时突然被拽一下，就容易导致桡骨小头的半脱位或完全脱位。脱位指的是骨头从正常的关节位置脱出。

　　牵拉肘发生的主要原因为幼儿的骨骼及韧带还在发育中，其耐受突然拉力的能力还很有限。它多发生于5岁以下的孩子，其中更常见于1～3岁的孩子。

　　症状　多表现为受伤侧胳膊疼痛；孩子不愿意活动该侧胳膊；把胳膊垂在身体侧面或把胳膊稍微弯曲放在腹部；孩子能动肩膀但不动肘关节；一般情况下看不到胳膊的肿胀。

　　诊断　主要靠病史及症状来诊断，一般不需要做X光，除非需要排除骨折等问题。

　　治疗　治疗主要为手法复位。一般医生会要求孩子坐在家长怀里，伸直胳膊，一只手握着孩子的患侧小手，把手和胳膊翻转然后曲肘，医生的另一只手按压在桡骨小头位置帮助复位。成功复位的表现为能听到关节弹回的声音及孩子在5～10分钟后可以活动受伤一侧的胳膊。整个复位过程只需要几秒钟。当然也有需要多尝试几次的情况。

　　有的孩子发生牵拉肘的次数很多，家长也学会了自己复位。但如果孩子摔了后有胳膊疼的情况还是要及时就医。

　　牵拉肘很常见，很多得过一次的幼儿会反复发生。家长要尽量避免突然牵拉孩子的胳膊，不要拉着胳膊把孩子抱起来，也不要拉着胳膊荡悠孩子。随着孩子长大，关节周围的韧带会越来越结实，脱位也就不会发生了。

┃疫苗接种┃

　　按照国家2021年版免疫规划疫苗儿童免疫程序表，这个年龄段没有需要常规接种的疫苗，秋冬季可考虑接种流感疫苗。

┃护苗＊成长┃

一日三餐，如何吃

　　孩子已经到了可以吃全固体食物的阶段了，不需要每顿都是流食。米粉也不要再囤货了，此时，孩子吃的食物种类更加全面，米粉已经不是摄入铁的主要来源了。

　　孩子1岁以后要吃三顿正餐。吃饭时间最好和家长保持一致，全家一起吃饭才能有食欲，尤其是每天的晚餐时间，家长与孩子一起感受一天中难得的温馨时刻，一起感受家庭的温暖。

一餐饭中的主食大概占一顿饭总量的 30%，蔬菜大概占一顿饭总量的 40%，蛋白质大概占一顿饭总量的 20% ~ 30%。当然，不是每顿饭都绝对要按这个比例实行，只要平衡好各类食物的摄入就行了。比如，早餐要是多给了些主食，午餐和晚餐就少给些主食。正餐中尽量不要给孩子喝太多粥，粥本身只是提供碳水化合物，吃得太多会使孩子没有胃口吃其他食物，吃饭时可以给孩子喝些水。

家长常见问题

什么是出牙综合征?

很多孩子在出牙时会发烧、流清鼻涕及大便稀（但次数不多），这都可能与出牙有关。但如果发烧超过39℃，还是要排查是否有其他原因引起的发烧。

宝宝多大需要接种流感疫苗?

满6个月的孩子就应该接种流感疫苗，流感疫苗很重要，全家都要考虑接种。孩子越小就越容易在患流感时出现威胁生命的合并症。

1岁左右的孩子应该自己吃饭了吗?

1岁左右的孩子应该会用手抓着勺子吃饭了，他/她虽然不能自己独自完成一顿饭的进食，但也要让孩子尽可能自己吃。

如何解决孩子晚上总踢被子?

孩子踢被子说明他/她感觉热了，踢了就不要再盖了。大人不能以自己对冷热的感受来揣摩孩子，有的家庭冬天的室温也在25℃，试想孩子需要盖被子吗?

奶瓶什么时间戒掉?

孩子这时已经能熟练地使用杯子了，1岁时就要把奶瓶戒掉，让孩子用杯子喝奶。这也是心理成长的一个重要里程碑。

感冒需要吃抗生素吗?

感冒是病毒感染。典型症状为发烧、流鼻涕、嗓子疼及咳嗽，抗生素帮不了孩子。有的医生会测个血常规，如果白细胞高就给孩子抗生素。这不是完全对的做法，因为病毒感染早期白细胞可能上升，而且白细胞高有很多其他原因，如应激反应等。所以不妨给孩子几天时间，观察孩子的精神状态及体温变化，如咳嗽加剧或高烧不退可再根据病情进展来诊治。

这个年龄段的孩子会得过敏性鼻炎吗?

完全可能。过敏性鼻炎的表现为长期（超过4周）流鼻涕及咳嗽，不伴有发烧，精神状态好及食欲佳。很多孩子有湿疹病史及过敏性疾病的家族史，如父母有湿疹、鼻炎或哮喘等。治疗多采用海盐水多次冲洗鼻腔，严重时可配合使用口服抗过敏药物。

夏天孩子出汗多，每天洗澡几次为宜?

这个没有限制，一天洗几次澡都可以。注意洗完澡保湿即可。

孩子刚开始独立行走，为什么走路时两只脚分开得很远呢?

孩子开始走路时还在学习平衡，两脚分开使他/她更能平衡自己。

感觉孩子一天到晚总是在不停地吃东西，怎么办?

这个年龄的孩子每天应该喝2~3顿奶，吃3顿饭及1~2次加餐。早餐可以与喝奶一起，早餐和午餐之间给一次加餐，如水果。中饭后给奶，午睡后给一次加餐，如酸奶或水果。晚餐后给奶即可。不要给孩子养成随时吃东西的习惯，这样会影响孩子吃正餐。大人也要以身作则，不要零食不离嘴。

这个年龄能吃盐了吗?

给孩子做饭最好不要加盐，很多食物已经含盐了。太多盐的摄入会给孩子不够成熟的肾脏增加负担。

孩子吃水果需要定量吗?

当然需要。水果吃太多会影响孩子吃饭的欲望，水果含糖量也很高，要注意限制孩子吃水果。这个年龄一天的水果摄入量可控制在100克。

如何选择安全的玩具?

要注意玩具上不能有松动的小部件，严防孩子误吸。不给孩子买珠子类的玩具，珠子容易被孩子放到耳朵眼儿或鼻子里。还要注意积木表面的油漆是否经过安全认证，因为孩子会用嘴啃积木。

孩子坐汽车安全座椅就哭，怎么办?

乘车时一定要让孩子坚持坐安全座椅，这是毫无疑问的。可以试试上车前给他/她一个最喜欢的玩具，通过玩具转移孩子的注意力，一边玩儿一边把他/她放进座椅。也可以给他/她放最喜欢听的歌谣等。逐渐加长行驶的距离，让孩子慢慢适应。千万不要抱着孩子坐在行驶的车里，太危险了。

洗澡时注意哪些安全事项

洗澡时，家长不可以离开孩子，哪怕是几秒钟。孩子可以在几厘米深的水里溺水。再加上孩子这个年龄也会站了，如果跌倒就会有受伤的风险。水不要太热（不超过38℃），也不要边放水边洗澡。

孩子老爱往厨房跑，如何应对?

孩子对厨房很好奇，那里有很多有意思的用具。千万注意不要让孩子进入厨房，要时常关闭厨房门。如果自己在家做饭，可以把孩子放在婴儿床里，这样更安全。

孩子自己吃饭时速度太慢，食物都凉了，怎么办？

孩子不宜吃太烫的食物，室温的食物对孩子来说很适宜，不需要再给孩子加热。注意不要在孩子面前摆一碗热汤，容易烫着孩子。

孩子几岁可以用枕头？

对这个年龄的孩子来说，给他／她枕头他／她也不会用的，因为他／她还在转着圈睡呢。一般在孩子 2 ~ 3 岁时，他／她才会老老实实地在一个地方睡觉，这时就可以试试枕头了。

进入 1 岁，能给孩子喝牛奶了吗？

可以。1 岁以后喝牛奶没问题，不是非得喝配方奶。注意 1 天的奶制品要给 500 毫升，喝牛奶要给全脂奶。

睡前刷牙很困难，有什么好的建议？

睡前要刷牙，这很重要，否则会出现蛀牙。要注意最后一顿奶不能在孩子困了时给，因为孩子很可能喝着奶就睡着了。要在吃完晚饭后给奶，或者孩子还完全清醒时给奶，要给孩子留出足够的时间刷牙。刷牙时可以给孩子一把牙刷，家长拿一把牙刷，边玩儿边刷，不要强迫。要注意使用含氟牙膏，涂一薄层在牙刷上。还要注意常规看牙医。

孩子超重怎么办？

孩子超重的话要鼓励孩子多活动，不要强迫吃饭或劝孩子吃饭。水果过量也会导致肥胖，因为水果含糖量高。可以将蔬菜当零食吃，热量会少些。

奖励孩子可以用食物吗？

不要用食物奖励孩子或哄孩子，因为以后孩子长大了也会用食物来安慰自己，这是导致孩子肥胖的隐患。试着用个小玩具或小贴纸来奖励孩子，或是家长的一个拥抱，一场亲子游戏都是很好的奖励方式。

孩子睡觉时习惯摸着点东西，正常吗？

很多孩子入睡时都要摸着妈妈的头发、大人的胳膊或喜欢的小毯子及毛绒玩具等，这些都是正常的行为。这对孩子来说是个安慰，让他／她入睡时不那么焦虑。家长如果不愿意让孩子抚摸着自己入睡，可以考虑让孩子自己睡婴儿床，给他／她个安抚奶嘴或安慰物哄着入睡。

孩子无故大闹，该怎么办？

一定要给孩子一个一致的信息，那就是无理要求不能被满足。在孩子无理取闹时切忌哄他／她，让他／她哭一会儿没有关系，等孩子情绪平复后再进行对话。

孩子老想自己做事情，大人该帮助他 / 她吗？

让孩子做自己想做的事情，不要第一时间去帮助他 / 她。孩子此时的探索愿望很强烈，如果大人总去帮忙会扼杀这种愿望。大人只需要在一旁关注孩子的安全就可以了。

孩子经常在公共场所大声叫喊，怎么办？

这个年龄的孩子叫喊很正常，他 / 她在表达自己的情绪。如果打扰到了别人，家长可以温柔地制止孩子叫喊，或做点别的事情分散孩子的注意力，如果孩子停不下来则需要把孩子抱离现场。

早饭吃得太少怎么办？

孩子一般早上吃奶，刚吃完奶后就吃不了多少早饭，没关系的。中饭和晚饭好好吃就可以了。

孩子已经 15 个月了还不会走路，正常吗？

如果孩子会扶着家具走路，就是正常的。孩子学会走路的年龄也有家族遗传的因素，所以父母应了解一下自己是多大开始走路的，这很重要。但如果孩子连借助他物站起来都困难，则要尽快就医，如伴随其他发育迟缓也要就医。

15 个月大的孩子应该会说哪些词语了？

15 个月大的孩子此时应该会说 3 ~ 5 个叠字，如"妈妈""爸爸"等。而且还应该对着妈妈叫"妈妈"，而不是对着别人叫"妈妈"。

16 ~ 18 个月

　　16 ~ 18 个月月龄的孩子不仅会走还会跑几步，跌跌撞撞是难免的。他 / 她不断地离开父母去探索世界，也不断地回到父母这里试图得到父母的肯定及安慰。如何给孩子安全感，变得尤为重要。

　　此时的孩子开始学会了要挟大人，主要以稍不满足就大发脾气的形式来要挟。家长如何应对孩子的不合理要求变得很重要，处理好了，孩子一辈子受益，处理不好，孩子就会被"惯坏"。

| 生长发育的秘密 |

　　18 个月的孩子最重要的是做自闭症的筛查，不少自闭症的患儿直到很大了才被确诊，贻误了治疗时机。其实，家长只需要花几分钟的时间回答筛查问题，如果结果为可疑，则要去正规医院做检查。

动作及能力发育

　　粗大运动　会倒着走；大人扶着时能一只脚站立；大人牵着手时能上较矮的楼梯；能跑几步；能爬矮的家具；会自己坐在小椅子上；能拉着玩具走。

　　精细动作　能把圆形的积木放到圆形的孔里；能拿蜡笔胡乱画些线；能把三块积木摆起来；能把勺子上的食物放到嘴里；会从敞口杯里喝水；能把圆形的东西从孔洞里拿出来及放进去。

　　社会及认知能力　能自己吃饭；能找到藏起来的物体；能按物体的形状找到相应的孔洞，如方形或圆形；有自己的安抚物，如毯子或毛绒玩具；知道害羞；能脱袜子和简单的鞋；能模仿大人的动作，如擦桌子；会用手指指东西；会探索玩具的玩法；主动给别人一个拥抱或亲吻；学习解决问题的能力，如拼拼图；知道很多东西的用途，如勺子是用来吃饭的；能用手指指向某个人或物，引起他人的注意；喜欢和玩偶或毛绒玩具玩假想的游戏，如喂饭；能指出鼻子、嘴等在脸上的位置。

　　语言能力　能听懂一步指令，且照着去做；能命名一个物体；指着某个物体让家长说出该物体的名称；能说 4～10 个单字，如"妈妈、爸爸、车车"等；会用肢体语言表达需求；试图用长串的"婴儿语言"进行沟通。

　　出现以下情况需要尽早就医　达不到以上多数指标；不指东西让他人看；不会独立走路；不知道一个常见的东西的功能；语言没有进步或有退步；说不了 6 个单字；不在乎家长来了还是走了；能力有倒退，如以前还能说几个单字，现在完全不说了。

自闭症谱系障碍的筛查

　　按美国儿科学会的建议，孩子在 18 个月大时要做"自闭症谱系障碍问卷"。家长可在网上找到 M-CHAT-R/F 的问卷（有版权），按照计分得出结论。如果结论为"低风险"，则 2 岁时再做一次即可；如果为"中等风险"，则需要尽早对孩子做诊断评估，这需要专业医院的诊断；如果为"高风险"，要马上进行诊断评估和及早干预。

|喂养那些事儿|

奶量

　　这个月龄的孩子如果还是母乳喂养的话，每天需要喂 3 次，配方奶喂养的孩子需要每天吃 500 毫升，或吃 500 毫升奶制品（酸奶、牛奶或奶酪等）。如果喝牛奶，那么在孩子 2 岁前需要喝全脂奶。

零食

　　孩子每天除了奶和三餐之外也需要吃零食，零食可以是水果、蔬菜或其他食物。

　　家长需要给孩子养成从小吃健康零食的习惯。给孩子切一小盒水果或蔬菜就很健康，给孩子一片全麦面包夹花生酱可以补充蛋白质，或半个煮鸡蛋，或一小块鸡蛋蔬菜饼，或一小把干果，如葡萄干，或一小块低盐奶酪。

　　注意避免买成品零食，成品零食中多数富含盐、糖及添加剂，不适合给孩子吃。

油、盐、糖

　　这个月龄的孩子不宜吃加盐的食物。食物以外的糖每天可以给 5～10 克。油可以给 5～10 毫升，橄榄油为最佳选择，因其富含不饱和脂肪酸。

营养补充剂

每天继续补充 600IU 的维生素 D。不需要其他补充剂。

┃家庭日常护理┃

睡眠

这个年龄的孩子每天大概需要 12 小时睡眠。很多孩子白天只睡中午的一大觉了，晚上还是要保持至少 10 个小时的睡眠。睡觉时磨牙或凌晨来回翻身都是正常现象，和缺钙没关系。室内的温度以 23～24℃为宜，不要太热了，孩子会睡不踏实。

洗澡

孩子洗澡时可以坐在澡盆里，水深不得超过孩子的腰部，水温不超过 40℃。一周用一次沐浴液就可以了。冬天每周洗澡两到三次，洗澡时要注意保暖。洗完澡皮肤不完全干时可以涂一层润肤霜，有湿疹的孩子尤其要如此。注意洗澡时不要让孩子在浴盆中站起来，容易滑倒。洗泡泡浴太频繁或时间过长容易造成尿路感染，尤其是对女孩子。

户外防晒

只要空气没有严重污染都要带孩子进行户外活动，外出接触不同的人及新鲜事物，更有利于孩子的发育。要注意给孩子防晒，在暴露的皮肤上涂抹防晒霜，防晒霜要用 SPF30 或以上的，出汗后要再抹一层。也要注意保护眼睛，外出时最好给孩子戴墨镜。越来越多的研究证明，6 个月以上的婴儿在外出时需要戴墨镜。

孩子穿的鞋要足够舒适，鞋底也要足够厚才能保护孩子的脚。鞋的大小以能在鞋后跟处伸进一个指头为标准，不要太大或太小。

刷牙

这个月龄的孩子已经有不少牙齿了，家长一定要注意每天晚上入睡前以及早上起床后给孩子刷牙。刷牙要用软毛牙刷、含氟的牙膏及牙线，牙膏可以是绿豆大小。

刷牙时孩子如果不配合可以放一段音乐或讲个故事，关键是每晚都要按时刷牙，让孩子知道这是每晚必做的事情。刷完牙就不要再给任何东西吃了。这个年龄要规律性地看牙医，因为蛀牙很常见。

小儿外伤紧急处理

头部碰撞　如果有短暂的意识丧失，立刻拨打120，并需要马上去医院。如果没有意识丧失，可以用冰袋在磕碰处冰敷20分钟，以减少肿胀。如果孩子受伤后有呕吐、持续头疼或头晕，说明孩子可能有脑震荡，还是要就医。头部受伤后的24小时要仔细观察孩子。

禁忌：在头疼、头晕完全消失前不能参加任何体育比赛，轻微活动是可以的。

擦伤或小切口　如果有出血，需要用干净纸巾或纱布按压伤口10分钟，直到不出血了即可。如果还是出血，要马上就医。

如果是个很小的切口或擦伤，经按压不出血后，需要用肥皂和流动的水冲洗干净，擦上抗生素药膏，贴上创可贴。注意每天更换创可贴。如果有切口，需要询问一下医院是否该打破伤风针。

禁忌：不要用太多、太厚的抗生素药膏，薄薄涂一层即可，伤口不要用酒精清洗。

给孩子包扎

外伤引起的流鼻血　如果孩子看起来脸色苍白或出汗，要马上送医院，同时让孩子低下头（不是仰头），按压出血的一侧鼻孔至少10到15分钟。外伤引起的流鼻血最好去看一下医生，看看有没有鼻腔内损伤。

禁忌：不要仰头，这样孩子会吞咽很多血；也不要在鼻孔里塞纸或纱布，因为把纸或纱布拿出来时可能会刺激伤口，从而再次引起出血。

烫伤　如果为小面积（不超过手掌大小）烫伤，用凉水冲洗烫伤处，冲洗几分钟后轻轻蘸干。大面积的烫伤需要马上去医院。

可用冰袋冷敷烫伤处，如果烫伤处出现水泡或疼痛感严重，需要马上就医。

禁忌：不要在烫伤处涂抹香油、凡士林，这些会使烫伤更糟糕或导致感染。

手指头被挤伤　孩子的手指被门挤伤是时常发生的，挤伤后如有手指变形、指甲翘起来或指甲下看似有出血，需要马上就医。如果没有以上情况，可以用冰缓解肿胀。在接下来的24小时，如有撕裂性疼痛、肿胀加剧或发烧等，需要就医。

禁忌：不要试图把变形的手指恢复原状，避免自行处置发生的二次伤害，让医生来负责治疗。

| 常见行为问题 |

安全感

　　对他人的依恋是孩子有安全感的基础。依恋会使孩子觉得安全，依恋是婴儿早期发育的关键，它决定着孩子以后对社会的适应能力。对亲人的依恋会帮助他 / 她应对压力及更好地解决问题，也帮助他 / 她成为一个好奇、自信及合作的人。他 / 她也会更好地管理自己的冲动、行为及情绪。建立亲子依恋可以简单地总结为"触摸、对话、阅读及玩耍"。如何具体实施呢？

　　参与　亲子依恋的产生大部分取决于家长怎么做。对幼儿来说，家长的出现、互动及积极参与婴儿的生活是特别重要的。家长抱孩子、给他 / 她读书、对他 / 她笑、给他 / 她唱歌等，会使孩子觉得你是他 / 她生命中最重要的人，他 / 她期盼着你的出现，你使他 / 她有安全感。

　　敏感　在婴幼儿期的孩子需要你给予温暖及回应。家长要对孩子的哭声很敏感，让孩子知道可以信任你，可以依靠你。这对孩子的发育很重要。

　　回应　养育一个婴幼儿对家长来说很辛苦，但合理地回应孩子的要求对他 / 她的发育至关重要。当家长很累的时候也要尽力去以积极及鼓励的态度对待孩子。你的回应，孩子都看在眼里，家长妥善管理自己的情绪会给孩子树立榜样。

　　感染力　经常对孩子微笑、抱抱孩子、与孩子说话等都很重要，要让孩子感觉到你对他 / 她由衷的爱。只有孩子产生了对亲人的依恋感及安全感，他 / 她才会对周遭的事情有好奇心，才有勇气去探索世界。

　　满足孩子的需求不意味着满足孩子的不合理需求，比如，孩子要糖吃或用哭声来要挟大人就不能满足。如何判断什么是孩子的合理需求取决于每个家庭的价值观。

吃饭看电子产品、玩玩具或乱扔食物

　　很多孩子吃饭时不好好吃，家长就会用玩玩具或看电子产品来哄孩子吃饭。这都是些不良习惯。

　　孩子不爱吃饭时要想一想是孩子不饿还是做的东西孩子不爱吃，如吃饭前刚给孩子吃过零食或孩子知道饭后有很多零食，都会影响孩子的食欲。家长应该注意吃饭前的一两个小时内不要给孩子零食及水果吃，甜的东西会让孩子没有饥饿感。孩子如果不好好吃饭，饭后也不应该给零食，除了水之外，不要给任何食物。家长也需要让孩子知道，自己要为自己的决定负责任，不吃饭的结果就得忍受饥饿。用吃饭时可以看

电子产品、玩玩具或吃完了有好吃的等方法来贿赂孩子是绝对不可取的行为。孩子吃饭时应该坐在餐椅里，自己吃。当孩子四处扔食物时就证明他 / 她已经吃饱了，这一餐可以结束了。不要劝孩子把所有东西都吃干净。

在餐椅上站起来也是不允许的，坐餐椅里时要系上安全带。一边吃饭一边叫喊不仅是坏习惯，也不安全，叫喊时可能会误吸食物，要及时制止这种行为。

发脾气

每个人都有失去自我控制的时候。婴幼儿期常见的大发脾气的年龄为 1 ~ 3 岁。

家长需要知道他 / 她发脾气是不是针对你，发脾气是孩子唯一的可以表达挫败感的方法。

如何避免孩子大发脾气？　给好的行为足够的关注，给不良行为以漠视，如孩子乱扔东西时不要予以关注，这表示你很生气，不关注就不会鼓励这种行为。

让孩子在小事情上自己做决定，如问孩子"你要苹果，还是香蕉"，但如果问"你是否想刷牙"就不合适，因为你知道答案肯定是"不"。

要避免问题的发生而不是出了问题后再去解决，如不让孩子吃巧克力就不要买巧克力回家。

当你看到他 / 她有发脾气的前兆了，就要赶快分散他 / 她的注意力或去帮助他 / 她。

教给他 / 她新的技能，当他 / 她学会时及时赞扬，对好的行为要及时鼓励。表扬时一定要指特定行为，如"你能把玩具捡起来太棒了"，而不是说"做得好"，因为这样说孩子可能并不知道你在赞扬他 / 她的哪个行为。赞扬行为会使孩子不断地重复这种行为。

当孩子提出要求时，要辨别是否合理，不合理的不予满足。

知道自己孩子的能力及极限，如当孩子累了的时候就不要带他 / 她出去，如果去的话极容易因一点小事而大发脾气。

在孩子发脾气时如何处理？　家长此时一定要镇静，如果你也跟孩子发脾气只能使情况更糟糕。孩子发脾气已经是失控的状态，如果你也失控会让孩子更加无法安静。

如果这时候对孩子叫喊或打他 / 她，他 / 她就会知道愤怒时是可以攻击别人的。

对待不同原因的发脾气有不同的应对办法，如果孩子是因为累了就让孩子去睡一会儿；如果是因为你拒绝了他 / 她，你也不需要解释太多，可以引导他 / 她做别的活动，如果无效，就把他 / 她放在一个安全的地方哭一会儿；当在公共场所或不安全的地方发脾气时，要把孩子抱住，限制他 / 她的活动直到安静下来。

如果在家里发生，可以让孩子坐在餐椅里 1 分钟，直到安静下来才可以出来。

一定不能满足不合理的要求，否则他 / 她每次都会用这个手段要挟大人。

应对方法　表扬、鼓励他 / 她；表达你对孩子的爱，给他 / 她一个拥抱；让孩子有充足的睡眠。

什么时候需要看医生?　发脾气越来越频繁及剧烈；孩子在发脾气时伤害自己，如撞头或拍打自己的脑袋。

被大孩子欺负　这个年龄的孩子在不断地扩大自己的社交圈，在家里或外面玩儿的时候难免有哥哥姐姐或其他大孩子欺负他 / 她。当孩子手里的玩具被抢了或被推倒时家长应该如何应对呢?

- 首先，在和其他年龄相仿的孩子一起玩儿的时候，家长一定要紧密监督着。
- 其次，如果预感孩子们要起冲突，把孩子马上抱走。
- 最后，如果是突发的推人、打人或咬人事件，要先检查是否有孩子受伤。对受伤者要表示关心和同情，不要急着找对方家长说理。如果没有大的伤情，且自己的孩子是攻击者，要带孩子给对方道歉，教给孩子对受伤的孩子予以同情。如果自己的孩子是受害者，也要表达同情和安慰。要和对方家长好好说，以免类似事情再次发生。要避免和对方家长吵闹或打架，会给孩子做非常不好的榜样。如果玩具被抢了，不要让孩子再把它抢回来，告诉孩子"给他 / 她玩一会儿，没关系的，我们走之前把它要回来"。完全没有必要睚眦必报。孩子如何处事都是家长的翻版。

以自我为中心，不愿意分享玩具

我们常看到这个年龄的孩子不愿意和他人分享自己的玩具，但看到别的孩子有玩具就想要过来。这些都正常吗?

很多婴幼儿都不想把自己的东西分享给别人，尤其是陌生人。随着孩子长大，慢慢就会有分享的精神。我们家长从小就不厌其烦地教导孩子要懂得分享，但很多时候我们都会看到那双不情愿的眼睛仿佛在说:"为什么我要分享啊?"研究表明，孩子不愿意分享是他 / 她在生活中并没有看到大人分享，试想一下我们会和别人分享手机吗? 令人感到欣慰的是，孩子长大后会慢慢懂得分享所带来的快乐。

家长在鼓励孩子分享时千万不要强迫孩子，也许他 / 她有不愿分享的理由。现在国际上有一股潮流，叫"Why share?（为什么要分享）"，虽然不全对，但这给家长提了个醒，我们要考虑孩子的感受，不要强迫孩子。

以下是孩子违背家长意愿不想分享的常见理由:

● 有些东西对自己来说很特别，不能分享。比如，某个特别的玩具是从出生就陪伴在自己身边的，他／她就是不能看到别的孩子摆弄它。家长在此时一定不要强迫孩子分享。

● 年龄小的孩子对"分享"真的理解不了。尤其是3岁以下的孩子，但随着孩子长大及家长的言传身教，他／她会慢慢学会分享的。

● 分享与否是孩子的基本权利及自由。虽然我们教育孩子要分享，但孩子有权做最终决定，大人绝不可以强迫孩子。当我们尊重孩子的决定时，就无形中促进了孩子独立思考的能力，这对他／她把握自己的人生很重要。

● 孩子对自己的物件有拥有权。我们常教育孩子要看管好自己的物品，他／她有权处置这些物品。我们只能建议，不能强迫。

● 孩子观察到的真实世界不是这样的。孩子在日常生活中会看到家长不会把别人想要的东西随便送人，如我们的车和房子，因为它们太贵重。那一个小小的玩具对孩子来说也是同等贵重，为什么要给别人玩？

● 告诉孩子世界上的东西不可能全是自己的。我们也要反过来教给孩子不要去索要别人的"宝贝"。家长以身作则是最好的教育方式。

安全常识

不要爬窗台

这个年龄的孩子最喜欢登梯爬高，对窗台很向往。虽然他／她有能力踩着桌子和椅子往上爬，但他／她并不知道可能发生的危险，如坠楼。有孩子的家庭一定要注意窗户要严格地锁上，一层纱窗并不能保障孩子的安全。如果是能开启的窗户要在外面安装防护栏杆。

家长要反复对孩子强调不许上窗台，看到孩子企图上去就要及时阻止。也不要让孩子养成从窗台往楼下看的习惯。窗台前面决不能放置椅子和桌子，不能给孩子爬窗台的机会。窗台上不要放置吸引孩子的玩具。

药品及清洁剂的保管

这个年龄的孩子对瓶子里装着什么特别感兴趣，他／她也有能力去开启简单的瓶子了。孩子一旦把瓶子打开，会本能地尝尝里面的东西。试想一下，如果里面是老人的降压药，孩子吃了会有生命危险；如果是碱性很强的洗涤剂，孩子喝了会烧坏食道。

所以孩子一旦会爬了，尤其是会开瓶子了，就要严格地把所有药物、洗涤剂及杀虫剂锁起来，不给孩子接触的机会。

如果发生误服，要立即就医。

|常见疾病及治疗方法|

流感

什么是流感？　流感是由流感病毒感染引起的疾病。流感病毒分为 A、B、C 型，即甲、乙、丙型。

流感是如何传染的，潜伏期多久？　流感的季节性较强，感染季节为每年秋冬季。传播途径均为飞沫及接触性传播，如咳嗽、打喷嚏、交谈及直接接触到病人的分泌物。潜伏期为 1～4 天，也就是说在你接触到流感病人后的 1～4 天内会出现症状。传染期为出现症状前 1 天至出现症状后的第 7～10 天。

流感传染性什么时候最强？　在出现症状的前 1 天，出现症状的第 3～7 天。

如何判断是否得了流感，症状会持续多久？　流感的诊断需要做咽拭子检查流感病毒。典型的症状有：发烧、咳嗽、喉咙痛、流鼻涕、肌肉酸痛、疲劳、头疼、呕吐及腹泻等。一般症状持续 2～7 天，孩子会更长一点。

流感是否需要用抗生素，是否可以自愈？　流感对健康人来说为自愈性疾病，但对 65 岁以上的老人、2 岁以下的婴幼儿及有慢性病的人群还是不能轻视的。少部分流感可能会引发肺炎、脑炎或心肌炎等严重并发症，有的可威胁生命。2 岁以下儿童、高危儿童（患先天性疾病、慢性疾病及免疫缺陷患者等）要考虑用抗流感病毒药物，最好在出现症状后 48 小时内服用。

何时需要就医？

● 所有 2 岁以下的孩子有高烧、流鼻涕、咳嗽、嗓子痛及肌肉酸痛的症状，需要去医院检查是否是流感；

● 咳嗽越来越厉害，并伴喘息及胸痛的症状需及时就医；

● 每 24 小时尿量不足 3～4 次需及时就医；

● 有慢性疾病，如心脏病、哮喘或有先天性缺陷的孩子更易引发严重的合并症，如肺炎、脑炎，甚至死亡，此类人群在出现流感症状时要及时就医；

● 健康人群在症状越来越重时也要及时就医。

血常规检查白细胞能诊断流感吗？　血常规对判断是否流感意义不大，还是要以咽拭子为准。

流感引发发烧的处理办法

● 6 个月以上的婴幼儿如果出现高烧的情况，可以服用美林，每 6 小时用 1 次，两次美林期间如果再发烧可物理降温。

● 6 个月以下只服用泰诺林，交叉服用药物容易造成用药过量，要特别小心地记录，时间间隔及剂量都不要出错。

● 切记不要给 18 岁以下的孩子服用阿司匹林类药物。

流感引发的咳嗽、流鼻涕需要用药吗？　当出现流鼻涕咳嗽时，最好只用海盐水多次冲洗鼻腔，4 岁以下不要用感冒化痰药（美国儿科协会与世界卫生组织共同建议 4 岁以下宝宝避免用以上药物）。

感冒并伴有腹泻　感冒伴有的腹泻不需要担心，腹泻次数多时可以服用些口服补盐液。

接种流感疫苗是否有用？　流感疫苗是预防流感的最好方式，它适用于 6 个月以上人群，尤其是幼儿园、小学及以上提及的高危人群。建议注射时间为每年 9、10 月份。通常注射疫苗后的两周左右人体会产生抗体，并开始对人体有一定的保护作用。流感疫苗可以预防部分流感及减轻流感症状。

如何防止交叉感染？

● 避免去人多、人流密集的地方；

● 外出时尽量佩戴口罩；

● 如接触患者，一定要勤洗手、漱口；

● 外出回家后，一定要洗手、洗脸、漱口，更换干净的衣服，最好是洗个澡；

● 要及时补充水分；

● 要保证充足的休息。

流感期间的个人卫生很重要

● 勤洗手，在洗手前不要触摸口鼻处；

● 咳嗽及打喷嚏时掩盖住口鼻，如碰触到鼻涕要及时洗手；

● 擦完鼻涕的纸要及时扔到垃圾桶内；

● 有流感症状时要戴上口罩以免感染他人；

● 注意室内通风；

● 流行季节要尽量避免去室内公共场所；

● 注意休息及均衡饮食。

微量元素缺乏

医学定义的人体需要的微量元素为锌、硒、碘、铜、铬、镁、氟及钼。我国常做的微量元素检查包括铁、铜、铅、钙、镁及锌。微量元素在人体内含量虽然极微小，但具有强大的生物学作用。微量元素的来源主要为食物和水。

需要定期带孩子常规查微量元素吗？　首先看看微量元素缺乏的发生率。在所有微量元素中最为常见的是铁缺乏，在1～5岁的孩子中发病率为7.1%，铁缺乏引起的缺铁性贫血的发病率为1.1%。其他微量元素的缺乏均小于1%。当一种疾病发病率这么低时是不需要大规模筛查的。缺铁性贫血的筛查一般建议在9个月左右做。很多微量元素存在于身体各组织中，所以查头发或全血都不是最理想的查微量元素的方法。

预防微量元素缺乏的方法

● 锌的摄取与蛋白质的摄取直接有关，富含锌的食物有动物的肉、海鲜、牛奶及加锌的麦片等。

● 铜的摄取主要来源于蔬菜、谷类食物、植物蛋白、20%来源于动物蛋白，尤其是动物内脏。

● 钙的摄取主要依靠奶制品，学龄前儿童每日需要500～600毫升，青春前期每日需要700毫升左右，青春期需要每日800～1000毫升。2岁以上孩子建议饮用低脂或脱脂奶。

● 富含镁的食物为绿叶菜，如菠菜，其他还有豆类食品、坚果、果仁及带壳谷类等。

● 富含铁的食物为红肉、深色猪肉、三文鱼、沙丁鱼、蛋黄、绿叶菜、干的豆类食品、水果干、葡萄干、全麦面包等。

● 铅不需要特意地去摄入，只要饮食平衡即可。

所以，没有特别症状一般不需要常规做微量元素筛查，但婴儿需要在9个月左右做缺铁性贫血的筛查。

儿童过敏性疾病的早期预防

近年我国儿童过敏性疾病在成倍地增长，增长的原因不是单一的，与遗传、环境、食物及诊断水平的提高都有关系。

婴幼儿及儿童过敏性疾病最常见的有湿疹、过敏性鼻炎及哮喘。我们常说过敏有三部曲，最先看到的是婴儿的湿疹，然后是幼儿及儿童期的过敏性鼻炎，极少数孩子还会有哮喘。过敏性疾病不是绝对按照这个顺序，有的孩子哮喘发作得很早。

过敏的原理　我们的身体会对外来物做出反应以保护自己不受侵害。外来物可分为活性的及非活性的。活性的包括细菌、病毒（真菌）等；非活性的包括花粉、食物、尘螨及各种刺激物，如烟草，这些物质我们叫"过敏原"。

我们对付非活性的外来侵犯的过程就是过敏反应，过敏反应对正常人来说是不会引起明显症状的，但对"太敏感"的人就会反应过度，从而引起湿疹、鼻炎或哮喘。

常见的过敏原 过敏原可以是吸入的，如烟草；吃进去的，如鸡蛋；注射进去的，如蚊虫叮咬；或直接接触的，如皮肤的过敏反应。

- 花粉：可来自树、草及杂草；
- 霉菌：存在于室内及室外；
- 动物毛发：猫、狗、马及其他动物；
- 尘螨：它们生活在床上、地毯及毛绒玩具里；
- 食物：牛奶、鸡蛋、坚果及带壳的海鲜等；
- 毒液：蚊虫及其他动物的叮咬。

家长如何帮助孩子做些早期的预防工作呢？ 遗传是无法改变的，父母有过敏性疾病会使孩子得过敏性疾病的概率大大增加。但并不代表我们什么都做不了，试试以下措施：

- 关紧窗户：在花粉季节尽量少开窗，尤其是干燥的大风天气。孩子出门尽量戴口罩。
- 勤清理鼻腔：花粉季节，孩子在外面玩耍后回到家要用海盐水清理鼻腔，因为鼻腔附着了大量的过敏原。
- 保持家里干燥：湿度太高有利于霉菌及尘螨的生长。
- 不要在家里养带毛的宠物及散发气味的植物。
- 坚决避免已知的过敏原：如知道孩子对鸡蛋过敏，要严格避免食用鸡蛋，另外还有蛋糕、饼干、冰激凌等任何含鸡蛋的食物。千万不要以为"少吃点没关系"。
- 避免烟草的接触：包括一手烟、二手烟，尤其是三手烟。不当孩子面抽烟，也尽量减少孩子对烟草的接触。
- 没有足够的证据证明益生菌可以预防及治疗过敏性疾病。
- 不延迟给婴儿高致敏的食物，近年的研究证明早给婴儿吃这些食物可预防过敏。

窒息

窒息随时都可能发生，一个脱落的纽扣、姐姐玩的串珠、一个葡萄等，都可以导致窒息。发生意外时孩子会表现为喘不上气，甚至面部青紫。尽快实施急救是唯一的办法，在实施急救的同时要拨打120。

对1岁以上孩子的有效施救步骤如下

第一步：腹部冲击。

如果孩子还有意识，家长可以站在孩子身后，用你的胳膊围着他／她的腰。将一只手握成拳头，用拇指抵住孩子腹部中线位置，稍微在肚脐以上，胸骨以下；另一只手抓住这只拳头，急速用力向里向上按压；反复实施，直至孩子将阻塞物吐出为止。小心拳头不要碰到孩子胸骨的末端或肋骨，以免造成不必要的伤害。如图1所示。

图1　第一步：腹部冲击

第二步：按压胸部。

如果宝宝在实施第一步后还没有将异物吐出，这时家长要做的是把他／她转过来，身子搭在你大腿上或使患儿平卧，面朝上，躺在坚硬的地面或桌子上，抢救者跪下或立于其足侧，在宝宝胸腔快速而有力地按压5次。

对于1岁以上的孩子：也可以用一只手掌根部放在肚脐和肋骨之间的中间线上，另一只手叠在这只手上面，连续、快速地按压5次。如图2所示。

重复以上步骤（第一步及第二步）。

第三步：抬高下巴和舌头，寻找口腔内异物。

如果宝宝还不能呼吸，检查一下是否有可见的异物。

图2　第二步：按压胸部

用拇指和食指捏住宝宝舌头和下巴，抬起下巴，打开嘴，查看宝宝喉咙的后部。这样可能会让舌头离开喉咙后部，使异物松开。如果你看到了异物，用一根手指绕着异物周围将其扫出来。如果看不到异物，千万不要盲目乱抠，以防异物堵得更深。如图3所示。

第四步：如孩子还是没有自主呼吸及心跳，则需进入心肺复苏（CPR）程序。

如何预防窒息？

● 不要给孩子坚硬的及表面光滑的食物，如花生或生的蔬菜，孩子直到 4 岁时才会"切碎"食物，在此之前常常是把食物整个吞下去；

● 不要给孩子坚硬的及圆的食物，如胡萝卜块，实物边长一定要小于 1.3 厘米；

● 吃饭时大人要监督，不可以边玩儿边吃；

● 口香糖不安全，不要给孩子；

● 远离有小部件的玩具，远离未充气的气球、爽身粉、别针、硬币、弹球、笔帽、吸铁石、纽扣电池；

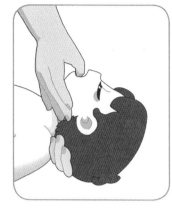

图 3　第三步：抬高下巴和舌头，寻找口腔内异物

● 远离坚硬的糖果、葡萄、维生素片、爆米花等。

所有有婴幼儿的家庭，家长都应该学习急救知识，关键时刻会用得上。

手足口病

手足口病为夏季常见病，全球都可见。

最常见的引起手足口病或疱疹性咽峡炎的病毒为柯萨奇 A16 型及肠病毒 71 型（EV71），还有其他几十种病毒也可引起该病。手足口病或疱疹性咽峡炎为病毒感染，因为引起该病的病毒有很多种，所以孩子可以在同一季节内反复得手足口病或疱疹性咽峡炎。传染途径为直接接触患者或被污染的物品。传染期为发病前 1 ~ 2 天至发病后 7 天左右。潜伏期为 3 ~ 10 天。

症状　发烧，严重的咽痛、咽部疱疹、皮疹。皮疹可以是小红包或水泡，可全身都有，尤其在手心及脚底。皮疹不痒不痛。整个病程一般为 7 ~ 10 天。只有口腔的表现为"疱疹性咽峡炎"。EV71 病毒可引起严重型的手足口病，如肺炎及脑炎等合并症。10 岁以下的孩子为易感人群。

治疗　退烧及鼓励摄入液体。没有特效药，手足口病可自愈，不要用抗生素治疗该病。

疫苗　EV71 疫苗只是针对众多引起手足口病的病毒中的一种。预防还是要靠勤洗手及避免接触患者。

牙菌斑及牙垢

牙菌斑是一种非常黏稠，无色到淡黄色的生物膜沉积。当唾液、食物和液体结合在一起时，它们会产生细菌沉积，细菌沉积在牙齿和牙龈连接的地方，即牙齿根部。牙菌斑中含有细菌，这些细菌产生的酸会攻击牙釉质及损害牙龈。如果不加以治疗，这种损害可能成为永久性的。牙菌斑含有数以百万计的细菌，它们靠你每天吃的食物和饮料生存。如果不定期刷牙和用牙线清洁牙齿，就会导致蛀牙、牙龈疾病和牙垢的堆积。

随着时间的推移，牙菌斑会导致牙垢的形成。在牙菌斑形成时，如果不定期清除，唾液中的矿物质会沉积到牙菌斑的生物膜中，导致它在24～72小时内变硬，变成牙垢。你可以自己去除牙菌斑，去除牙垢则需要牙科医生的帮助。

牙垢 也被称为牙石，是一种黄色或棕色的沉积物，当牙菌斑硬化时形成。由于牙垢堆积在牙齿上与牙釉质紧密相连，所以只有牙科医生才能将牙垢清除。戴牙套、口干、牙齿太密、吸烟和衰老等，都是牙垢形成的高危因素。

怎么才能知道自己是否有牙菌斑？ 牙菌斑早期可能是浅黄色或无色的，因此很难看到。家长每6个月要带孩子去看牙科医生并做一次检查，医生可以用牙科镜来发现牙菌斑，然后用牙科刮刀刮掉牙间的牙菌斑。

足趾行走

如果孩子孕期及出生过程都正常，生长发育也正常，那在这个阶段用脚尖走路便是正常的。一般到3岁就可以不用脚尖走路了。

足趾行走的原因

● 不明原因：这类孩子占踮脚尖走路孩子的大多数。这种现象是正常的，是发育过程中的一个阶段，发生率为5%～12%。

● 神经系统或肌肉问题：如脑瘫或肌肉萎缩症。脑瘫的孩子小腿后部肌肉很紧，拉着脚后跟不得着地，所以会踮脚尖走路。

● 骨骼问题：如足内翻或跟骨骺骨软骨病。

● 行为问题：如自闭症或发育迟缓等。

治疗方法 不明原因的踮脚尖走路是能自愈的，不需要太担心。如果为病理性的，治疗包括保守治疗及手术治疗。

- 保守治疗：时常提醒孩子要把脚放平走路；牵拉小腿后部肌肉；穿厚重些的鞋子；戴着支具固定脚踝或整个小腿等。医生可能会建议整个腿打石膏，给小腿肌肉注射肉毒素使其放松等。

- 手术治疗：用手术的方法延长跟腱，脑瘫病人多需要此手术。

一般不明原因的足趾行走可选择保守方法，行为问题还是要找专业医生治疗基础病，骨骼问题及神经肌肉问题需要更激进的治疗，如手术。

自闭症

"自闭症"是一种发育障碍，已经改名为"自闭症谱系障碍"，可引起严重的社交、交流及行为障碍。有的患者外表和正常孩子并没有区别，但交流、与人打交道、行为及学习能力和正常人明显不同，认知、思考及解决问题的能力可能会从超级聪明到完全无能力不等。有些孩子需要家长永久地贴身看护，有的则有很好的自理能力。

自闭症现在越来越为大众所熟知，因为我们周围的自闭症患者越来越多。自闭症的孩子给整个家庭带来了精神上及经济上的双重困扰和负担，最困扰家长的是为什么孩子会得这种病及如何帮助孩子。

自闭症谱系障碍的发病率　自闭症在美国的发病率为1.4%，男孩子为女孩子的4.5倍，亚洲的发病率为1% ~ 2%。

自闭症谱系障碍高危因素及特点　同卵双胞胎中一个发病，另一个的发病率为36% ~ 95%；家里一个孩子患病，另一个孩子的发病率为2% ~ 18%。

- 10%的患自闭症谱系障碍的孩子有遗传性疾病；

- 智障与自闭症谱系障碍有关（不到一半的患者有正常的智力）；

- 父母高龄；

- 早产儿及低体重儿更高发；

- 自闭症谱系障碍易与其他发育障碍共存。

症状

- 不会用手示意他 / 她感兴趣的物品；

- 不看别人示意让他 / 她看的物品；

- 对别人不感兴趣，不会和别人打交道；

- 避免对视，只喜欢自己待着；

- 不理解别人的情感或表达自己的情感；

- 不喜欢被拥抱或亲近，或只在自己想的时候才拥抱；
- 当别人对他／她说话时没反应，但对某些声音有反应；
- 当对某些人有兴趣时不知道如何对话、玩耍或建立关系；
- 只会重复别人的单字或词组，不会说一整句话；
- 不会用正常的语言或动作来表达自己；
- 不会玩假想的游戏，如"过家家"等；
- 重复同一个动作；
- 无法适应任何生活中常规的改变；
- 对味道、气味、外表、声音有不同于常人的反应；
- 失去已经学会的技能，如说话。

诊断　诊断自闭症谱系障碍不是很容易的，因为没有一种血液的化验可以诊断自闭症，医生通常依靠孩子的行为及发育评估来做诊断。

筛查的工具有 M-CHAT 及 STAT，前者用于 18～24 个月月龄孩子的筛查，后者用于 24～36 个月月龄孩子的筛查。美国儿科学会要求所有儿科医生在孩子 18 及 24 个月时进行常规自闭症筛查，有疑似症状的需去专科做进一步诊断。发育评估要在每次健康体检时做。早诊断早治疗自闭症是决定孩子预后的关键。这些筛查工具及使用说明可以在网上找到中文版。

治疗　到目前为止没有人能治愈自闭症，但及早干预可以促进孩子的发育。早干预包括教孩子说话、行动及与他人打交道。当家长怀疑孩子有发育障碍或自闭症时要及时就医。治疗自闭症谱系障碍的方法分为以下几类：

- 行为及交流训练；
- 饮食；
- 药物；
- 替代医学（另类医学）。

行为及交流训练：

- 应用行为分析（ABA）：ABA 是目前被广泛接受的治疗方式。它的原则为鼓励正面行为及不鼓励负面行为，以达到训练患者掌握更多技能的目的。
- TEAACH：着重于教给孩子不同的技能，如用卡片教孩子一步一步地穿衣服。
- 作业疗法（OT）：它教给孩子独立生活的能力。
- 感觉统合治疗：它帮助孩子和感觉打交道，如声音、气味及光。它教孩子如何应付不喜欢的声音及触摸不喜欢的东西。

- 语言治疗：它可以帮助孩子改善语言交流能力，或用动作及图画来与人交流。
- 图画交换交流系统（PECS）：它教给孩子如何用图来回答问题及交流。

语言发育障碍

18个月大的孩子应该至少会说10个单字，很多家长不把语言发育当回事，认为"不就是说话晚一些吗"。但语言发育迟缓可能会影响孩子以后的交流水平，影响交友，以及以后在工作中的发展。

我们先了解一下语言发育的进程：孩子从出生就拥有语言能力，比如，孩子用哭声表达自己的需求然后逐渐地开始牙牙学语，然后发"妈妈，哒哒"等音。

1岁时孩子的语言水平

- 循着声音去找声音发自哪里；
- 听到自己名字有反应；
- 挥手示意"再见"；
- 顺着大人指的方向看；
- 说话时声音抑扬顿挫，虽然我们听不懂；
- 注意听大人说话；
- 说"妈妈""爸爸"等词；
- 用手指着某个东西的同时还发出声音。

1～2岁孩子的语言能力

- 理解大人发出的简单指令；
- 遵从指令，如从某个地方拿某个物品过来；
- 命名某物品，如汽车；
- 去注意你让他／她看的东西；
- 每周都学会一个新词。

很多孩子的语言发育迟缓是和其他问题关联在一起的，如伴有以下问题则需要尽早就医

- 不跟家人拥抱，不爱和人亲近；
- 不回应你的微笑；
- 对你熟视无睹；
- 好像听不到很大的噪声；
- 好像生活在自己的世界里；

- 爱和自己玩；
- 不喜欢玩儿玩具，但对家用物品很感兴趣；
- 对一些别的孩子没兴趣的物品很感兴趣，如手电筒；
- 能机械性地重复单字，但无法正确应用这些字或词；
- 好像没有害怕的感觉；
- 没有疼痛的感觉。

语言发育迟缓对孩子的影响　语言发育迟缓为最常见的发育迟缓，发病率超过20%。语言发育迟缓分为接受性语言发育迟缓和表达性语言发育迟缓，或两者兼具。常见的是表达性语言迟缓，如果接受性语言迟缓或两者兼具则为更严重的问题，如先天性某综合征等。语言发育迟缓可能会导致行为异常，因为孩子在无法表达自己时往往控制不住自己的情绪。单一的语言发育迟缓可能是短暂的，有的能自我缓解，有的需要短期的语言治疗。家长很多时候可以承担语言治疗师的角色。跟孩子多讲话，辅助以动作及表情。和孩子一起做游戏，大声朗读。如果经过家长的训练还没有进步，则要考虑寻求专业的语言治疗师的帮助。有些语言发育迟缓和听力有关，所以要注意检查一下孩子的听力。有些是自闭症的一部分，所以有以上警示症状时要及时就医，看看孩子是否患了自闭症。

｜疫苗接种｜

按照国家 2021 年版免疫规划疫苗儿童免疫程序表，满 18 个月要接种第四剂百白破疫苗，第二剂麻疹、风疹、流行性腮腺炎疫苗，第一剂甲型肝炎（减毒活疫苗或灭活疫苗）疫苗。如果选择二类疫苗，在孩子满 18 个月时除了建议接种一类疫苗里的麻疹、风疹、流行性腮腺炎疫苗及甲型肝炎疫苗，还建议接种五联疫苗（百白破–脊髓灰质炎–b 型流感嗜血杆菌）及水痘疫苗。

｜护苗＊成长｜

如何预防龋齿？

- 婴儿在出第一颗牙后就要用牙刷（不是指套牙刷）及含氟的牙膏刷牙；
- 饭后、喝完奶或饮料后要用清水漱口，晚上喝完最后一次奶后刷牙才能入睡，早上也要刷完牙后才能喝奶吃饭；

- 出牙后要断夜奶；

- 要给孩子用牙线；

- 少吃含糖的食物；

- 出牙后要每半年看一次牙医。

家长常见问题

孩子一到冬天就全身痒，不停地抓，也没有皮疹，怎么办？

这很有可能是湿疹。跟天气干燥、皮肤接触刺激物等有关系。注意要多次擦润肤霜，每天擦 3～5 次及以上。也要注意少洗澡，尽量别用太热的水洗澡。如有红肿处，可短期用几天激素类药膏治疗。如果有大片的"风团"，则要及时就医。

大便发绿是正常的吗？

孩子大便有时候会发绿，如没有腹泻或特别臭，没有伴随发烧及呕吐，则不用担心。观察几天可能也就过去了。

"婴儿水"有什么特别的地方吗？

"婴儿水"也是水，没有特别之处。孩子的饮用水要烧开后再饮用。

这个年龄可以训练如厕了吗？

还有些早。孩子在生理上大概从 18 个月开始知道憋尿的感觉。太早训练孩子只能让孩子有焦虑感。不要着急，孩子自然而然地就会上厕所了。

这个月龄的孩子的发育特点是什么？

孩子会说 10 个单字左右；独立行走，发育较早的孩子已经开始跑了；能手脚并用地爬楼梯；摞两三块积木；能用语言表达爱；听得懂大人的两步指令。

孩子每天需要摄入的肉量是多少？

孩子需要大量的蛋白质长身体，蛋白质摄入应该占每日总食量的20%～30%。蛋白质包括肉类、水产品、豆类食物及鸡蛋等。

孩子发音不准，正常吗？

这很正常，随着孩子发育成熟自然会越来越清晰。

孩子能看电视吗？

没有任何科学证据说孩子自己能不能看电视，一般建议等孩子 18 个月以后可以看，因为理解力及接受力都提高了。但每次的时间不要太长，10～15 分钟为宜。家长要带着孩子多活动，不要老坐在电视前面。

孩子老爱吃手指，手指会不会变形？

吃手指是孩子安慰自己的方式，老吃一个手指会使局部皮肤变厚，并不是关节变形了。等孩子长大后不吃手了，皮肤会慢慢恢复正常的。

孩子只会说"爸爸"和"妈妈"，要什么物品都习惯用手指，怎么办?

家长要不断地给孩子重复他/她想要的物品的名称，然后再递给他/她，不要一指你就给。还要给孩子大声朗读故事，一个好的语言环境也有利于语言发育。当然有些孩子晚说话和遗传有关的。

孩子可以不午睡吗?

有些孩子主要的睡眠时间是在夜里，只要能睡 12 个小时左右就没问题。白天睡不睡无所谓的。

给孩子做饼干时可以加黄油吗?

可以。但要注意不给有反式脂肪酸的黄油（人造黄油），还要注意不要用加盐的黄油。

孩子边吃饭边看手机，否则就不好好吃饭，怎么办?

这是个恶习，一定要纠正。边吃边看会让孩子对食物的味道不敏感，也分不清饱和饥饿的感觉。吃饭时需要集中所有精力在食物上，这才对消化和吸收有好处。家长要在吃饭时坚决把电子产品及玩具拿走，孩子可能会有几天不适应，但只要习惯了就会逐渐接受了。

软疣是什么引起的?

软疣是病毒感染，为接触传染。如接触了患者用过的毛巾、床上用品或游泳池等。如果抠破了皮疹也会造成局部传播。软疣表现为水泡样皮疹，中心有个凹陷，虽无疼痛感，但有时有轻微痒感。治疗方法是刮开皮疹用碘酒杀死病毒，此种治疗非常疼。预防上要注意不要与他人共用毛巾、床单、枕头等。

孩子这么小会得脚气吗?

有可能。脚气又叫脚癣，为脚趾缝间红肿及脱皮，是真菌感染引起的。传染途径是直接接触真菌而感染，如共用被真菌污染的毛巾、鞋、脚盆或床单等。治疗要局部用抗真菌药。预防要注意避免接触真菌，如家里人有脚气要避免光着脚在孩子玩的垫子上行走，别让孩子穿大人的鞋，毛巾完全分开使用等。

孩子脚上也会长茧子吗?

有可能。如果鞋的材质过硬，就容易使孩子脚上长茧子，所以一定要选材料软的，否则会摩擦使皮肤增厚，穿起来很不舒服。孩子的鞋是最值得投资的，要买质量好的。

孩子都 1 岁半了还在流口水，是出牙引起的吗?

乳牙一般在 2 岁半左右出齐，在这期间都可能流口水，需要耐心一些。

孩子的前囟门还没闭合，正常吗？

如果头围一贯是按曲线的同一百分位长的，没有突然的变化，就不需要担心囟门的问题。尤其是头比较大的孩子囟门可能会晚些闭合，吃高剂量的维生素 D 或钙也帮助不大。如果有极端的先天性代谢疾病或其他骨骼异常要及时就医。

孩子下眼睑发青是怎么回事？

很多人下眼睑发青都和过敏有关，具体原理不是很清楚，可能和眼周围血液循环不佳有关。有过敏性鼻炎的孩子这种现象很常见。

孩子 1 天排便 3 次，正常吗？

只要不是稀便就没有问题。

食物导致的过敏会马上有表现吗？

不一定。有些食物过敏会表现为即时反应，如花生过敏，表现为嘴唇肿胀、咳嗽、呼吸困难，甚至有生命危险。但大多数食物引起的过敏是吃了该食物一段时间后才发生的，或表现为荨麻疹，或表现为胃肠不适，或表现为鼻炎加重、哮喘发作。所以有迟发性的过敏反应时很难追溯过敏原。

19 ~ 21 个月

这个年龄的孩子知道自己想要什么，他 / 她很渴望自由及自主，对大人的管教和约束很不以为然。如何既给孩子足够的自由又能保护他 / 她的安全变得尤为重要。

| 生长发育的秘密 |

一般情况下，孩子 1 岁以后体重就再也不像婴儿期长得那么快了，一年也就长 1 ~ 2 公斤，这很正常，跟吃得多少没关系。父母如何跟孩子高质量的相处也要仔细考虑，高质量的陪伴有利于孩子的身心发育。

动作及能力发育

社会及情感发育　会和别的孩子一起玩；发脾气；对陌生人的恐惧逐渐减少；对熟悉的人表达情感；会玩儿假想的游戏，如给玩偶喂饭吃；让家长往自己指的方向看；去探索环境，越来越远离家长的视线。

语言能力　能说 50 个单字左右，有的孩子会组词；会摇头或说"不"；用身体语言表达他 / 她想要什么；会命名物体。

认知能力　知道很多东西的用途，如勺子是用来吃饭的；与玩偶一起玩假想的游戏，如喂饭；指出鼻子、嘴等在哪里；遵从一步性指令，如"把电话拿过来"；会把东西按形状及颜色进行分类；会寻找藏起来的物品；会把不同形状的彩板放入相应的形状，当模板倒过来时也会准确放入。

运动能力　会自己坐在小椅子上；独立行走及跑；可以拉着家长的手上、下楼梯；能拉着玩具走；踢球；能在家具上爬上、爬下；穿衣或脱衣时配合家长；能从敞口杯子喝水；能用笔画线；能把盒子里的东西倒出来再装进去；能摞四块积木；能熟练地用勺子；完全自己吃饭。

出现以下情况需要尽早就医 达不到以上多数指标；不会指东西让他人看；不会独立走路；不知道一个常见东西的功能；语言没有进步，甚至有退步；说不了6个单字；不在乎家长来了还是走了；能力有倒退，如以前还能说几个单字，现在完全不说了。

| 喂养那些事儿 |

奶量

这个月龄的孩子如果还是母乳喂养的话需要1天喂3次，配方奶喂养的孩子需要每天吃500毫升的奶制品，也完全可以不给配方奶，而用全脂牛奶代替。奶制品可以是酸奶、牛奶或奶酪。

孩子应该喝多少水？

孩子每天除了喝500毫升奶之外，还需要250～500毫升的水，或按照孩子需求给水。注意不要给孩子果汁，因为果汁里的糖分过多，喝太多果汁也会引起幼儿腹泻。这个年龄的孩子可以用敞口杯子喝水了。

加餐及零食

孩子每天除了奶和饭之外也需要吃零食，零食可以是水果、蔬菜或其他食物。

家长需要给孩子从小养成吃健康零食的习惯。给孩子切一小盒水果或蔬菜就很好，给孩子一片全麦面包夹花生酱可以补充蛋白质，或半个煮鸡蛋，或一小个鸡蛋蔬菜饼，或一小把干果，如葡萄干，或一小块低盐奶酪等。

注意避免买成品零食，它们多数富含盐、糖及添加剂，不适合孩子吃。

油、盐、糖

现阶段孩子每天最大吃盐量为2克，大多数食物都含盐，一般不需要给孩子食物里另外加盐。食物以外的糖每天可以给5～10克。油可以给5～10毫升，橄榄油为最佳选择，因其富含不饱和脂肪酸。

营养补充剂

可以继续给600IU的维生素D，不需要其他补充剂。

| 家庭日常护理 |

睡眠

这个年龄的孩子每天大概需要 12 个小时左右的睡眠。很多孩子白天只睡中午的一大觉了，晚上要保持 10 个小时的睡眠。睡觉时孩子磨牙或凌晨来回翻身都是正常现象，和缺钙没关系。室内的温度以 23 ~ 24℃为宜，不要太热了，孩子会睡不踏实。

穿衣指南

给孩子穿衣服的原则为：以家里穿得最少的人为标准，不能比大人穿得更多。夜间只要孩子把被子踢了，就不需要反复给孩子盖了，因为孩子觉得热才会踢被子。孩子不会被"冻感冒"的，感冒是因为接触到了感冒病毒。夜里太热会使孩子睡不踏实，很烦躁，休息不好才会使孩子更容易生病。

衣服上不能有纽扣或绳索，脱落的纽扣可能使孩子窒息，绳索套在脖子上会引起生命危险。

刷牙

这个年龄的孩子已经有了不少牙齿，家长一定要注意每天晚上入睡前以及早上起床后给孩子刷牙。刷牙要用软毛牙刷、含氟的牙膏，牙膏以绿豆大小为宜。

刷牙时孩子如果不配合可以给孩子放一段音乐或讲个故事，关键是每晚都要按时刷牙，让孩子知道这是每晚必做的事情。刷完牙就不要再给任何东西吃了。这个年龄要常规看牙医，蛀牙很常见。

如厕训练

训练孩子如厕是件令家长发愁的事情，孩子也很发愁！如厕训练最关键的是孩子准备好了没有，如果准备好了，整个训练过程会很容易。下面就讲讲如何知道孩子准备好了，以及如何训练如厕。

准备如厕训练，如何知道孩子准备好了？ 这对训练如厕很重要，它决定了整个训练的难易程度。孩子多大就准备好了？每个孩子都不一样，一般为 18 ~ 36 个月。女孩比男孩早些，女孩平均如厕年龄为 29 个月，男孩为 31 个月（我们这里指的是完全没有或极少有尿裤子的情况）。

如果你观察到以下的迹象就可以准备如厕训练了：

- 对卫生间有兴趣，也想知道其他人怎么使用它；
- 有能力走到卫生间、上台阶及自己脱裤子（需要家长帮助做这些事情的不算）；
- 有足够的语言能力理解他人指令及遵从指令；
- 大便较有规律；
- 能用语言告诉家长自己有如厕的意愿；
- 有愿望来证明自己长大了，并且想让父母为自己骄傲；
- 理解干与湿、干净与脏、上与下的区别；
- 能保持两个小时不尿不拉；
- 有愿望不穿纸尿裤了，纸尿裤脏了要求更换，想保持干净及干燥。

家长永远不要强迫没准备好的孩子进行如厕训练，孩子会拒绝合作，这会使整个过程很不顺利且拖的时间很长。再等几个月可能就会容易多了。

还有个窍门儿就是，在实际训练前几个月就要做铺垫，通过游戏的方式给他／她讲一些如厕的基本概念。

理解如厕训练的过程需要时间

- 这个过程最需要的是耐心，如厕训练不可能一夜间成功。你和孩子都需要做好尿裤子的准备，有的孩子需要几天的训练就能成功，有的甚至需要 6 个月的时间。
- 要保持一个良好的心态，多多鼓励孩子，对尿裤子的情况不要愤怒，要保持镇静。
- 夜间穿纸尿裤睡觉，一般得持续到四五岁，6 岁以后尿床就不常见了。

购买正确的用具　先买一个训练用的小马桶，这些马桶多半都点缀着卡通形象，选择一个孩子喜欢的卡通形象，这会使孩子更喜欢去尝试它。也可以考虑买马桶盖可拆卸的小马桶，因为你以后可以把这个小马桶盖放到真正的马桶上给孩子使用。如果你开始就想训练孩子用大的马桶，一定要给孩子脚下垫好凳子，不然孩子会坐得不稳，孩子也害怕会掉下去。

开始时把小马桶放在客厅或孩子玩耍的房间，这可以使孩子觉得很亲切，他／她也会更容易接受。

选择对的时间训练　选择正确的时间进行训练是成功的关键。不要选择孩子经历巨大生活变化时训练，如家里添了弟弟／妹妹、刚搬了家或刚刚开始上幼儿园等。如果此时训练孩子上厕所只能给孩子更大的压力，成功率会大大降低。

- 选择一个能和孩子长时间在一起的时间（不要交给阿姨或爷爷奶奶），孩子会更放松，你也可以随时鼓励孩子。

● 夏天可能是更好的训练如厕的季节，一是父母可能有更多的时间，二是孩子穿衣服少些，更方便穿和脱。

制订计划 要制订计划来使如厕训练变成一项常规，让孩子知道他 / 她有了新的责任。开始时，可以每天把孩子放在马桶上让他 / 她体验一下，尿和不尿都可以，只是让他 / 她习惯马桶。选择一个他 / 她需要上厕所的时间，如早上起来、饭后或睡觉前。把坐马桶变成睡前的常规。

如何让孩子对用小马桶觉得舒服？

● 让孩子熟悉小马桶。

让孩子先看一看小马桶，告诉他 / 她马桶一点儿也不可怕。把马桶放在他 / 她玩耍的地方，让他 / 她穿着衣服去坐一坐，坐在上面读本书或玩儿玩具。当他 / 她习惯了小马桶后可以把它挪到卫生间。

● 让孩子知道如何使用它。

孩子下一步需要知道马桶是干什么用的。可以先把纸尿裤里的大便倒在马桶里，告诉孩子马桶是大小便该去的地方，也可以用大人的马桶演示一下大小便被水冲走的过程。

● 家长也可以在自己上厕所时做个示范。有男孩的家庭最好让爸爸演示，有女孩子的家庭让妈妈进行演示。

● 开始时不要企图教男孩子站着小便，这会让他很不适应，教他坐着小便就可以。

让孩子每天在马桶上坐至少 15 分钟 试着让孩子每天坐在小马桶上 3 次，每次 5 分钟。鼓励他 / 她去坐坐，但不要强迫。

使用正确的字眼训练 家长要清晰地给孩子上厕所的指令，对身体部分的命名也要清晰，不要含糊不清。用孩子习惯的字眼儿，如"尿尿、拉粑粑"等。

不要用"脏""臭"等词语来形容身体排泄物，这会使孩子对排大小便感到羞耻及不好意思。一旦孩子有了这种感觉，他 / 她可能会憋着，久而久之就会造成便秘及尿路感染。

家长和孩子讨论使用马桶时一定要真诚，不欺骗孩子，让他 / 她明白你对他 / 她的尝试感到骄傲。

在孩子使用马桶时，家长需要陪着孩子 孩子在使用马桶时会担心自己是否会掉到马桶里，或担心自己身体里的东西掉出来了。所以家长在孩子刚开始用马桶时要全程陪同，对他 / 她微笑、表扬他 / 她，要用平静的安抚的语气。也可以给孩子唱首歌或做个游戏，让他 / 她知道上厕所是有趣的事情，也能缓解孩子的焦虑。

给孩子读有关如厕的绘本　有很多书都是讲训练孩子如厕的，用的都是孩子能听懂的话语，多数还配有图画。给孩子讲完后可以问问孩子"你也想试试吗"。

如何训练如厕及养成良好的如厕习惯？　如果你能看懂孩子要上厕所的信号，就可以鼓励他/她去用马桶。

常见的信号有：突然停下做的事情、蹲着、叉开腿、抓尿布、哼唧或脸憋得通红。

在这个时候可以问孩子："你要尿尿吗？你要拉粑粑吗？"如果得到肯定的答复就要鼓励孩子去用马桶。如果孩子拒绝，不要强迫。

是否每天让孩子脱一会儿纸尿裤来训练如厕？　夏天时，如果看到孩子有上厕所的愿望，可以试试把纸尿裤摘了，看看他/她是否能去坐马桶，如果看不到孩子有上厕所的迹象则不要去尝试。

让坐马桶变成每天早晨和入睡前的常规　试着让孩子在早上起床后或晚上洗澡后坐在马桶上，每天都试试，养成常规。

告诉孩子如何擦屁股及冲马桶　给孩子准备好手纸，如果手纸上能有些图案就更好了，告诉孩子如何擦屁股，尤其是女孩子，要从前往后擦。最开始一定是需要家长帮助的，但慢慢地孩子就会自己擦了。

孩子做完了所有的事情，让孩子学会冲厕所，跟自己的排泄物说"再见"，表扬孩子能完成整个过程。

上完厕所要洗手　孩子往往上完厕所后想急着回去玩儿，这时家长要强调洗手的重要性。让孩子踩个小凳子用肥皂洗手，边洗边唱首歌，因为太快地洗手会洗得不彻底，因此也要和孩子解释上完厕所手上会有病菌，不洗干净自己会生病或将病菌传染给别人。

如厕成功如何表扬孩子？　只要孩子愿意尝试如厕就要赞扬。如厕训练成功的关键是要不断地鼓励孩子，不管成功还是失败。如果孩子只是把裤子拉下来，并在马桶上坐了一分钟（没有尿尿），也要表扬。但家长也不要显得过于兴奋，这样容易让孩子感到压力，因为他/她很想取悦你。

对任何小的成绩都要及时表扬。孩子对物质上的表扬是很在意的，家长要根据自己家的习惯来选择表扬方式。

● 食物：不建议，这样会让孩子习惯寻求食物上的安慰。

● 给个小红花：可以在孩子每次尝试如厕时给个小红花，攒到一定数量时给个大的礼物，或奖励出去游玩。

● 玩具：可以买些小玩具，每次用了马桶就挑一个玩具。

● 小猪储蓄罐：每次用完马桶就往储蓄罐里放枚硬币，存够了钱买点孩子喜欢的东西。

和家人、朋友分享孩子能用马桶的好消息。孩子会对父母以外的人的夸奖格外喜欢，他 / 她会更努力地去做。

如何面对孩子偶尔尿裤子？　当孩子尿裤子时不可以打骂或惩罚孩子。千万记住上厕所是孩子新学会的技能，他 / 她需要更多时间去掌握。

● 尿裤子后打孩子会让孩子对如厕更担心，从而不敢如厕，也会更易尿裤子，甚至引起一系列的心理问题。

● 孩子尿裤子后家长要及时给予安慰与鼓励，并告诉孩子你为他 / 她的尝试感到骄傲。

● 足够的耐心。训练如厕是很有压力的一件事情，对大人如此，对孩子更是如此，耐心一点，孩子一定会学会上厕所的。不要去和其他孩子比较，每个孩子有自己的节奏。这与孩子的智力完全没关系。

如果孩子完全不理解上厕所这件事，就要停几个月再说。

掌握了初级如厕技巧后就该把如厕训练升级了　一旦孩子会用马桶了就要给孩子选择内裤了，最好和孩子一起去挑选。开始时只让孩子在家里穿，出门时还是穿拉拉裤，以防来不及上厕所时尿在裤子里的尴尬。

出门带着小马桶　当全家旅行时要带着小马桶，因为孩子一般不喜欢用不熟悉的马桶，这样做更有利于他 / 她摆脱纸尿裤。

教男孩子站着小便　当男孩子学会坐着尿尿后，就要教他站着尿了。这是爸爸的任务，爸爸需要演示一下整个过程。

一定要交代带孩子的人如何帮助孩子上厕所　让看护孩子的人知道孩子的常规及常用的指令，看护人需要遵守孩子的常规及用一模一样的指令。

给孩子准备好替换的衣服，以防万一。

白天如厕训练好了，就可以开始夜间如厕的训练了！

当孩子白天不再尿裤子了，就可以训练夜间上厕所了。先准备几个防湿垫，把马桶放在小床旁，方便孩子夜里起来。

训练夜间如厕不能采取定时叫孩子起床的方法，当孩子膀胱充盈时，孩子自然会醒。一般六岁的孩子夜里都不用纸尿裤了。

训练孩子如厕急不得，只要是正常的孩子都一定能学会上厕所，只是时间早晚的问题。做家长的要耐心，拔苗助长只能是事倍功半。

户外活动

只要空气没有严重污染都要带孩子进行户外活动，在户外可以接触不同的人及新鲜事物，更有利于孩子的发育。

要注意给孩子防晒，在暴露的皮肤上涂抹防晒霜，防晒霜要用 SPF30 或以上的。出汗后要再抹一层。注意防止太阳直晒孩子，要戴帽子。也要注意保护眼睛，外出最好给孩子戴墨镜。

穿的鞋要足够舒适，鞋底也要足够厚才能保护孩子的脚。鞋的大小以能在鞋后跟处伸进一个指头为标准，不要太大或太小。

┃亲子互动┃

游戏"小小厨师"，训练精细动作及想象力　让孩子把米从大的袋子里用小碗盛到盆里，再让孩子用勺子搅拌，告诉他/她我们在做米饭。等孩子搅拌够了，让他/她盛出一碗给你和给自己，假装一起吃饭。孩子会一遍一遍地重复，乐此不疲。

给玩偶洗澡，训练精细动作、自我护理及语言能力　给孩子在盆里盛一点水，注意水不可深于 5 厘米。把孩子喜欢的玩偶放在水里给它洗澡。让孩子自己动手，告诉他/她"洗洗脸、洗洗眼睛、洗洗腿……"最后把玩偶抱出来擦干，再穿上衣服。

游戏"小小邮差"，训练写、画、想象力及角色扮演能力　问问孩子想不想给爸爸或家里人写封信，如果想的话，给他/她一些蜡笔和纸，让他/她尽情地表达。等写完了把纸叠起来放到信封里，然后给每个人送去。收到信的家长可以和孩子一起假装"读信"，然后给孩子个小礼物。

配对游戏，训练认知能力　把孩子的动物玩具都拿出来，同时找到这些动物的图片。让孩子把动物玩具放在相应的图片上，看看孩子能准确地放几个。

走直线，训练身体平衡及小肌肉控制能力　用胶带在地板上贴直线，大概两米长。

给孩子示范走直线，如果孩子晃晃悠悠的，家长可以扶着孩子走。

记忆游戏，训练孩子的认知及记忆能力　给孩子几张图片，让他/她命名图片上的东西，然后把图片翻过去，再问问孩子图片上是什么，看他/她能不能记得。

跨越障碍，训练粗大运动及平衡能力　在两个家具之间拴一条围巾或绳子，不超过地面高度 10 厘米，让孩子反复跨越。注意不要在瓷砖地板或水泥地上练习。

按颜色分类，训练孩子对颜色的认知及分类能力　给孩子一筐球，让孩子按颜色把它们分别放在不同的盒子里。虽然孩子还不能命名各种颜色，但他/她是能区分颜色的。

｜常见行为问题｜

恐惧

孩子在不同的年龄会害怕不同的事情，如何帮助孩子克服恐惧也是家长面临的一大挑战。

这个年龄的孩子最常见的恐惧为虫子和水。家长不要试图说服孩子不要害怕这些东西，如"别怕，虫子又不咬人"。事实是，虫子的确咬人，而且有时还会很疼。这样说话会让孩子感到你完全忽视他/她的感受。最好的方法是你认可他/她的害怕，同时要安慰孩子，如"我知道你害怕虫子，我把它赶走就是了"。孩子在看着你的一言一行，如果我们也表现出恐惧，那只会加强他/她对这些东西的恐惧，这样的恐惧可以持续一生。

如果孩子怕水，可以鼓励他/她先在水边把脚沾湿，但不要强迫孩子跳到水里，尽量让他/她和水的接触变得愉快。

晚上入睡困难

孩子晚上入睡困难多半是因为没有建立良好的睡前常规，睡前常规应该在孩子出生后就建立了，如果还没有建立的话，现在开始也不算太晚。

幼儿非常喜欢有规律的生活，他/她需要知道下一刻的常规是什么，这样才能使他/她感到安全。晚上睡觉也是如此，情绪上的安静是晚上入睡的关键。

那我们应该如何让幼儿形成睡前常规，让他/她平静地入睡呢？

首先要早开始准备入睡的常规，很多家长看到孩子有"困意"才开始准备让孩子睡觉，这可能就太晚了。其次要注意不要在睡前和孩子疯玩儿，这会使孩子太兴奋。

最后，家长要主导孩子入睡的整个过程，而不是孩子主导。

常规不要超过一个小时，包括洗澡、刷牙、讲故事及道晚安。

洗澡或洗脸　洗个热水澡很容易让孩子放松，如果孩子不喜欢洗澡可以试试在水里面放些漂浮玩具让他／她玩，也可以边洗边唱个歌。

如果是冬天，可以 1 周洗 2～3 次澡，其他时间洗洗脸、洗洗脚就可以了。用热水洗脸和洗脚都能让孩子放松。

让孩子选择他／她喜欢的睡衣　在选择睡衣上孩子可以做主，但只给孩子两个选择，不要给他／她太多的选择。

睡前最后一次奶　这个年龄的孩子需要在睡前给一点吃的，奶或者零食都可以。零食不要给水果或太甜的东西，太甜的东西会使孩子过于兴奋，给入睡造成麻烦。

刷牙　睡前刷牙很重要，不管孩子如何不喜欢，也要把它当作一个睡前必做的事情。不刷牙会引起蛀牙，千万要小心。

刷牙需要家长帮助来做，孩子还不会完全自己刷牙。要把刷牙变成一件有趣的事情是很不容易的。买两把颜色鲜艳的儿童牙刷，孩子拿一把，家长拿一把。告诉孩子你需要在他／她的嘴里找到他／她最喜欢的玩具，趁他／她张嘴时快速地刷。一边刷一边倒计数，3 个、2 个、1 个……也可以找一首刷牙的歌谣或音乐，每天刷牙时播放，慢慢地，孩子就知道只要这个音乐一响起，就该刷牙了。

读个睡前故事　让孩子选择一本故事书，孩子躺在床上，依偎着父母，这是孩子一天中最惬意的时光。家长要注意故事书必须是不让孩子害怕的、不太让人兴奋的故事，他／她此时需要安静和放松。读书时也可以让孩子抱住自己的玩偶或毛绒玩具来进一步放松。

故事最好只读一两个，不能没完没了地读，孩子往往用这个方法多磨蹭一会儿，家长要坚决地拒绝。

家长和孩子亲吻及道晚安　读完故事，给孩子盖好被子，把他／她的安慰物放在身边，给孩子一个亲吻，说一声"晚安，早上见"，然后离开。给孩子留一个夜灯就可以了。

如果孩子在此时大哭，家长只需要告诉他／她"我一会儿再来看你"，然后要坚定地离开。放心，很多孩子哭一会儿也就睡着了。

| 安全常识 |

不要爬窗台

这个年龄的孩子最喜欢登梯爬高，对窗台很向往，虽然有能力踩着桌子和椅子爬上去，但并不知道可能发生的危险，如坠楼。有孩子的家庭一定要注意窗户要严格地锁上，一层纱窗并不能保障孩子的安全。如果是能开启的窗户要在外面安装防护栏杆。家长要对孩子反复强调不许上窗台，看到孩子企图上去就要及时阻止。也不要让孩子养成从窗台往楼下看的习惯。窗台前面决不能放置椅子和桌子，不能给孩子爬窗台制造方便。窗台上也不要放置吸引孩子的玩具或用具。

药品及清洁剂的保管

这个年龄的孩子对瓶子里装着什么特别有兴趣，也有能力去开启简单的瓶子了。孩子一旦把瓶子打开，会本能地尝尝里面的东西。试想一下，如果里面是老人的降压药，孩子吃了会有生命危险；如果是碱性很强的洗涤剂，孩子喝了会烧坏食道。所以孩子一旦会爬了，尤其是会开瓶子了，就要严格地把所有药物、洗涤剂及杀虫剂锁起来，不给孩子机会接触。如果发生误服，要立即就医。

洗澡

洗澡时，孩子一定不能在洗澡盆里站起来，盆底狠滑，孩子摔倒时可能发生磕破嘴唇、磕掉牙齿或头颅受伤的情况。

还要注意不要一边放水一边洗澡，因为水管出来的水，其水温有时是不能掌控的。

楼梯

要在楼梯口设置安全门，以防孩子从楼梯上摔下来。

| 常见疾病及治疗方法 |

白细胞高

咱们先看看美国著名的梅奥医疗中心（Mayo Clinic）是怎么说白细胞的。

白细胞升高常见的原因

- 身体在和感染做斗争，因此需要更多的白细胞；

- 有些药物会使白细胞增高；

- 骨髓出现了问题，会使白细胞增加；

- 有些免疫疾病会使白细胞增加。

具体的一些疾病

- 过敏，尤其是严重的过敏反应；

- 白血病；

- 激素；

- 细菌及病毒感染；

- 红细胞增多症；

- 风湿性关节炎；

- 抽烟；

- 紧张及压力；

- 结核病。

2007年，在美国家庭医学杂志上发表的文章指出，单凭白细胞的升高和降低无法判断是细菌还是病毒感染，在不结合临床及其他化验时毫无意义。其他辅助检查还有C反应蛋白及降钙素原。现在越来越多的医疗机构用降钙素原来判断是否是细菌感染，研究证明它比白细胞及C反应蛋白更准确。但这个化验需要一个小时左右才出结果，所以在门诊的应用有限。

那么我们怎么解读血常规的结果呢？ 这不是家长的任务，这是医生的工作。因为这是一个很复杂的决策过程，绝不是白细胞高就给抗生素这么简单。任何辅助检查一定要结合临床，白细胞升高的原因一定要找到（不一定是细菌感染），如感冒、链球菌引起的扁桃体炎、中耳炎、鼻窦炎、肺炎、菌血症或脑膜炎等。

对孩子来说正常的白细胞值是多少呢？ 我国只有成人的正常值，没有针对不同年龄孩子的正常值。以下为国际通用的白细胞正常值：

婴幼儿的白细胞计数超过15000，且伴随着39℃以上的高烧时，要小心严重的细菌感染。

在白细胞升高时也要看白细胞的分类，正常情况下淋巴细胞及中性粒细胞各占50%，如果中性粒细胞百分比升高或有不成熟粒细胞，会有细菌感染的可能，淋巴细胞百分比升高可能和病毒感染有关。但这些不结合临床一点意义都没有。嗜酸细胞增加可能与过敏和寄生虫感染有关，但也不是一定的。

病毒感染时的白细胞计数比较复杂，可以是升高、正常或低于正常，一般情况下淋巴细胞会升高。

我们不应该在孩子发烧时就去做血常规，白细胞高就吃抗生素，一定要等医生做出综合判断后再用药。滥用抗生素的危害无穷。

食物过敏

据发达国家统计，食物过敏在儿童中的发病率为 4% ~ 8%。我国儿童的发病率也在逐年上升。

食物过敏是指对某种特定食物的反应，这种食物并没有毒性，但身体的免疫系统会把它识别成像细菌一样的东西来消灭它，这个过程就是过敏反应。食物引起的过敏反应可以表现在皮肤上，也可表现在呼吸道及消化道中，甚至是全身性的致命反应。

症状　流鼻涕；荨麻疹或皮肤瘙痒；舌头觉得发麻发苦；嘴唇及喉咙肿胀；腹痛及喘息等。

有的过敏反应在吃下某种食物后会马上发生，有的则会好多天以后才发生。

人们往往容易将食物过敏和食物不耐受混淆，因为症状类似。但不耐受的特点为打嗝、嗳气、气胀、大便稀、头疼、恶心及紧张等。食物不耐受和免疫系统无关，它是因为身体无法消化某种食物导致，如乳糖。

以下为常见的易过敏食物，90% 的过敏是由这些食物引起的

- 牛奶或任何奶制品；
- 鸡蛋；
- 花生；
- 大豆及其产品，如豆腐；
- 小麦；
- 树上长的坚果，如核桃、腰果等；
- 鱼及带壳的海鲜。

很多食物过敏随着孩子长大就好了，如牛奶蛋白过敏有 80% 的孩子会好，2/3 的孩子的鸡蛋过敏也会好，孩子 5 岁时小麦及大豆过敏大都会好转。但花生、坚果及水产品过敏很难好。

诊断　通过病史及体格检查，如需要辅助检查则需要看专科医生。专科医生可能会做过敏原检查，常见的过敏原检查有：

- 皮肤试验：被测试的食物为液体，以针刺的形式注射于皮下，过一段时间观察

皮肤反应。如对某食物过敏则会表现为局部红肿，医生会通过红肿的大小来衡量对该食物过敏的程度。

- 血：医生也可以通过检查血中特定的食物抗体来验证是否对该食物过敏。
- 食物激发试验：在医生的密切观察下，让孩子吃下某种食物来观察对该食物的反应。但一定要在医生的监督下进行，不可以在家里尝试。

治疗　没有任何药物或方法能治愈食物过敏。最好的方法是避免接触，不能心存侥幸。买成品食物时一定要仔细读成分表，有孩子食用后过敏的成分都不可以购买。

药物

- 荨麻疹：口服抗组胺药，严重时需要辅以激素治疗；
- 哮喘发作：吸入气管扩张剂；

呼吸困难、喉头水肿、头晕、惊厥或昏迷时要马上就医！

预防食物过敏需要幼儿园及学校的配合，一定要告诉学校，孩子不能吃什么，最好自己带饭。同时要告诉孩子什么是他／她不能吃的。

便秘

便秘最常见的为功能性便秘，也就是说肠道没有结构上的问题，如巨结肠或手术后形成的梗阻等。

便秘在孩子1岁左右最常见，大多是从训练孩子如厕时开始的。在孩子还没准备好自己上厕所时，父母便坚持让孩子用便盆排便，这样会使孩子焦虑、抗拒，久而久之就形成了便秘。当然还有饮食上、情绪上的原因。最被忽视的原因就是遗传因素，如父母有便秘，孩子也容易有。

那怎样能帮助孩子呢？

首先，要给孩子足够的液体，最好是水，原则上每天摄入的水量为年龄乘以240毫升。如1岁半的孩子除了奶和食物中的液体外，每天还要摄入至少360毫升水。其次，还要给孩子提供足够的含高纤维的食物，如燕麦、红薯、南瓜等，便秘时少吃白米饭。

如果以上措施都无效，可以试试大便软化剂，如乳果糖。用法是从一个剂量开始，每周增加1次剂量，一直达到每天都有软便，然后用这个剂量维持1～6个月再停药。要让孩子每天定时在马桶上坐5分钟来训练肠蠕动。顽固性便秘要及时看医生，要排除器质性病变。

| 疫苗接种 |

　　按照国家 2021 年版免疫规划疫苗儿童免疫程序表，在 18 个月时接种了建议的疫苗后，这个年龄段就没有需要接种的疫苗了。在秋冬季节可以考虑接种流感疫苗。

家长常见问题

孩子走路内八字，正常吗？

这个年龄的"内八字"，只要不把自己经常绊倒还属于正常范围。随着孩子长大，大腿自然外旋，慢慢地自己就纠正了。注意不要让孩子养成"W"形坐姿。

打了手足口疫苗怎么还会得手足口病？

现有的疫苗只预防肠病毒 71 型引起的手足口病，而手足口病是由很多种不同的病毒引起的，所以勤洗手才是最好的预防措施。

肺炎 13 价疫苗以前没打过，这个月龄还能打吗？

不可以打了。我国的肺炎 13 价疫苗接种时间为 2、4、6 月龄或 2、3、4 月龄，加强针为 12 月龄。

因为看护孩子的阿姨走了，孩子变得很黏人，这是为什么呢？

孩子是被家里突然的变故搞得没安全感了，他 / 她不知道谁在哪天会突然消失。家里人员如有变化需要事先和孩子讲清楚，告诉他 / 她谁要走及要走多久，不要背着孩子走或又突然出现，

这样会使孩子没安全感，他 / 她不知道哪天会发生什么事情。黏着妈妈是因为他 / 她不知道妈妈是否也会突然消失，这时候需要多陪着孩子。如果要短暂离开一定要告诉孩子，要当着他 / 她的面走，不要在他 / 她睡着的时候消失。

孩子总是大发脾气，怎么办？

这是孩子易大发脾气的典型年龄，没什么不正常的，这是成长的一部分。孩子发脾气时不要去讲道理，不需要去哄，等孩子发泄完后再去讲道理。但一定要用孩子懂的语言，不要长篇大论。在孩子发脾气时把他 / 她放在一个安全的地方，家长不要围观，在孩子看到没有观众时也就很快结束了。不合理的要求绝不应该因为发脾气而去满足。

什么是正面鼓励？

孩子在做正确的事的时候要及时鼓励，这是最有效的纠正不良行为的方式。如孩子在外面和小朋友一起玩耍时，并没有抢其他孩子的玩具，而是问："我能玩会儿吗？"这时就要及时鼓励，告诉他 / 她"你这次没抢玩具，非常好"。注意鼓励时一定要强调某个具体行为，

而不是笼统地说，"你太棒了"。太笼统的表达并不能使孩子知道哪里做对了。

非要强迫孩子分享吗?

不是的。作为家长，我们只能是鼓励孩子分享，但不强迫。分享是个人的选择但不是强迫性的，如果孩子在分享中得不到乐趣，或有些玩具对孩子有特殊意义，他 / 她自然是不愿意分享的。

孩子还不会认颜色，正常吗?

正常。孩子一般到 3 岁左右才认识颜色。

现阶段生长发育的特点是什么?

会理解一些抽象的概念，如"冷、饿、高兴"等;会画直线;会说 50 个单字左右;开始把两个字组在一起了;能指认图画书上的动物;能扶着家人或扶手上楼梯。

22～24个月

转眼，孩子就 2 岁了，孩子语言能力增强，与他人的交流逐渐以语言为主。他 / 她也开始学习如何和其他孩子相处，不过在接触的过程中难免会有冲突。如何帮助孩子学习社交本领在这个阶段变得尤其重要。

| 生长发育的秘密 |

这个年龄段孩子的生长已经慢下来了，每个月的生长都不会太明显，所以如果孩子在几个月内的体重和身高没有变化，也不要担心。

动作及发育能力

社会及情感发育　模仿他人的动作；很高兴和其他孩子相处；更加独立；能听从指令；和其他孩子一起时能各玩各的，但有时也一起追逐。

语言能力　当家长说出一个物体的名称时，能准确地用手指出该物体；知道熟悉的人的名字；知道身体各部位的名称；可以说 2～4 个字的句子，有一半的句子家长能听懂；至少说 50 个单字；听得懂简单的两步指令；重复别人说的字；能指出书里的动物或人物及物品；用自己的名字表达"我"，如"圆圆吃"。

认知能力　能找到掩藏在两三层东西之下的物品；能把东西按颜色及形状进行分类；能完成熟悉的句子；能玩儿"过家家"的游戏；能摞至少 4 个积木；已经显现出习惯用左手还是用右手；认识书里的动物。

运动能力　会踮脚尖站着；会踢球；会跑；会在低矮家具上爬上爬下；能自己扶着扶手上下楼梯；会从头顶上把球扔出去；会画直线及圆圈（毛线团）；会拉门；会使用吸管从敞口杯喝水；会自己脱短裤。

出现以下情况需要尽早就医　达不到以上多数指标；不能说两个字的句子；不知道如何使用常用物品的名字，如勺子、电话等；不会模仿动作或词语；听不懂简单的指令；走路不稳；已经掌握的技能逐渐丧失。

| 喂养那些事儿 |

奶制品的选择

这个月龄的孩子大多数已经停了母乳了，停了母乳后可以给牛奶或配方奶。孩子需要每天吃 500 毫升的奶制品，奶制品可以是酸奶、牛奶或奶酪。

美国儿科学会建议从孩子 2 岁开始，应该给低脂或脱脂牛奶。孩子在 2 岁前是大脑快速发育的阶段，所以需要大量的脂肪，2 岁以后就不再需要如此高的脂肪了，再摄入大量脂肪会使身体的脂代谢异常，这些是很多慢性病的基础。以下为 240 毫升牛奶脂肪含量的比较：

全脂奶：8 克脂肪；

2% 牛奶：4.5 克脂肪；

1% 牛奶：2.5 克脂肪；

脱脂奶：0 克脂肪。

孩子在这个年龄还需要奶制品，主要是因为奶制品是最好的钙的来源，并不是为了从奶里摄取其他营养。

油、盐、糖

这个月龄的孩子每天最大的吃盐量为 2 克，大多数食物都含盐，给孩子食物里另外加的盐量应该越少越好。一旦孩子习惯吃咸的食物就会形成习惯，摄入过多的盐分可能会导致高血压。

除食物以外的糖每天可以给 10 克左右。油可以给 10 毫升左右，橄榄油为最佳选择，因其富含不饱和脂肪酸。

营养补充剂

可以继续给 600IU 的维生素 D，不需要其他补充剂。

| 日常家庭护理 |

不可避免地撞头

很多幼儿在睡觉时或不高兴时会往床栏杆或墙上撞头。这种行为正常吗？实际上，这个行为并没有大人想象中的那么可怕。它多半是幼儿消耗能量及释放压力的一种方式。孩子撞头看似很可怕，但孩子的颅骨很厚，不会因撞一撞就骨折或出血。但如果这种行为一直持续到 3 岁以后，或伴随其他自残行为，或总是有不高兴的情绪，交流障碍，不喜欢别人碰他 / 她，或一天大多数时间都在做些自我安慰的事情，就要及时看医生了。

作为家长，遇到这种情况应该如何应对呢？

- 不需要强迫孩子停下来，可以找些让他 / 她释放能量的活动去做；
- 跟上他 / 她的节奏，放些有节奏的音乐，或把他 / 她放到摇椅上，让他 / 她有节奏地去动；
- 不要太早把孩子放到床上让他 / 她入睡；
- 让孩子的床远离墙壁。

大多数幼儿撞头的行为是阶段性的，2 岁以后自然就减少了，不必担心。

安抚奶嘴

宝宝为什么需要安抚奶嘴？　安抚奶嘴是孩子重要的自我安慰的工具，幼儿此时开始探索世界，他 / 她会遇到很多害怕的事情，此时更需要安慰，安抚奶嘴就是最理想的安慰物。

孩子两三岁时会自然而然地减少甚至放弃这种安慰自己的方式，很少看到 4 岁以上的孩子还需要用安抚奶嘴的。所以家长大可不必紧张，给孩子点时间也就自然停止了。

如果你想帮助孩子在 2 岁时戒掉安抚奶嘴可以试试以下方式

- 可以限制使用时间或使用场所。如只有午睡及晚上入睡前才能使用，或只有在卧室时才能使用；
- 鼓励孩子自己戒掉安抚奶嘴；
- 当看到孩子有大孩子的行为时要给予他 / 她鼓励，如自己脱衣服及自己穿鞋时，家长要告诉他 / 她："你是个大孩子了，大孩子就不用奶嘴了"；
- 不要强迫。越唠叨孩子或威胁孩子，孩子就越会依赖安抚奶嘴，并用奶嘴来安慰自己；

- 让他 / 她的嘴别闲下来；

- 与孩子说话、吹泡泡、唱歌或吹乐器，别让他 / 她的嘴闲着；

- 把奶嘴扎破，使奶嘴漏气。这样当孩子吸吮时就不会有满足感，慢慢地也就放弃了；

- 家长自己就是孩子的安慰物。当孩子累了或困了，家长可以给孩子一个拥抱来安慰孩子，不给孩子去寻找安抚奶嘴的机会。

| 亲子互动 |

模板游戏，训练认知能力及手眼协调　可以拿个比较复杂的模板，有不同形状、不同颜色的。让孩子把每个对应的形状准确地放上相应的积木。可以把模板反过来，继续让孩子填满。与此同时，家长要教他 / 她认识"黄色、红色、蓝色""圆形、三角形、方形"。

玩纸盒子，训练认知、想象力及社交能力　找些家里不用的纸盒子，把它们做成有门及有窗户的家，让孩子把玩具床、桌子、椅子等放在里面，家长和孩子一起玩儿"过家家"。也可以把大的纸盒子做成汽车的样子，让孩子坐在里面玩儿。

玩水，训练责任感及手眼协调能力　孩子最喜欢玩水，在妈妈洗碗时也让孩子站在凳子上帮忙。让他 / 她试着洗洗自己的塑料盘子和勺子，孩子能自己洗餐具会很有成就感的。注意在玩水时要有大人在一旁严格监督，不可以给孩子一盆水后就走开了。

在家里玩耍，训练粗大运动及认知能力　可以和孩子在地板上玩球，你踢一脚我踢一脚；可以和孩子一起画画，让他 / 她的想象力自由飞翔；可以和孩子一起读书，一起跳舞等。

在户外玩，训练粗大运动及认知能力　家长和孩子在草地上追逐、捉迷藏，给孩子讲一讲树叶为什么会变黄，太阳为什么会升起等。也可以和其他小朋友一起玩儿，看看他 / 她和小朋友之间的互动。玩滑梯、荡秋千、坐跷跷板都是孩子的最爱。

角色扮演，训练想象力及认知能力　这个年龄的孩子最喜欢模仿大人，他 / 她会假装给别人打电话，在纸上写呀写，或想穿上大人的鞋或衣服扮大人等。当孩子拉着你跟他 / 她一起玩儿的时候，要表现出极大的热情及耐心，陪伴他 / 她一起玩。

读书，训练语言能力　家长和孩子一起读书，让孩子积极参与，一边读一边问孩子："狗狗在哪里？"孩子会很高兴地指出来。可以教孩子一些简单易认的汉字或数字，如"人"或"1、2、3"等。

家长和孩子对话，训练语言及认知能力　家长和孩子对话时需要示范标准的语法，对话也需要更复杂。如孩子小的时候可以指着某个车说"汽车"就足够了，但现在要说："这是一辆蓝色的卡车。"还要给孩子示范一些抽象的概念，如高兴、饿了、太热了等。

走直线，训练身体平衡及小肌肉控制能力　用胶带在地板上贴直线，大概两米长。家长示范在直线上走路，如果孩子走直线的时候晃晃悠悠的，家长可以扶着孩子走。

| 常见行为问题 |

回应永远是"不"或"不要"

每个家长都经历过让幼儿做任何事情时，得到的回答总是"不要"。这是怎么回事呢？

因为幼儿在这个年龄段要声明自己的独立性。这也是他/她在听惯了家长指挥后独立做决定的信号。

这种行为是孩子成长过程中必须经历的，家长大可不必担心。那我们在这个阶段需要注意什么呢？

不要和孩子争吵　当孩子说"不要"时，家长不要对孩子叫喊，这只能使孩子有负面的情绪。家长要平静地跟孩子解释为什么要求他/她这么做，同时也要表示理解孩子为什么不愿意这么做。原则上的事情不能让步，要告诉孩子虽然他/她不同意，但也要按家长说的做。

要有灵活度，也要坚持原则　家长不能凡事都要求幼儿绝对按自己的意愿做，不是原则性的问题可以让孩子自己决定，如在两件衣服中选择一件爱穿的。注意不能放弃原则，如孩子爬上窗台一定要让孩子下来，不愿意也得执行。另外在任何情况下，如果孩子大发脾气，就绝不能让步，如果让步就是在鼓励这种行为。

不给孩子机会说"不"　比如，在吃饭时你可以问孩子："你要吃菠菜吗？"你得到的回答最有可能是"不要"。但如果换种问法："你是要吃菠菜还是菜花？"你得到的回答可能就是"菜花"。这样不仅让孩子练习了做决定的过程，也减少了他/她说"不"的机会。

不给孩子选择的机会　比如，有的家长问孩子："我们今天去看病好不好？"得到的回答可能是："不好！"虽然孩子拒绝，可家长最终还是要带孩子去看病。所以在这种情形下直接告知孩子"今天我们得去看病"就可以了。

　　家长减少对"不"的使用　试想一下，我们每天对孩子说多少次"不能""不要"。如果我们不断地在使用这些负面意义的词句，孩子也会学着使用。家长可以换种方式和孩子交流，如"我们换个地方玩，厨房太危险了，我们一起去客厅做个游戏"，而不是说："不许进厨房！"

注意不要用命令式的交流方式

　　家长往往对孩子都是以命令式的方式进行交流，如"该睡觉了""该吃饭了""把玩具收好"等。这些命令让孩子很反感。为什么不换种方式呢？如"我们一起把玩具收到盒子里，然后我们就可以出去玩了"。

挑食

　　挑食是很多孩子都经历过的，一般在 1 岁左右开始，在 2～3 岁时达到高峰，有的也会延续到学龄期。许多家长担心孩子因挑食而营养不够，但实际上大多数孩子不会因这种情况而影响发育。

　　幼儿的挑食　这个年龄的挑食是从他们能自己喂自己开始的。他们能选择吃多少及吃什么，这给了他们能控制自己命运的感觉。他们有时候吃很多，有时候又完全没兴趣吃东西。另外一个重要的因素家长也要知道，那就是孩子在 1～2 岁期间自然生长的速度慢下来了，他们也不需要那么多食物了。

　　这个年龄的孩子，不可能每天及每顿饭都有好胃口，毕竟他们的胃只有自己的小拳头大。在让孩子吃饭的问题上一定要明确分工，家长负责做饭，孩子负责吃及吃多少。这会帮助孩子知道什么是饥饿感，什么是饱胀感，也就是说知道饿了的时候吃，饱了就停。

　　家长的角色　研究证明，家长对食物的选择直接影响孩子。熟悉某种食物是不挑食的关键，要让孩子熟悉或尝试某种食物至少得让他 / 她接触 10 次。

　　我们怎么做才能让孩子喜欢上各种食物？

- 家长要吃不同种类的食物；
- 让孩子参与准备食物的过程，这会增加孩子想尝试自己做饭的机会；
- 避免在孩子面前表达对某种食物的厌烦，孩子会受你的影响而不去尝试。

　　以下是一些孩子挑食的原因及应对办法

- 有的孩子对味道、嗅觉及食物的质地很敏感；
- 准备饭菜时要记住孩子对食物质地的喜好，如孩子不爱吃糊状的食物，就要给做成块儿状的；

- 有些孩子挑食和他／她的脾气秉性有关。试试把新的食物放在他／她喜欢的食物旁边，鼓励孩子摸一摸、闻一闻及舔一下；
- 不要老是单独给孩子做饭，鼓励他／她和其他人吃一样的食物，只是他／她那份别太咸了，慢慢地他／她可能会喜欢上全家人都喜欢的食物；
- 给孩子准备一些健康的蘸料，如花生酱、酸奶及番茄酱等，当他／她不喜欢某种食物时，放些自己喜欢的蘸料，也许就会吃一些；
- 让孩子参与做饭，他／她在这个过程中可以触摸食物、闻一闻食物，这会让他／她更想尝一尝这些食物。

有些孩子看着挑食，但实际上是想自己吃饭而不是被喂饭，可以试试

- 给孩子些安全的手指食物，让孩子自己吃；
- 让孩子自己拿勺子试，这会让孩子的控制欲得到满足；
- 让孩子自己选择吃什么。

有些孩子太过活跃，看似挑食实际上是坐不了太久。可以试试以下方法

- 在孩子坐到餐椅上之前就把食物摆放好；
- 吃饭时间短些，比如就 10 分钟，让孩子自己决定什么时候吃完；
- 家里放一些健康的食品，如水果及蔬菜，让孩子可以随时拿到；
- 有些孩子也许身体有问题，如消化及吞咽的问题或感统失调，要及时就医。

有哪些是不能做的？

- 强迫孩子吃。

强迫只能是适得其反，孩子吃得会更少。这会养成不良的习惯及不自信。

在吃饭这个问题上家长一定要知道自己的角色，你只负责给孩子做饭，孩子自己决定吃多少及吃什么！听从孩子自己身体的要求。

- 劝孩子吃或贿赂孩子。

家长在孩子吃饭时唠叨或提交换条件是非常糟糕的行为，如"你再吃点儿就给你巧克力"，孩子很快就学会利用吃饭来提各种不合理要求。

对待挑食，家长大可不必紧张，这是孩子成长的一个阶段，要有足够的耐心。强迫孩子或贿赂孩子不但不能让孩子多吃，反而会引起一系列的问题。

如何奖励孩子

以下这些奖励孩子的办法正确吗，要是不正确的话应该怎么做呢？

- 1 岁半的蛋蛋不好好吃饭，妈妈说："你把饭吃完了给你吃巧克力。"
- 3 岁的宁宁把玩完的玩具收回玩具盒，妈妈说："你太棒了。"
- 11 岁的圆圆数学考了全班第一，妈妈说："你是全世界最棒的！要什么奖励随便说。"

家长为什么要奖励孩子好的言行？

不是每个孩子都能做自己该做的事情，如果这种主观能动性缺乏，外力的作用就很重要了。表扬或奖励就是最重要的方式。事实证明，与惩罚及教训相比，奖励更有效。当然，两者也可以结合起来用。

如何选择奖励方式？

选择有效的奖励方式，对每个孩子来说都要因人而异。

- 列一个可供选择的奖励方式的清单，家长最好和孩子一起来列这个单子，不能让孩子"随便挑"；
- 从非物质奖励开始，如家长和孩子一起出去玩、吃饭、做游戏，或给孩子上网时间多出 15 分钟；
- 满足孩子一个长久以来的愿望，如去迪士尼玩。

如何正确奖励好的行为？

在孩子有好的行为时要立即给予奖励（可以是口头表扬），否则孩子会完全忘记了因为什么被奖励。比如，你在训练孩子安静看书时，可以每 5 分钟给个小奖励，这样他 / 她可能会坐更长时间。

表扬或奖励时一定要指出你在奖励他 / 她的哪种行为。如当孩子把玩具收好了，家长只是说"太棒了"，孩子可能不知道你在表扬他 / 她什么。如果说"你能把玩具自己收好，棒极了"，孩子就知道了你在表扬他 / 她哪种具体行为。

家长自己设置的奖励系统一定要简单，否则很难坚持。比如，把奖励设为和孩子出去玩儿半个小时，在很累的情况下很难做到，但如果改为与孩子在家里玩儿个游戏可能更容易做到。

奖励表格很有效，比如，孩子有好的行为时给一朵红花，如果积攒到 5 朵小红花就能得一个大奖励。

最后，奖励一定得符合孩子的年龄及发育水平。

奖励孩子要避免的错误

● 在孩子犯错误时也不能拿走他 / 她已经得到的奖品或剥夺他 / 她得到的奖励，如看电视的时间；

● 要奖罚分明。如果好的行为和坏的行为同时发生时，该奖励的一定奖励，该惩罚的要惩罚，不能相互抵消；

● 对不好的行为不予以关注，如无理取闹的哭泣；

● 绝不靠贿赂来鼓励孩子好的行为，如孩子不吃饭时用孩子爱吃的零食贿赂孩子。

| 安全常识 |

不要爬窗台

这个年龄的孩子最喜欢登梯爬高，对窗台很向往，虽然有能力踩着桌子和椅子爬上去，但并不知道可能的危险，如坠楼。有孩子的家庭一定要把家里的窗户严格锁上，一层纱窗并不能保障孩子的安全。如果是能开启的窗户要在外面安装防护栏杆。

家长要对孩子反复强调不许上窗台，看到孩子企图上去就要及时阻止，也不要让孩子养成从窗台往楼下看的习惯。窗台前面绝不能放置椅子和桌子，不能给孩子爬窗台提供方便。窗台上不要放置吸引孩子的玩具或用具。

药品及清洁剂的保管

这个年龄的孩子对瓶子里装着什么特别感兴趣，也有能力去开启简单的瓶子了。孩子一旦把瓶子打开，会本能地尝尝里面的东西。试想一下，如果里面是老人的降压药，孩子吃了会有生命危险；如果是碱性很强的洗涤剂，孩子喝了会烧坏食道。

所以孩子一旦会爬了，尤其是会开瓶子了，就要把家里所有的药物、洗涤剂及杀虫剂锁起来，不给孩子接触的机会。

如果发生误服，要立即就医。

楼梯

要在楼梯口设置安全门，以防孩子从楼梯上摔下来。

| 常见疾病及治疗方法 |

多形性红斑

多形性红斑是对感染、药物及不明物的高敏感反应。这种反应会引起皮肤出现红色的像靶子一样的皮疹，刚开始可能是粉红色皮疹，逐渐进展到中央变浅的靶形皮疹。这些皮疹还有可能变成水泡样及中央结痂。皮疹在全身都可见。严重型的多形性红斑可以引起口腔黏膜的病变。皮疹会引起痒的感觉或疼痛。

感染　如单纯性疱疹病毒，支原体及真菌感染。

药物　抗癫痫药物、麻醉药物、布洛芬类非激素抗炎药、磺胺类抗生素、疫苗等。

诊断　通过典型的皮疹即可诊断。

治疗　多形性红斑很多都可以自愈，不需要治疗。去除病因后自然缓解，如果是药物引起的，停药后就慢慢好了，如果是支原体感染引起的，治疗支原体后也就自己好了。

如果很痒，可以给口服抗过敏药物。严重型的多形性红斑可选用激素治疗。

如果黏膜受侵，则需要住院治疗。

预后　大多数孩子的症状在 1 ～ 2 周后缓解，但如果不去除诱因可能会复发。

口角炎

口角炎为嘴角的红肿、有时伴干裂及脱皮。它可发生在嘴角的皮肤及嘴角内的黏膜上。这是一种炎症反应，有些伴真菌或细菌感染，在孩子中相对常见。

症状

- 嘴角红肿，可伴疼痛；
- 出血；
- 干裂；
- 瘙痒；
- 脱皮；
- 烧灼感；
- 口腔异味；
- 嘴唇干裂；
- 吃东西困难。

病因

- 过多口水为真菌生长提供了良好的环境；

- 口水在嘴角堆积造成裂口；

- 孩子忍不住地舔干裂的嘴角；

- 病毒及细菌感染；

- 经常在局部用激素或抗生素；

- 皮肤敏感者；

- 有慢性炎症疾病的人，如克隆氏病；

- 戴口腔正畸牙套的孩子；

- 有贫血、糖尿病及癌症的人；

- 营养状态极差的孩子。

诊断　医生根据病史及查体就能诊断口角炎，偶尔需要辅助检查，如真菌培养。

治疗

- 局部用抗真菌或抗生素药膏来治疗相应的感染；

- 局部用激素；

- 有时需要用填充剂填充嘴角的褶皱；

- 营养素缺乏的孩子需要补充所缺物质；

- 坚持用润唇膏及润肤霜。

过敏性鼻炎

　　儿童过敏性鼻炎的发病率为 30%～40%，也就是说，每 3 个孩子里就有一个有过敏性鼻炎的，可见这是一种非常常见的儿童慢性疾病。它虽然不是威胁生命的疾病，但非常影响孩子的生活质量，需要引起家长们的注意。

　　那么什么是过敏性鼻炎呢？　过敏性鼻炎多发于儿童早期，是鼻腔黏膜对不同过敏原的反应，为 IgE（免疫球蛋白，人体的一种抗体）介导的过敏反应。

　　室内的过敏原可引起 2 岁以下孩子的过敏症状，室外过敏原常引起 2 岁以上孩子的过敏症状，尤其是 4～6 岁的孩子。

　　常见的过敏原有烟草、尘螨、动物毛屑、蟑螂、霉菌及花粉等。

　　过敏性鼻炎的症状有时很难与感冒区分　如果孩子在没有其他感冒或感染的症状（如发烧、嗓子疼及全身疲倦等）时发生流鼻涕、眼睛痒及红肿，他/她可能过敏了。

　　过敏性鼻炎表现为打喷嚏；吸溜鼻涕、鼻子痒及流清鼻涕；流眼泪、眼睛又痒

又红肿；咳嗽；鼻梁处有道横纹；下眼睑发黑；流鼻血；用嘴呼吸；疲劳（因夜间睡眠不佳）；学习成绩不佳；清嗓子；可伴频发的中耳炎或鼻窦炎、结膜炎等。

常见的室内过敏原

● 烟草：一手烟、二手烟及三手烟；

● 宠物：狗或猫的毛屑使人过敏，鼠类等动物的尿使人过敏；

● 霉菌：霉菌生长在湿冷、阴暗的地方，如室内堆积物品的地方、地下室、水管处、通风不佳的地方、枕头、被子里；

● 尘螨：存在于床上用品如枕头、被子、床单及床垫内，存在于窗帘、家具及地毯内。尘螨很小，肉眼看不见，在湿润的环境中长得快。

诊断

● 病史：反复鼻塞及咳嗽，有过敏性疾病的家族史，自身有湿疹或其他过敏性疾病，抗过敏治疗有效等。

● 体检发现：

– 头部：下眼睑红晕及肿胀，鼻子下 1/3 处横纹（经常向上撮鼻头引起的）；

– 眼睛：结膜充血及水肿，水样分泌物等；

– 耳朵：长期鼻塞可引起中耳积液及中耳炎；

– 鼻腔：鼻甲肿胀呈苍白或浅蓝色，鼻涕可以是清亮的、黄色或绿色，血痂，鼻腔息肉等；

– 咽喉：上腭弓高，牙齿咬合不齐（因为长期用嘴呼吸），咽后壁呈鹅卵石状改变（由鼻涕长期倒流刺激黏膜引起）。

预防

● 如果孩子对宠物过敏，绝对不要让宠物进孩子的卧室；

● 控制霉菌重要的是降低湿度，不要用蒸发性的机器或加湿器，洒上液体的地方要及时干燥，也可试试除霉菌的药物；

● 最重要的预防尘螨的工作在卧室里，最好在枕头及床垫上套一层防螨的罩子，每周用热水洗所有床上用品，湿度保持在 50% 以下，可用特殊除螨机清理房间；

● 不要用地毯、布艺窗帘及布艺沙发。

治疗

● 预防过敏原的接触；

● 在户外活动后要及时用海盐水冲洗鼻腔以减少过敏原的附着；

● 治疗用药包括口服抗组胺药，鼻腔用激素类药物等；

- 不要用鼻腔用的止鼻塞药物，尤其 2 岁以下孩子，药物的反跳作用（药劲儿过了后鼻塞更严重的现象）会使症状更糟糕；
- 眼睛有症状时医生也会给抗过敏眼药水。

瘢痕疙瘩

很多孩子在皮肤受伤后，伤口愈合了，但逐渐沿着伤口长出一个红红的凸起，这种症状就是"瘢痕疙瘩"。

什么是瘢痕疙瘩？　瘢痕疙瘩就是皮肤在修复时产生了过多的纤维组织。表现为高出皮肤的硬结，可能会引起皮肤的不适感，如痒或烧灼感。

瘢痕疙瘩最常见于儿童，因为儿童更易有皮肤外伤，也可发生在出水痘、烧伤或烫伤、皮肤穿洞或疫苗注射后。瘢痕疙瘩和遗传紧密相关，也就是说如果父母有瘢痕体质，孩子很有可能也会在皮肤受伤时形成瘢痕疙瘩。瘢痕疙瘩治疗起来也很麻烦，试图去除瘢痕疙瘩的操作可能会再次引起瘢痕形成，而且可能比原先的更大。

治疗

- 小的瘢痕可以试试局部用硅酮薄膜贴；
- 局部压迫法，如耳洞处的瘢痕疙瘩可用夹式的耳环紧紧包住；
- 瘢痕内注射激素；
- 冷冻和激素注射同时进行；
- 切除加放射治疗，但切除后有长得更大的危险；
- 激光治疗；
- 局部注射干扰素。

以上这些治疗都不能保证完全清除瘢痕疙瘩，许多孩子只能慢慢习惯与它们和平共处。

鼻后滴漏综合征

什么是"鼻后滴漏综合征"呢？　我们的呼吸道黏膜每天都在产生黏液，黏液会把进入呼吸道的外来物黏住且消灭它们，同时保持呼吸道的湿润。我们平时很少感到鼻腔有鼻涕，那是因为鼻涕会和唾液混合，然后流到嗓子那里被我们咽下去。这个过程每时都在进行。但鼻涕过量或太黏了则会堆积在喉咙而引起刺激，咳嗽只是对这种堆积的反应而已。

病因　任何能引起过多鼻腔分泌物的原因都可能引起鼻后滴漏，如：

- 感冒；

- 流感；

- 过敏；

- 鼻窦炎；

- 鼻腔异物；

- 药物，如避孕药及抗高血压药物；

- 鼻中隔弯曲或畸形；

- 过冷或过干的天气；

- 过于刺激的食物；

- 烟熏、香水、清洁剂及烟草等刺激物；

- 胃食道反流等。

症状　清喉咙或咳嗽，咳嗽在晚上更明显；喉咙疼或不适；继发耳朵疼（中耳炎）或鼻窦炎。

治疗　主要是治疗引起过量鼻涕的原因。

- 过敏性鼻炎：2 岁以上的孩子可用鼻腔用激素治疗 4 周左右，辅以鼻腔海盐水冲洗，偶尔也需要给抗过敏类的口服药。孟鲁司特钠可用于预防过敏性鼻炎，但要注意该药可能有严重的副作用（对孩子情绪的影响）。最重要的是预防与过敏原的接触，如烟草、尘螨及霉菌等。

- 感冒：4 岁以下孩子不建议用任何止咳化痰药，因为这些药物不仅无效，还有很明显的副作用。感冒只需要退烧、多清理鼻腔、大量给液体及休息，便能自愈。

- 流感：2 岁以下婴幼儿患流感后可考虑用抗流感药物，2 岁以上健康儿童并不一定要用抗流感药物。抗流感药物有明显的副作用，如胃肠道刺激，且它们只能缩短病程 22 个小时左右。注意每年接种流感疫苗。治疗流感需要注意退烧、休息及给足够的液体。

睡觉时注意抬高头部，让黏液更易被吞下去而不是堆积在嗓子处。

如果被证实患有中耳炎或鼻窦炎，要按医生建议服用抗生素，且要完成整个疗程。

孩子咳嗽超过一个月要考虑是否是"鼻后滴漏综合征"，要及时就医。

痱子

痱子见于任何年龄，不仅仅见于夏季，冬季也常见，因为大人怕孩子冻着，会给孩子穿太厚的衣物或盖太厚的被子所致。

　　什么是痱子，出了痱子后该怎么办？　痱子是由出汗引起的，痱子有可能会很痒，但并没有危险。痱子是一些小的红色疹子，一般出在衣物覆盖着的部位，也可以是全身性的。痱子一般在皮肤凉快以后就会慢慢好转。越湿热的环境，孩子越易得。出痱子是因为汗腺被堵住导致，这容易使周围皮肤形成刺激感及红肿。

治疗及预防

- 让孩子尽量待在一个凉爽及干燥的环境；
- 尽量不让孩子抓皮肤，否则会形成感染；
- 保持出痱子的部位干燥；
- 不要在出痱子的地方用润肤露，否则会阻塞汗腺；
- 可以用爽身粉等让皮肤清凉的东西薄薄地涂在身上；
- 可以用电扇降温或通风；
- 一定要穿宽松的衣服。

缺锌

　　孩子不好好吃饭很常见，那不好好吃饭就缺锌吗？肯定不是。

　　锌对人体来说是微量元素，它遍布身体的各个器官，在眼睛、骨头及男性生殖器内都有。

锌的功能

- DNA 及 RNA 的重要组成；
- 胶原蛋白的一部分；
- 维生素 A 的重要组成部分；
- 吸附有害的重金属如铅及镉。

人体对微量元素的需求不大，建议每天锌的摄入量

- 1～3 岁：每日 3 毫克；
- 4～8 岁：每日 5 毫克；
- 8 岁以上：每日 10 毫克。

锌的吸收发生在小肠，经肝肾排出。我们的身体不储藏锌。

缺锌的常见原因有两大类

- 摄入不足；
- 吸收不佳，如小肠的某些疾病。

过多补锌会导致中毒！

血清中锌的水平（静脉血）能告诉我们是否缺锌或锌过量，不是所有孩子或成人都需要检测，有以下情况时可以考虑查锌的浓度：

- 婴儿：生长发育迟缓；长期腹泻；伤口愈合时间延长；经常有严重的感染。
- 大孩子：性成熟迟缓；免疫功能差；味觉及嗅觉差；情绪不稳；视觉有问题；皮疹长期不愈合。

如何采集血样测锌浓度？　要采集静脉血而不是手指血，抽血时不能有溶血的情况，溶血会使结果偏高。

血清的正常值范围为：0.66 ～ 1.10 mcg/ml（微克 / 毫升）。检查结果不是诊断缺锌与否的唯一标准，一定要结合临床。不要依据检查结果补锌，尤其不要依据手指血的结果，要听医生的建议来补。

如何补锌？　补锌可以首先考虑食补，食物中含锌的量可参考：

- 30 克牛肉含锌 2 ～ 3 毫克；
- 一个牡蛎含锌 5 毫克，其他带壳的海鲜也富含；
- 30 克猪肉含锌 1 毫克；
- 30 克腰果含锌 1.6 毫克；
- 30 克瑞士奶酪含锌 1.2 毫克。

极度缺锌会使食欲差及体重减轻，怀疑孩子食欲差与缺锌有关时，一定要去查一查锌的水平是否低于正常，如果低的话要在医生指导下补锌。不建议在身体不缺锌时通过补锌来刺激食欲，没有科学证据证明这么做有效。

白斑

老一辈人常说脸上长白斑和蛔虫有关，这是真的吗？科学证明白斑和蛔虫一点关系也没有。

皮肤白斑对孩子来说最常见的是"白色糠疹"。白色糠疹的原因是局部皮肤受损伤后黑色素分泌的一过性减少，如面部长湿疹痊愈后会留下一片片白色皮肤，尤其在夏天暴晒后更明显，那是因为正常皮肤被晒黑了，但黑色素细胞减少的地方无法被晒得那么黑。

如果孩子经常肚子疼、拉稀或便秘、体重不长或有蛔虫的接触史，要去医院做大便检查看是否有蛔虫虫卵。在没有确定感染的情况下不要盲目吃打虫药。

那白斑是不是"白癜风"呢？白癜风在婴幼儿中的发病率很低，非常罕见。如有怀疑最好看看医生，以免无端焦虑。

|疫苗接种|

按照国家 2021 年版免疫规划疫苗儿童免疫程序表，满 2 岁要接种第二剂乙脑减毒活疫苗或第三剂乙脑灭活疫苗（以前接种过两剂灭活疫苗的孩子）及第二剂甲型肝炎灭活疫苗。如果选择二类疫苗，在孩子满 2 岁时也建议接种相同的疫苗。

|护苗＊成长|

如何预防常见的室内过敏原？

室内最常见的过敏原为尘螨及霉菌。

尘螨　尘螨是节肢动物，像蜘蛛，八条腿，白色的。尘螨在室温 20～25℃时长得最快，也喜欢湿度高的环境。它们靠吃人身体脱的皮屑生存。它们在家具、地毯、床上及毛绒玩具的深层生存。人每天的皮屑有 1.5 克，这足以喂饱 100 万的尘螨。尘螨本身及它的排泄物都有可能会引起人类的过敏反应。

尘螨像其他过敏原一样可以引起湿疹、过敏性鼻炎及哮喘。常见症状有打喷嚏、流鼻涕、咳嗽、眼睛红肿流泪、喉咙及鼻子痒、呼吸困难等。

尘螨过敏的诊断可以是皮肤针刺试验或血的 IgE 检查，阴性结果不能排除尘螨过敏。

如何预防尘螨呢？

● 把床垫及枕头用防尘螨的罩盖上，这种特殊的罩孔隙很小，尘螨进不去；

● 每周把床单、被罩及枕套用热水洗一次，温度至少是 60℃，低于这个温度是杀不死尘螨的。如果能配合有除螨功能的洗涤剂效果更佳；

● 不要用热水不能清洗的纺织品，如地毯、布艺窗帘、布艺沙发、羽绒被、羽绒枕头。窗帘只用可擦洗的百叶窗；

● 当清洁房间时要让孩子离开；

● 用有 HAPA 过滤器的吸尘器；

● 再声称能除螨的吸尘器也无法清除深处的螨虫；

● 如果有小块地毯一定要经常用热水清理，也可干洗；

● 中央空调一定要安装 HAPA 过滤器。

只有严格做到以上建议才能最大程度预防尘螨。

霉菌　霉菌是仅次于尘螨的最常见的室内过敏原。霉菌过敏可以引起湿疹、过敏性鼻炎及哮喘。

如何预防霉菌呢?

- 去除潮湿的来源:及时修理任何漏水的地方,及时清理垃圾桶的积水;

- 用除湿器:保持湿度在 50% 以下;

- 不要使用加湿器:加湿器内部很容易有霉菌的生长,使用时也可以传播霉菌;

- 空调一定要有 HEPA 过滤器:有了这种过滤器可以吸收湿气;

- 保持卫生间的干燥及通风:一定要尽快地把洗澡时的潮气排除;

- 潮湿的地方不要摆放地毯;

- 花盆的托盘要保持干燥;

- 把不用的报纸及书籍及时处理:这些纸质的东西最容易吸收潮气。

家长常见问题

孩子有些发音不清楚，需要担心吗？

如果是某些音发不清楚，如"飞机"发成"bei-ji"就不需要担心，但如果连"妈妈"的音都发不清楚，就需要让专业人士看一下。辅音中有些音发不清楚在这个年龄是正常的，等孩子四五岁时就自然好了。多用标准语言给孩子读书对发音很有好处。

发现大便里有类似虫子的东西，是蛔虫吗？

是不是蛔虫还是要去化验一下大便。寄生虫感染在大城市已经不常见了，但要是伴有慢性腹痛、间断性腹泻或体重增长不理想的情况，还是要考虑寄生虫感染。检查寄生虫一定要送 3 次不同的大便样本。不建议常规吃"打虫药"。

孩子老肚胀、大便干，是上火吗？

这些是典型的便秘症状。中医里的"上火"是一组疾病的总称。孩子便秘要注意多饮水，这个月龄的孩子除了每天喝 500 毫升奶之外，还要喝 400 ～ 500 毫升的水。另外吃些高纤维的食物对便秘也会有所帮助，如燕麦、青豆、小青南瓜、大麦、牛油果及梨等食物。

男孩子的两侧阴囊不一样大，需要检查一下吗？

需要。阴囊不一样大要看是否有鞘膜积液。很多男婴在出生时有鞘膜积液，这是正常的。随着孩子长大积液会逐渐地吸收，一般 1 岁左右就消失了。如果超过这个年龄还有积液则要检查一下，看是否为"交通性鞘膜积液"，也就是说阴囊里的积液和腹腔内的液体是通的。如果是的话需要把"交通处"结扎起来，阴囊就不肿胀了。如果不管的话，睾丸有扭转的可能。所以还是要积极治疗的。

孩子老流鼻血，怎么办？

孩子老流鼻血需要去耳鼻喉科检查一下。如果是单侧流鼻血则不需要担心是血液的问题，如果双侧鼻孔同时流鼻血或还伴有牙龈出血就要看看血液科了。过敏性鼻炎会使鼻黏膜长期肿胀，孩子在揉鼻子或挖鼻孔时更易造成流鼻血。如果是过敏性鼻炎则需要积极治疗，每天要多次用海盐水清洗鼻腔。

孩子老趴着睡，正常吗？

家长没法决定孩子睡觉的姿势，他/

她怎么舒服就怎么睡，大可不必担心。趴着睡会压迫心脏的说法是没有科学根据的。

孩子走路时两个肩膀不一样高，需要检查一下吗?

需要检查一下。有的孩子天生就有脊柱侧弯或其他问题，需要看一下骨科医生。

孩子还喝夜奶，怎么办?

不可以再喝夜奶了，牙都要蛀了!睡觉之前要刷牙，刷完牙就不能再吃东西了，喝完奶再漱口无法预防蛀牙。要赶快看看牙医，检查一下是否已经有蛀牙了。断夜奶很简单，坚持夜里不给奶就行了，舍不得孩子哭的代价就是有蛀牙。

怎么能让孩子长高些?

家长要知道孩子的成年身高主要是遗传决定的。父母能做的是保证足够的奶制品的摄入以及确保有足够的钙的摄入，饮食合理搭配，积极运动。培养孩子的自信心，不要过于重视外貌。

2 岁 ~ 2.5 岁

这个年龄的孩子充满了能量，他 / 她无所畏惧，不断地挑战自己，这对家长来说既欣慰又担忧。

| 生长发育的秘密 |

这个年龄段的孩子生长速度已经慢下来，如果孩子几个月以来的体重和身高没有多少变化，也不要担心。2 岁以上孩子的生长曲线可参考美国 CDC 的标准曲线，该曲线的正常范围为 5% 到 95%。

体重指数（BMI）曲线

这个年龄最重要的是引进体重指数 (BMI) 的概念来判断孩子的体重、身高比例。注意体重指数曲线的获取首先要计算 BMI，BMI 的计算方式和成人一样，用体重（以千克为单位）除以两次身高（以厘米为单位），再乘以 10000，即为 BMI。然后将 BMI 按孩子年龄标记在 BMI 曲线上，如果在 5% 以下则为 "太瘦"，在 85% 或以上，但不到 95% 为超重，在 95% 或以上为肥胖（曲线见附录）。

动作及能力发育

社会及情感发育　会玩儿趣味游戏；开始和别的孩子一起玩儿；能告诉大人他 / 她尿尿了，需要换纸尿裤或要求去厕所；能恰当地按场合表达情感；分离焦虑减轻；模仿大人动作。

语言能力　能说 3 ~ 4 个字的句子；孩子说的一半的话能被大人理解；理解两步指令；开始用主语 "我" "你" 等；开始问 "什么" 及 "哪里" 等问题；能命名 10 个左右的物品，如娃娃、苹果、梳子等。

认知能力　开始有幽默感；开始有数字的概念，如 "给我一个苹果"；会按颜色及形状分类；会把玩具狗和图片上的狗配对。

运动能力　会自己洗手及擦干；会在大人帮助下刷牙；自己能穿上短裤；会脱衣服；能搭八九块积木，也会把积木连成长串；会画连续的圆圈；会穿大珠子；会拧瓶盖；会用手指翻书；能双脚离地跳；扔球时会把球举过头顶再扔出去；会上下楼梯；能倒着走 10 步。

出现以下情况需要尽早就医　达不到以上多数指标；不能说两个字的词；叫不出常用东西的名字，如勺子、电话等；不模仿动作或词语；不懂简单的指令；走路不稳；已经会的技能逐渐丧失。

自闭症谱系障碍的筛查

如果孩子在 24 个月时没有进行自闭症筛查则要尽快完成。家长可在网上找到 M-CHAT-R/F 的问卷（有版权），按照计分得出结论。如果为"低风险"，则不需要再做；如果为"中等风险"，则需要尽早对孩子进行诊断评估，这需要专业医院的诊断；如果为"高风险"，要马上进行诊断评估并及早干预。

| 喂养那些事儿 |

奶量

这个年龄的孩子只需要喝牛奶了，每天需要 500 毫升的奶制品，如酸奶、牛奶或奶酪。美国儿科学会建议从孩子 2 岁开始给低脂或脱脂奶。

孩子在 2 岁以内大脑在快速地发育，所以需要大量的脂肪，2 岁以后就不再需要如此高的脂肪了，再大量摄入脂肪会使身体的脂代谢异常，这些是很多慢性病的基础。

以下为 240 毫升牛奶脂肪含量的比较：

全脂奶：8 克脂肪；

2% 牛奶：4.5 克脂肪；

1% 牛奶：2.5 克脂肪；

脱脂奶：0 克脂肪。

孩子在这个年龄之所以还需要奶制品，主要是因为从奶制品中可以摄取钙，而并不是为了摄取其他营养。

吃饭的规矩

孩子吃饭时需要坐在餐椅上。这个年龄的孩子完全可以自己吃饭了，大多数孩子都能熟练地使用勺子，甚至筷子，但也可能会弄一地的饭。别担心，这是培养孩子独立能力的必经过程。

吃饭时不要给孩子玩具或看电视，吃饭需要专心。

孩子吃饱了就不要劝孩子吃了，孩子有权决定吃多少。强迫孩子吃完所有食物只能使孩子对饱和饿的感觉越来越不敏感。不要以饭后零食来贿赂孩子吃饭。

每天的水量

孩子每天除了喝 500 毫升奶之外，还需要大概 500～800 毫升的水，或按照孩子需求给水。注意不要给孩子喝果汁，因为果汁里的糖分过多，喝太多果汁也会引起幼儿腹泻。

这个年龄的孩子已经可以用敞口杯子喝水了。

油、盐、糖

这个年龄的孩子每天最大吃盐量为 2 克，给孩子食物中加的盐量应该越少越好。一旦孩子愿意吃很咸的食物就会形成习惯，摄入过多的盐可能会导致高血压。

食物以外的糖每天可以给 10 克左右。油可以给 10 毫升左右，橄榄油为最佳选择，因其富含不饱和脂肪酸。

营养补充剂

可以继续补充 600IU 的维生素 D，不需要其他补充剂。

｜亲子活动｜

大运动能力　跳跃：剪一些纸片，然后把它们散布在地上，注意纸片之间不要距离太远。让孩子从一个纸片跳到另一个纸片上。

追逐影子：天气好的时候和孩子在外面玩追逐影子的游戏，可以让孩子看着自己跳跃时或下蹲时影子的变化，也可以让孩子把大人的影子轮廓用粉笔给描下来。

认知能力　"给玩偶过生日"的游戏：找出孩子最喜欢的玩偶，一起给它过个生日。可以准备一个真的蛋糕，一起唱生日歌，孩子会很喜欢的。

秋天的落叶：把秋天的落叶收集起来，和孩子一起认识不同树叶的颜色、形状及大小。让孩子再去找找类似的树叶。

手眼协调及解决问题的能力 拼图板：给孩子买个拼图板，不需要很多块。从最简单的两块开始，然后逐渐增加难度，看看孩子能应对怎样的挑战。

一起做比萨：让孩子往做好的比萨饼上面放自己喜欢吃的东西，这会让孩子有创造的成就感。

感知能力 了解五官的用途，引导孩子对自己的身体器官感兴趣。

创造力 纸盒变变变：家里的纸盒子别扔了，跟孩子一起把它们利用起来。让孩子动手创造自己的玩具，那才有趣呢。

语言能力 让孩子讲故事：当孩子对一个绘本已经很熟悉时，让孩子自己来把故事讲一遍，看看他／她能讲出多少内容来。

命名身体部位 可以随时随地指着自己的鼻子问孩子："这是什么？" 2.5 岁时至少能说出 5 个身体部位的名称了。

| 常见行为问题 |

害怕黑暗

很多幼儿小时候不在意黑暗，长大了却害怕在黑暗中睡觉，这是为什么呢？ 这是因为孩子的感知随着他／她的长大变得越来越细腻，他／她开始对很多东西产生焦虑或恐惧，尤其是黑暗。这和很多成年人是一样的，我们会想象在黑暗中能发生什么事情。孩子也越来越意识到这大千世界中存在着危险，也会记得自己从秋千上摔下来的不愉快经历。他／她可能会害怕故事里的"鬼"会在夜里出来，因而会害怕黑夜。

对黑暗的恐惧会持续多久？ 一般从孩子 2 岁左右开始，到小学入学时结束。但有的孩子会持续更长的时间。

家长能如何帮助孩子呢？

● 认同他／她的害怕。忽略孩子的恐惧感不会有任何帮助，只有认同孩子的感受才能有效地帮助他／她。让孩子说出他／她的恐惧，如"告诉我什么让你这么害怕"，而不是说"男子汉不害怕"。注意不要对恐惧本身过多地表达关切。

● 夜间不要开灯，或把孩子抱到大床上。当孩子夜里因为害怕醒来时，不要马上开灯或把孩子抱过来一起睡。孩子需要学习克服恐惧，家长可以在黑暗中安慰、陪伴他／她，但不能把他／她抱到大人床上，因为一旦养成这个习惯，孩子就不想自己睡了。

● 讲些和黑暗有关的轻松故事。

- 放松训练。孩子睡觉前，家长与他/她一起躺在关了灯的房间里，让孩子想象一下在沙滩上晒太阳，帮孩子放松情绪。

- 给孩子个安慰物。孩子1岁以后自己睡觉时可能会需要安慰物，如小毯子或毛绒玩具。这些安慰物对孩子的帮助是巨大的，家长一定要重视。

- 留个夜灯。给孩子的卧室准备一个不超过4～7瓦的夜灯，这样孩子醒来就不会那么害怕。

- 跟随他/她的想象力。孩子说壁橱里有"鬼"，那我们就去找找这个鬼。孩子说"鬼"晚上会出来，我们就给孩子床上预备一个吓唬"鬼"的工具。看看这样是否会帮助孩子戒除恐惧。

- 奖励他/她的进步。给孩子一点奖励，如果他/她夜里没有再叫你。

如何预防孩子对黑暗的恐惧？

- 不要给孩子看可怕的卡通、电影或书。不要吓唬孩子，如"大老虎来吃了你"。

- 不要拿孩子害怕的东西开玩笑，如"鬼来了……"，要教育家里的哥哥/姐姐不要取笑弟弟/妹妹对黑暗的恐惧。

耐心些，随着他/她长大，孩子对黑暗的恐惧会越来越少。

行为规范退化

很多幼儿的行为会突然间退化，明明自己会吃饭了，却又要求家长喂饭，已经能上厕所了，又开始要求穿纸尿裤等。

很多孩子对长大后与父母分离有着很矛盾的心理，他们一方面要求独立，另一方面又需要父母给予安全感，这种矛盾心理会使他们时常在行为上有所退化。退化也可能是对生活中的变化或压力的反应，如弟弟或妹妹的出生，开始上幼儿园或家庭不和睦等。

如何应对退化呢？

- 索性把他/她当成宝宝。完全拒绝孩子的要求会使孩子退化的时间更长，一过性地把他/她当宝宝是没有关系的。

- 给他/她更多的爱，告诉宝宝你爱他/她。如果二宝出生了，你需要留出与老大单独相处的时间，并让他/她参与对二宝的照顾。

- 不要批评他/她退化的行为。告诉孩子你不变成个小宝宝时更可爱，不管怎样我都爱你。

- 鼓励大孩子的行为。当孩子展示与年龄相当的行为时予以及时鼓励，如自己脱衣服或自己吃饭。

● 允许孩子发泄情绪。告诉孩子偶尔的气愤或悲伤都是正常的，让孩子知道你永远都愿意聆听他 / 她。

● 不要雪上加霜。如果二宝的出生是孩子退化的原因，就不要在此时让老大上幼儿园了。这只能使孩子更加焦虑，从而催发退化的行为或延长退化的时间。

不与他人分享

幼儿会认为所有东西都是"我的"，这并不意味着他 / 她贪婪或自私，他 / 她只是在实验"拥有"的概念而已。真正懂得分享得到孩子三四岁时，这个年龄是最适合教给孩子"分享"的时候。家长应该如何做呢？

● 增加孩子的自信心。给孩子足够的关注，在孩子有不好行为时，只批评不好的行为，而不是孩子本身。当他 / 她有分享的行为时及时表扬。

● 不强迫分享。当孩子不想分享自己的东西时，千万不要强迫。也不要偷偷地把孩子的东西给别的孩子玩儿，分享只能是鼓励而不是强迫。可以不断地试试，有些孩子此刻不想分享，但过一会儿可能就愿意分享了。

● 对孩子解释什么是"别人的东西"。告诉孩子不是所有东西你都可以拿走，因为它们是别人的东西或大家共有的东西，如游乐场的秋千。

● 向孩子展示如何"分享"。家长可以把自己正在切的苹果分给每位家人，把自己的衣服送给别人穿等。

对大多数孩子来说，"分享"的行为自然而然就学会了，当然有些孩子需要家长付出一定的努力才能教会。

｜安全常识｜

项链和细绳子

不要给孩子佩戴项链，以及其他挂在脖子上的饰品。不要给孩子穿有抽拉绳的衣服。这些绳索有可能会勒住孩子的脖子。

塑料袋要放好

有的孩子会模仿动画片中的人物把塑料袋套在头上，这很容易引起窒息或是死亡。所以家长们必须妥善保管好家中的塑料袋，让孩子远离危险。

大宝贝带小宝贝

现在很多家庭都是"2+2=4"的配置，有些家长由于工作繁忙，会把小宝贝交给家里的大宝贝带。但其实，家里的老大也还是个孩子，他们的防护意识还不完善，往往意识不到危险就在小宝贝身边，不经意间就会使小宝贝受伤，尤其在玩一些危险游戏时。家长把小宝贝交给大宝贝时，一定要慎之又慎。

不要去厨房

不管是孩子自己还是有大人监督都不能去厨房，一则厨房有锐器，二则厨房有太多能把孩子烫伤的东西了。

幼儿床的安全

孩子 1 岁半以后就有可能睡不了婴儿床了。在购买幼儿床时要注意床上要有栏杆以免孩子睡觉时坠床，床一般离地面（包括床垫高度）不得超过 50 厘米。

注意床的周围不能有尖锐的家具，孩子卧室的家具越少越好。

｜常见疾病及治疗方法｜

鼻窦炎

鼻窦炎在幼儿中发生率不低，但往往被忽视，因为鼻窦炎的症状和感冒或气管炎类似。

孩子出生时鼻窦还没像成人一样完全形成，但已经有很小的上颌窦（脸颊部）、蝶窦（两个眼睛之间），额窦（两个眉弓处）是最后形成的。孩子的鼻窦炎相对比较难诊断，往往是继发于病毒感染或过敏导致。

鼻窦炎发生的原理：正常情况下鼻窦产生的液体会流到鼻腔内，如果鼻腔堵塞就会造成鼻窦引流不畅，当鼻窦有大量液体滞留时细菌会快速繁殖从而造成鼻窦炎。

如何知道孩子得了鼻窦炎?

- "感冒"超过 10～14 天且伴有发热；
- 很稠的黄绿色鼻腔分泌物；
- 由于鼻后滴漏引起咽痛、咳嗽、口臭及恶心呕吐等；
- 头疼，但多半 6 岁以上的孩子才会表达；
- 易激惹及疲劳；

● 眼周围肿胀。

孩子越小越易感，鼻窦炎常常是因为感冒或过敏性鼻炎引起。要注意避免烟草及各种过敏原的接触。

治疗

● 急性鼻窦炎：抗生素为治疗的首选。同时要及时清理鼻腔才能让鼻窦的液体及时引流，以缓解感染。口服感冒药对鼻窦炎没有可证实的帮助。抗生素要严格按照医嘱服用，不可太早停药，一般建议服用 10 天到 2 周。有时医生也会配合用其他药物来缓解症状，如鼻腔用激素等。

● 慢性鼻窦炎：症状持续 12 周以上时就为慢性鼻窦炎。慢性鼻窦炎一定要在耳鼻喉科医生的监督下治疗，有时需要考虑手术治疗。

诊断　鼻窦炎可通过病史及查体来诊断。有时也需要辅以 X 光或 CT 检查来确诊。

什么情况下需要手术治疗？　当药物无法控制因鼻窦炎引起的症状时需要考虑手术治疗。有时在清理鼻窦的同时也会把肿胀的腺样体切除。

孩子如果有鼻塞时要积极地冲洗鼻腔，否则可能会引起继发性中耳炎或鼻窦炎等。

传染性红斑

传染性红斑是一种在儿童中非常常见的传染性疾病。它是由细小病毒 B19 引起的，潜伏期为 4 ~ 14 天。感染过后会终身免疫。

症状　通常比较轻，如发烧、流涕、头痛、多发性关节肿痛及皮疹。

皮疹特点　两颊红肿像被打了耳光，几天后皮肤出现像蕾丝一样的红疹。皮疹可能会有轻微的痒，一般持续 7 ~ 10 天。细小病毒 B19 的传染途径为飞沫及接触传染。传染性最强的时间段为身上出现皮疹前。皮疹一旦出现，孩子就不具有传染性了。

诊断　一般通过病史及典型的皮疹来诊断，偶尔也做细小病毒 B19 的血化验。

治疗　因为该病为病毒感染，所以没有特效药。

预防　呼吸道疾病的长规防护。一定要避开处于怀孕早期的妇女，因为该病毒对胎儿有严重影响。

地中海贫血

地中海贫血是一种血液病，它是一种先天的、无法制造正常血红蛋白的疾病。血红蛋白存在于我们人体的红细胞内，它的功能是携带氧气且输送给全身。血红蛋白的

正常结构是由 α 和 β 两种球蛋白组成的，每个血红蛋白含两个 α 球蛋白及两个 β 球蛋白。

当身体无法产生正常的 α 或 β 球蛋白时，红细胞的功能就会受影响。不正常的红细胞寿命要短于 4 个月，这就会造成贫血及一系列合并症。

地中海贫血为遗传性疾病，偶尔因基因突变引起。遗传性疾病的意思就是它可以从父母传给孩子，虽然有的人并没有明显的表现（被称为"携带者"），但他 / 她的后代可以是携带者或有严重症状者。地中海贫血不具传染性。

地中海贫血分为两种：

α 地中海贫血：为身体无法产生 α 球蛋白。

β 地中海贫血：为身体无法产生 β 球蛋白。

α 和 β 两种球蛋白的产生是受基因控制的，当基因不正常时就会引起地中海贫血。在中国最常见的是 α 地中海贫血，所以我们重点讲一讲这个。

α 地中海贫血：控制 α 球蛋白产生的基因有四个，如果其中任何一个基因出问题都会引起 α 球蛋白的异常或缺失，从而引起地中海贫血。α 地中海贫血可以是轻度的，有人一辈子都不知道自己是这个病的携带者；也可能是很严重的，需要靠输血活着。α 地中海贫血常见于非洲人、中东人、中国的南方人或东南亚人。

分类　之前说过控制 α 球蛋白产生的基因有 4 个，所以 α 地中海贫血的分类也取决于是哪个基因出了问题。

● 一个基因有问题：这种孩子虽然没有症状，但他 / 她可以把不正常的基因传给后代，这种人被称为"携带者"。当两个携带者结婚生子时，则可能会生育有严重 α 地中海贫血的孩子。

● 两个基因有问题：这种孩子没有症状，化验血时可能有轻微贫血及红细胞很小，这种患者被称为"轻型 α 地中海贫血"，也可以遗传给后代。这种情况在亚裔最常见。

● 三个基因有问题：孩子的贫血及其他症状可能很明显或很严重，被称为"H 型地中海贫血"。

● 四个基因都异常：被称为"严重型 α 地中海贫血"或"胎儿水肿"。就是说胎儿无法活着出生或出生后很快死亡。

引起的合并症　铁过剩：过多的铁会伤害心脏、肝脏及内分泌系统；骨骼畸形及易骨折：因为贫血，骨髓会不断地加强造血功能从而使骨皮质变薄，骨皮质变薄会导致骨头畸形及更易骨折；脾增大；感染；生长缓慢。

症状　易疲劳、虚弱及气短；皮肤苍白或变黄（黄疸）；面部骨骼异常；生长缓慢；

腹部肿胀；尿颜色变深等。

诊断　根据病史、症状及实验室检查来诊断。血液的化验可能提示小细胞性贫血，现在最精确的方法为 DNA 检测来发现基因缺陷。如果父母双方都是 α 地中海贫血的携带者，还可以检查胎儿是否是 α 地中海贫血的携带者或严重 α 地中海贫血的患者。

治疗　对一个或两个基因缺陷的所谓"携带者"不需要治疗。但要注意与"缺铁性贫血"区别，因为缺铁性贫血的患者需要用铁剂治疗，而 α 地中海贫血的患者不可以用铁剂治疗。

对 H 型 α 地中海贫血的患者：轻型的症状可建议补充叶酸，重型的可能需要间断地输血治疗以缓解严重的贫血。因为频繁输血，身体里的铁会过量，所以也需要用特殊方法去除身体里多余的铁。

现有唯一有可能"治愈" α 地中海贫血的方法为骨髓移植（干细胞移植）。

因为严重的 α 地中海贫血的患者生活很痛苦，所以如果是 α 地中海贫血基因的携带者要注意做婚前遗传咨询，因为两个携带者生出的孩子患严重的 α 地中海贫血的概率较高。

乙型脑炎

乙型脑炎（日本脑炎）为大脑实质的感染，病因是乙脑病毒，该病毒是由蚊子传播的。75% 的乙脑发生在孩子身上。

日本脑炎病毒是指猪及鸟类体内的病毒通过蚊子传给人引起的。

目前没有有效的药物来治疗乙脑感染，治疗多为支持疗法，如给氧及补液，完全要靠我们自己来和病毒作战。

症状　大多数感染者只是有些感冒的症状，脑炎的发生率为 1/250，症状有：高烧、惊厥、颈部发硬、昏迷、肢体发抖及瘫痪等。

该病的死亡率高达 1/3，幸存者恢复起来也很慢。其中有一半人会有长期的合并症，如发抖、智障或瘫痪等。

预防　按时接种乙脑疫苗至关重要。外出要用含避蚊胺的避蚊剂，睡觉要睡在蚊帐里。有疑似乙脑的症状时要及时就医。

滥用抗生素

滥用抗生素是世界性的灾难，耐药菌的产生直接和滥用抗生素有关。在美国，每年医生开的抗生素有一半是不必要的或使用错误的，这个数字在中国可能更高。

如果抗生素用于病毒感染，如感冒或嗓子疼时会发生什么？

- 感染不会因吃抗生素就好了；

- 照样会传染他人；

- 症状不会有任何好转；

- 可能会有明显的副作用；

- 会引起细菌的耐药性，当细菌广泛耐药时，就没有任何抗生素来拯救你的细菌感染了。

作为病人，我们能做什么呢？

- 医生不给开抗生素时不能要求开；

- 不要自己买抗生素来治疗病毒感染，如感冒；

- 不要吃别人的抗生素，可能不对应你的症状；

- 吃抗生素就要一剂不落；

- 不要觉得好些了就停药；

- 不要把抗生素留起来下次用。

安全用药

孩子生病时牵动着每一位家长的心，家长恨不得自己代替孩子去生病，也希望孩子一夜之间就好起来。但是往往是事与愿违，孩子一病就是3～5天，甚至时间更长，家长除了带孩子寻医问药外也没什么能替孩子做的。实际上，为孩子选对药就是最好的呵护。不良用药会产生很多副作用，有的药会造成终生的遗憾。

以下的药物孩子误服后可能有生命威胁：

- 心脏用药：可以引起孩子的低血压、心率改变，可在很短的时间内危及生命。

- 樟脑丸：如果误吞了樟脑丸会很快发生神经系统的问题，如惊厥。

- 处方类的止痛药：如氢可酮，半片就可致命。

- 阿司匹林：有病毒感染时不可用阿司匹林退烧，可引起18岁以下孩子严重永久性的神经系统损伤。

- 抗抑郁药：孩子误服后也可致命。

- 外用药，如降血压膏药、滴眼剂或喷鼻剂：误服后也可能会有严重的副作用。

- 降糖药：孩子用了大人的降糖药后会引起很危险的低血糖。

非处方药安全吗？

- 感冒化痰药：4岁以下孩子不要用治鼻塞药、化痰药及镇咳药。不仅对症状没有帮助还可引起严重的副作用。4 岁以上孩子也要慎用。

● 维生素及其他补品：最好的补充维生素的方式还是鼓励孩子吃多样的食物，食物中含丰富的维生素及其他营养成分。不建议孩子服用任何高剂量的维生素。喂母乳期间要补充维生素 D。

● 胃肠道药物：不建议给孩子任何非处方的止吐及止泻药物，如果症状严重需要在医生指导下服用。

如何安全地储藏药物？

● 把所有药物放到孩子找不到的地方；

● 拧紧瓶盖，以防孩子打开；

● 不要把药物放在钱包里及柜子上面；

● 孩子如果去别人家里也要多加注意，保证环境的安全。

如何安全地给孩子用药？

● 剂量必须按医生建议：尽量使用药物自带的测量器皿，不要用家里的勺子测量。不可自行决定加量或减量。

● 药物要保存在原装的瓶子及盒子里：不可以把药物换个包装或转移到不同的容器内。

● 仔细阅读药物成分：如果同时给孩子几种药物，一定要确定这些药物没有一样的成分，否则会用药过量。如感冒药很多是多种成分的混合，假如同时服用两种感冒药，某种成分很有可能会过量。

● 仔细阅读有可能产生的副作用：每种药物都有说明书，要仔细阅读副作用一栏，如果发生副作用要及时就医。

● 所有给药的人要做记录：如果有超过一个人在给孩子服药的话，要养成一个好习惯，记录每个人给孩子药物的种类、剂量及时间。

● 不可改变药物的使用方式及部位：如胶囊类的药物不可以把胶囊打开服用，外用药不可口服，眼睛用药不可用于皮肤等。

● 给药方式：不要强灌孩子药物，否则容易造成误吸。绝大多数药物可以和果汁（除西柚汁）混合后饮用，加糖也不影响药效。在孩子睡觉时不可以喂药，极易造成误吸。

给孩子灌输药物安全的概念

● 告诉孩子自己不可以吃任何药物，所有药物都要由家长给；

● 不要把任何药物指认为糖果；

- 展示正确用药的方式；
- 给大孩子读药物说明；
- 教育孩子不吃别人的药物；
- 告诉孩子不要试图打开大人的药瓶；
- 告诉孩子不管误服了什么药物都要及时告诉家长。

感冒与过敏的区别

随着春季的来临，越来越多的孩子会有过敏的症状，春季也是感冒的高发季节，因此有很多过敏被误诊为感冒。那感冒和过敏有什么区别呢？

下表可做参考：

感冒与过敏的区别

特点	感冒	过敏
特点		
持续时间	3～14天	几天到几个月，通常超过14天
季节性	冬季常见	各季节都可能有
起病	逐渐起病	接触过敏原后立即发病
症状		
咳嗽	频繁	有时有
肌肉酸痛	有时有	没有
疲劳	有时有	偶尔
发烧	常见	没有
眼睛痒、流眼泪	不常见	常见
咽痛	常见	偶尔
咽痒	不常见	常见
流鼻涕	常见	常见
玩耍	减少	正常
食欲	降低	正常
体检发现		
鼻黏膜	红肿	苍白肿胀

续表

特点	感冒	过敏
咽部红肿	明显	不明显，可有鹅卵石样改变
颈部淋巴结	肿胀	肿胀不明显
治疗		
感冒药	4岁以下不用感冒药	不需要
海盐水	多次冲洗鼻腔	多次冲洗鼻腔
退烧药	发烧时用	不需要
抗过敏药	不需要	氯雷他定或西替利嗪为常用药
激素类鼻喷剂	不需要	2岁以上过敏性鼻炎可考虑（依据药物年龄限制）
预防		
良好的卫生习惯	需要	需要
流感疫苗	建议	建议
避免接触过敏原	不需要	需要严格避免接触过敏原

过敏性肠炎

孩子有急性或慢性腹泻时很少有人怀疑是过敏引起的，实际上过敏性肠炎在孩子中很常见的。发病最早可见于新生儿，如牛奶蛋白过敏，表现为大便中有血。

症状　其症状有孩子易激惹、肚子疼、肚胀、餐后呕吐、慢性腹泻及生长发育迟缓等。

诊断　多根据病史及查体发现，有时需要配合其他检查，如肠道活检等。过敏原检查不是很有用，尤其对3岁以下的孩子，因为很多时候检查结果都为假阴性。就是说，明明对某种食物过敏，化验却说不过敏。化验大便常规没有意义，因为大便中虽有白细胞或红细胞，但不能区分是感染还是过敏导致。

治疗　要完全把引起过敏的食物从饮食中去除。去除后两周左右症状开始缓解。

最常见的引起儿童过敏的食物

- 牛奶：包括普通配方奶、酸奶、酸奶饮料、奶酪等；
- 大豆：包括所有豆制品如豆浆、豆制品及豆制品零食；
- 鸡蛋：蛋糕、饼干、冰激凌等食物通常都含有鸡蛋成分；
- 坚果：花生、腰果、核桃、杏仁等；

- 小麦：各种由小麦制作的食物，注意有些药物含有小麦成分；
- 带壳的海鲜：虾、螃蟹及贝类食物；
- 水果：草莓、猕猴桃及各种热带水果。

幼儿腹泻

幼儿腹泻（也被称为儿童慢性非特异性腹泻）是导致健康儿童慢性腹泻的最常见原因。

常见的导致幼儿腹泻的原因

- 过多的液体摄入量。过多的液体会影响幼儿的消化道吸收水分和电解质的能力，从而导致腹泻。
- 碳水化合物吸收不良。果汁通常含有大量的糖和碳水化合物，如山梨醇和果糖，这些物质在儿童的消化道中容易吸收不良。
- 低脂、高纤维饮食。许多孩子可能更喜欢水果或蔬菜而不是肉类或高脂肪食物。脂肪会减慢孩子的消化速度，从而让孩子有更多的时间来吸收营养。过量高纤维和低脂肪的饮食可能导致食物在肠道中快速移动，从而导致腹泻。
- 不成熟的消化道。传递信号到幼儿消化道的神经可能不完全成熟，食物通过消化道时快速移动，使得消化道因没有足够的时间吸收营养而导致腹泻。

症状　每天有5～10次稀稀的大便，大便中带有未消化的食物颗粒。持续数周的腹泻，接着是数周的正常排便。如果孩子出现更严重的腹泻症状要及时看医生，如：

- 便血；
- 慢性发热；
- 油腻或油性大便；
- 严重的腹痛；
- 排便失控；
- 呕吐；
- 减重或增重不足。

如果孩子因为乳制品或其他食物而腹泻，则应该咨询医生。

诊断　医生可能怀疑有慢性腹泻表现的6个月～5岁的儿童患有腹泻症，这些儿童体重增加，发育正常，其他方面都很健康。医生会询问孩子的症状和腹泻的频率以做出诊断。当评估腹泻的原因时，详细的饮食和液体摄入史是很有帮助的。

治疗　治疗幼儿腹泻的方法包括改变饮食和营养，例如：

- 限制果汁的摄入；

- 避免过多的液体摄入；

- 用新鲜水果、面包、谷物和豆类增加孩子饮食中的纤维含量；

- 美国儿科学会建议 6 个月以下的婴儿不要喝果汁。1 ~ 6 岁的儿童每天的果汁摄入量不应超过 4 盎司（120 毫升），年龄较大的儿童每天的果汁摄入量不应超过 8 盎司（240 毫升）。年龄较大的儿童不应在体育活动之外饮用运动饮料。可乐饮料、苏打水和茶应该完全避免。

随着孩子消化道的成熟，孩子腹泻的症状可能会改善。

关键要记住：

- 幼儿腹泻患儿是生长发育正常的健康儿童；

- 改变饮食可以改善或减轻孩子的症状；

- 随着孩子消化道的成熟，症状会随着时间的推移而改善；

- 如果您的孩子出现腹泻的其他症状，如大便失血、体重减轻或体重增加不足、慢性发烧、严重腹痛、呕吐、排便事故或油腻的大便，要及时看医生。

水痘

水痘是一种儿童期的常见病，表现为全身性的奇痒无比的小水泡，好了以后可能会留疤。

水痘传染性极强，它通过接触及飞沫传染。在有水痘疫苗之前几乎所有人都感染过。现在有了水痘疫苗，患病者越来越少见了。

病原为水痘-带状疱疹病毒。

症状　潜伏期为 10 ~ 21 天，症状持续 5 ~ 10 天，表现为：

- 发烧；

- 食欲差；

- 头疼；

- 疲劳；

- 皮疹分三期：早期为粉红色的小包，持续几天；中期的皮疹呈水泡样，持续大概 1 天左右；后期为水泡破裂、结痂，持续时间为几天。因为这是个连续的过程，所以在患儿身上都能表现出来。在出皮疹前的 48 小时患者就具有传染性，这种传染性一直持续到每个水泡都结痂时。

水痘一般在孩子身上都很轻，重症的可累及眼睛、口腔、尿道、生殖器及其他器官。

出现以下症状要立即看医生

- 皮疹累及眼睛；
- 皮疹变得红肿及有疼痛；
- 头疼及头晕、气短、咳嗽、走路不稳、脖子硬；
- 当家里有免疫力差的，如化疗的、长期用激素及免疫抑制剂的、先天免疫缺陷的及有 6 个月以下婴儿的，应积极治疗患水痘的病人，以免传染。

高危因素　直接接触患者；从未得过水痘的人；没接种过水痘疫苗者；在医院及幼教领域的工作人员及有孩子的家庭都易感。接种过疫苗的人或得过水痘者也可能再被传染上水痘，但病情会很轻。

水痘的并发症

- 继发细菌感染；
- 脱水；
- 肺炎；
- 脑炎；
- 服用阿司匹林后可引发瑞氏综合征（一种严重的神经系统疾病）。

发生合并症的高危人群

- 妈妈没得过水痘、6 个月大及以下的婴儿；
- 成人初次感染；
- 孕妇怀孕期间初次感染；
- 免疫缺陷者，如化疗者、艾滋病人或用免疫抑制剂者。

诊断　依病史及查体发现，很少需要查血中抗体或做病毒培养来确诊。

治疗　对健康的孩子来说不需要用抗疱疹病毒的药物，只需要局部或全身用止痒药物。出皮疹时注意不要暴晒，否则易有色素沉着。

对高危病人或有合并症的病人可考虑用抗病毒药物，如阿昔洛韦等。

预防　最好的预防方式为水痘疫苗。疫苗接种年龄为 18 个月及 4 岁。据研究，它的有效性为 98%。错过了常规接种时间的孩子（7～12 岁）应该补种两针，间隔至少 3 个月。13 岁以上的孩子也是打 2 针，间隔至少 4 周。没得过水痘的成人也要接种两针，间隔 4～8 周。

如果不确定是否得过水痘可以查血中的水痘抗体，如果为阳性不需要接种，阴性应该考虑接种。

水痘疫苗禁忌　孕妇、免疫功能低下者、对疫苗成分过敏者。

水痘与孕妇　怀孕早期感染可导致胎儿为低出生体重儿及有先天缺陷等。最大的危险是在生孩子的前几周内如果首次感染，则可能会导致胎儿致命的感染。

水痘与带状疱疹　如果你得过水痘，那你得带状疱疹的机会就会大大增加。水痘病毒在感染后存活于神经细胞内，多年后这些病毒会在人体抵抗力低下时又活跃起来，从而引起带状疱疹。带状疱疹为非常疼的一群水泡，它的合并症为长久的神经痛。现在国家有专门给 50 岁以上的人群注射的带状疱疹病毒疫苗。

外耳道炎

外耳道炎是什么？　耳朵疼不见得都是中耳炎，外耳道炎也很常见。外耳道炎是外耳道的感染，也就是耳膜以外的感染。

病因　喜欢游泳的孩子的外耳道会经常有水存留，当外耳道有外伤时，长时间接触水就会造成细菌或真菌的感染。有外耳道湿疹的孩子也易有感染。

症状　耳朵疼痛，尤其是在触碰耳朵的时候更疼；不会说话的孩子会常摸自己的耳朵；有时候还感到耳朵堵起来了；咀嚼时更疼，有时也有脓和血流出来。

治疗　抗生素滴耳液，一般用 7 天。用的时候应该侧卧，将一侧耳朵灌满药水后等待 5 分钟，再治疗另一侧耳朵。注意一周内不要游泳。疗程需遵医嘱。

预防　游泳时戴耳塞，游完后要用棉球堵住耳朵及歪一下头，倒出所有积水。

孩子生病是吃药、硬扛还是输液

3 岁的孩子自从上了幼儿园就反复感冒或闹胃肠炎。每次带孩子去看病都是先化验然后输液，也给些口服抗生素。很多家长在看病后也怀疑，孩子生病后反复用药会不会是过度治疗了？

相信所有家长都有这个疑问。试想，一个去幼儿园的孩子每年平均生病 8 ~ 10 次，如果每次都给抗生素，孩子一年到头得用多少药？据科学的统计，引起孩子生病的 70% 以上的病原体为病毒，所以抗生素治疗是没有效果的。有人说用了几天抗生素很快就好了，怎么能说没效果呢，那是因为病毒感染为自限性疾病，也就是说如果不给抗生素，几天后自己也会好。当然前提是孩子平时是健康的，没有慢性或先天性疾病。

出现什么情况时需要输液或抗生素治疗，或需要马上就医呢？

● 新生儿：如果是 3 个月以下的婴儿发烧（肛门温度 38℃以上），无论有没有其他症状都要马上就诊。新生儿发烧意味着有可能是严重的细菌感染，要及时治疗。

● 呼吸困难：孩子嘴唇发紫，呼吸时发出呻吟声，或婴儿呼吸每分钟超过 60 次，大孩子每分钟超过 40 次都要及时就医。

- 惊厥：很多孩子在发热时伴有惊厥，首次发作时要及时就医。
- 3 个月以上孩子发烧超过 3 天，但精神好且无其他症状：需要就医来排除严重细菌感染的可能，如做血和尿的检查，也可能需要更多的检查来辅助诊断。
- 孩子生病时精神差（任何年龄）：这类孩子要及时就医，可能有严重的疾病。一般有病毒感染的孩子在退烧后还是很活跃的，虽然吃东西差些但不影响孩子玩耍。
- 胃肠炎时少尿及精神差：这些孩子可能出现了严重脱水，也要及时就医。医生判断脱水程度后可能会给静脉补液。
- 孩子耳朵疼：中耳炎是常见的儿童期的疾病，主要表现为耳朵疼，尤其在平躺时更疼，在医生检查后再决定是否需要抗生素治疗。
- 发烧伴嗓子疼且无鼻塞及咳嗽：这些孩子可能得了链球菌性扁桃体炎，在医生取了咽拭子化验后再决定是否需要抗生素治疗。
- 持续性肚子疼：不论是婴儿还是大孩子都要及时就医，因为可能会有需要手术才能治愈的情况。胃肠炎肚子疼的特点为间断性发作。
- 家长觉得"这次病和以往都不一样，很担心"：我们做医生的老说"当家长觉得孩子不对劲时就要小心了"，因为很多时候家长的直觉往往都是对的，要及时就医。

感冒　非流感季节孩子（3 个月以上）的感冒只要没有并发症是不需要看病或用抗生素的。典型的感冒会发烧四五天，伴咳嗽和鼻塞。只要孩子退烧后精神好，喝水量足就不用就医。帮助孩子退烧、补液及用海盐水清洗鼻腔就可以了。4 岁以下不给任何感冒、化痰药。如果发烧超过 5 天、咳嗽越来越厉害、有呼吸困难（如上所述）、精神差或伴耳朵疼要就医。

胃肠炎　胃肠炎如无血便则多半是病毒感染引起的。家长需要给孩子退烧，给口服补液盐及观察孩子尿量和精神状态。如果孩子每 24 小时尿不到 4 次则需去医院补液。不建议给 5 岁以下孩子用止吐及止泻药，不安全。如出现持续性腹疼则需要马上就医。

只要家长掌握了孩子常见疾病的特点，就会有信心让孩子"硬扛"，也能避免多次输液或口服抗生素。

张嘴呼吸可能预示的疾病

孩子张嘴呼吸的背后隐藏着什么？很多孩子睡觉或醒着时都张着嘴呼吸，看似是习惯，但真是这样吗？这些孩子的呼吸听起来很浅且声音很大，也可能会打呼噜，有黑眼圈或有口臭。用嘴呼吸的孩子的发育可能也没那么理想，下巴看起来小、嘴唇干燥及扁桃体大。

病因　过敏是导致孩子用嘴呼吸的最常见原因。因为过敏的孩子常年有鼻塞，所以用鼻子呼吸很困难，只有张嘴呼吸。张嘴呼吸会改变孩子的面部骨骼结构，而且这种改变可能是不可逆的。如牙齿对得不齐，脸长且窄，下巴前凸（腺样体面容）。长期用嘴呼吸还会影响孩子的生长，因为呼吸不畅会影响氧气供给且休息不好，因而造成身体不能释放足够的生长激素来促进生长。一般用嘴呼吸的孩子看上去比同龄人要小。因为休息不好也会影响学习成绩，有的也被诊断为多动症。它对孩子的血压及心脏也有不良影响，还会影响孩子的味觉及嗅觉，从而导致食欲不佳。

治疗　积极治疗过敏性鼻炎或其他引起鼻塞的问题。耳鼻喉科医生也许会建议把阻挡呼吸道的扁桃体及腺样体切除。

千万不要忽视孩子用嘴呼吸，它可能会引起孩子严重的健康问题，大多数孩子都需要治疗。

| 疫苗接种 |

按照国家 2021 年版免疫规划疫苗儿童免疫程序表，这个年龄没有常规需要接种的疫苗，秋冬季节可以考虑接种流感疫苗。

| 护苗 ＊ 成长 |

常见的有关药物安全的问题

孩子感冒了，能用抗生素吗？　不能！感冒为病毒感染引起的，抗生素只治疗细菌感染。感冒可自愈。抗生素滥用会引起严重的副作用，如肝肾损伤、致聋及耐药菌的产生。庆大霉素是典型的致聋的药物之一。

感冒会继发细菌感染吗，为什么不预防性地使用抗生素？　绝大多数感冒不会引起继发细菌感染。如果用抗生素治疗病毒感染会造成身体耐药菌的形成，也可引起腹泻等副作用。抗生素预防不了可能的继发细菌感染。

黄色或绿色的鼻涕是细菌感染吗？　不一定。在感冒期间，鼻子分泌物会慢慢地变稠及呈黄绿色，一般持续 10 天左右。如果超过这个时间且孩子有头疼等症状就要去看医生，看看孩子是否得了鼻窦炎。如果是鼻窦炎就要用抗生素来治疗了。

抗生素是用来治疗嗓子红或嗓子疼的吗？ 不一定。80% 的嗓子红及嗓子疼是病毒感染引起的，尤其是孩子。如果嗓子疼，且伴有流鼻涕及咳嗽的症状那很可能就是感冒了，不要用抗生素。如果孩子只有发烧及嗓子疼或伴全身皮疹则需要去看医生，医生需要做咽拭子培养看是否是链球菌感染，如果证实是链球菌感染才用抗生素。

抗生素能引起副作用吗？ 是的。常见的副作用有皮疹、恶心、呕吐、胃疼、腹痛、拉肚子等。严重的有耳聋、肝肾损伤等。

服用抗生素时能尽早停药吗？ 不可以。有的家长看孩子症状好了就把药给停了，这可能会造成感染复发或耐药菌的形成。一定要按医生的建议服用完整个疗程。

抗生素能导致耐药菌的形成吗？ 可以。反复用一种抗生素或不合理使用抗生素会导致耐药菌的形成。耐药菌就是用一般的抗生素杀不死的细菌。这种耐药性还可以从一个人传到另一个人。所以一定注意使用抗生素时要有针对性，不要用广谱抗生素，不是任何感染都需要用头孢。

如何安全使用抗生素？ 抗生素不能治百病，一定要跟医生问清楚给孩子开的抗生素是否是针对孩子感染的，如阿奇霉素已经不能治疗很多耳朵及鼻窦的感染了，因为很多细菌都对它耐药了。不要用抗生素治疗病毒感染，病毒感染与否不能完全从血象判断。要完成整个疗程的抗生素，不可提早停药。不要把开给别人的抗生素给自己的孩子用。把没有吃完的抗生素及时处理掉，不要留着下次用。

什么是抗病毒药？ 抗病毒药是一类针对某种病毒的药物，如奥司他韦是治流感病毒的。抗病毒药物只用于高危人群，不常用于健康人群。利巴韦林不治疗感冒，要慎用。

家长常见问题

孩子晚上10点了还不睡，怎么办？

首先，看看是不是午觉睡得太晚。如果孩子下午3点以后才起床，就可能会影响晚上的入睡时间。孩子晚上8点入睡比较理想，因为生长激素在晚上10点是最高峰，如果孩子不处在快速眼动睡眠期是无法有效地利用生长激素的。还有研究说，8点入睡能有效地预防孩子肥胖的发生。另外，如果能保证孩子在晚上连续休息10个小时，第二天则会更有效地学习。

2岁左右孩子的发育应该是什么样的？

能双脚离地跳；用两个单字组成句子；会画毛线团；开始有数字的概念；能理解"高兴、生气"等情感；可以和别的孩子一起玩。

2岁多的孩子能送幼儿园了吗？

如果孩子能用语言有效地交流就可以考虑去幼儿园了。

妈妈乙肝阳性，孩子查了是阴性，还需要担心吗？

如果孩子出生后6个月查了乙肝抗原为阴性，则不需要担心母婴传染了。但以后还是有输血和体液传染的可能。

孩子2岁后，应该多久做一次体检？

从孩子2岁起可以一年一次，如有特殊需要可以随时检查。

能把孩子关在小黑屋里惩罚吗？

千万不要这样做。惩罚孩子不能以吓唬他/她的方式执行。在孩子情绪激动时需要做"暂停"，让孩子坐餐椅里两分钟，目的是让他/她的情绪安静下来。比起惩罚，正面鼓励反而更有效。

有先天性白内障，真得做手术吗？

先天性白内障最有可能与宫内感染有关，需要及时处理，如手术。否则视力发育会受到严重的影响。

疱疹性咽峡炎需要用抗生素治疗吗？

不需要。疱疹性咽峡炎是病毒感染，不需要用抗生素治疗。它的症状是发烧、咽痛，有的会全身长皮疹，尤其是手心及脚底，传染性极高。要注意退烧及给充足的液体。一般3~5天后自愈。

女孩子私处该如何清洁?

　　每天拿流动的水清洗即可，保持该处干净及干燥。要及时换纸尿裤或换内裤。

孩子能吃巧克力吗?

　　巧克力含脂肪量高，还含咖啡因及糖，不宜给孩子常规吃。

2.5 岁 ~ 3 岁

　　这个年龄的孩子运动能力超强，协调性也越来越好。语言能力也有很大的进步，开始使用短句来交流。也能和别的孩子开始互动，可以一起玩了。解决问题的能力和认知能力大大提高。孩子具备了这些能力后，家里已很难满足孩子的发育需求，该上幼儿园了。

| 生长发育的秘密 |

　　2 岁以上孩子的生长曲线可参考美国 CDC 的标准曲线，该曲线的正常范围为 5% 到 95%。

体重指数（BMI）曲线

　　这个年龄最重要的是引进体重指数（BMI）的概念来判断孩子的体重、身高比例。注意体重指数曲线的获取首先要计算 BMI，BMI 的计算方式和成人一样，用体重（以千克为单位）除以两次身高（以厘米为单位），再乘以 10000，即为 BMI。然后将 BMI 按孩子年龄标记在 BMI 曲线上，如果在 5% 以下则为"太瘦"，在 85% 或以上，但不到 95% 为超重、在 95% 或以上为肥胖（曲线见附录）。

动作及能力发育

　　社会及情感发育　　模仿成人或朋友；对他人表达情感；玩游戏时会轮流玩；对一个哭泣的同伴表达关心；懂得"我的""你的"及"他/她的"；有复杂的情感；分离焦虑逐渐好转；常规被打破时能表达不高兴；自己能脱衣服，或穿简单的衣服。

　　语言能力　　理解某个物体在其他物体的上面、里面等位置关系；能说出自己的名字、年龄及性别；能说出好朋友的名字；理解 2 ~ 3 步的指令；开始用主语"我""你"等；能问"什么"及"哪里"等问题；说出的话能被大多数陌生人理解；能和他人对话；能命名很多熟悉的物品。

　　认知能力　能摆弄玩具上的按钮、开关或把手；玩假想的游戏；能完成 3 ～ 4 块的拼图；理解"两个"的意思；能画一个完整的圆；看书时能自己翻页；能摞起多块积木；会拧瓶盖。

　　运动能力　能爬上爬下；能跑；能骑有辅助轮的车；上楼梯时会交换双脚。

　　出现以下情况需要尽早就医　达不到多数以上指标；经常摔倒，且不能上楼梯；说话含糊、流口水及吐字不清；不会玩儿玩具；不能说成句的话；不能玩儿假想的游戏，如"过家家"；不愿意和别的孩子相处或玩儿玩具；没有眼神的交流；不能说出常用物品的名称，如勺子、电话等；不能模仿动作或词语；不懂简单的指令；已经会的技能在逐渐丧失。

｜喂养那些事儿｜

奶制品的选择

　　这个年龄的孩子只需要喝牛奶了，每天需要 500 毫升的奶制品，如酸奶、牛奶或奶酪。美国儿科学会建议从孩子 2 岁开始给低脂或脱脂奶。

　　0 ～ 2 岁是孩子大脑快速发育的阶段，所以身体需要储存大量的脂肪，2 岁以后就要减少脂肪的摄入，大量摄入脂肪会使身体的脂代谢异常，很容易引起一些慢性病的发生。

　　以下为 240 毫升牛奶脂肪含量的比较：

　　全脂奶：8 克脂肪；

　　2% 牛奶：4.5 克脂肪；

　　1% 牛奶：2.5 克脂肪；

　　脱脂奶：0 克脂肪。

　　孩子在这个年龄之所以还需要奶制品，主要是因为从奶制品中可以摄取钙，而并不是为了摄取其他营养。

如何吃一日三餐？

　　每次吃饭的时候，你是否都神经紧绷，甚至还会一口一口地喂孩子，直到孩子咽下最后一口，你才终于松了口气，开始草草吃起了自己的那份？其实，孩子之所以不肯好好吃饭，就是被大人这种无微不至的"关照"所逼，从而失去了进食的兴趣。

　　进食原本是一个充满乐趣的过程，2.5 岁～ 3 岁的孩子正在观察、实践、享受食物带来的快乐。但如果大人安排好了一切，孩子只需要张嘴、咀嚼、下咽，会是十分痛苦的过程。

孩子在不断长大，但有些父母却意识不到这点，或是潜意识里拒绝接受这一变化。在他们心中，孩子永远是孩子，是那么弱小，还是需要保护和关照的幼童。我发现，越是在生活自理能力方面欠缺的孩子，学习能力往往也会相应偏弱。比如，从来不整理家务的孩子，在学校面对各门学科作业的时候，他/她就会手足无措，不能很好地理清思路，不知道该按怎样的顺序来逐一完成这些任务。他/她在学校的表现会拖拖拉拉，磨磨蹭蹭，因为没有大人发布具体的指令，他/她根本无从下手，不能很好地统筹规划。

这个阶段的孩子马上要进入幼儿园，开启自己人生的新篇章。家长也要适当地学会放手，孩子的适应能力远比你认为的要强得多。吃饭也好，学习也好，大人一定要相信孩子，并且允许孩子失败。让孩子自己吃饭，一开始总是难免吃得乱糟糟，撒了饭倒了汤，没关系，吃完后擦干净就好了。不要逼着孩子吃饭，让他/她享受每一口食物，是饱是饿，孩子有自己的感受和判断。不要以一个发号施令者的姿态去指挥孩子。我们只是陪伴者、观察者，让孩子学着自己去安排一切，哪怕他/她一开始做得不严谨，速度慢一些。我们只在必要的时候提供帮助，不要多话、多事，鼓励他/她依靠自己的力量去完成每一项挑战。

营养补充剂

每天仍要继续补充 600IU 的维生素 D，不需要补充其他补充剂。

|日常家庭护理|

洗澡

这个年龄的孩子洗澡时可以坐在澡盆里或站着淋浴。坐着洗澡时注意水深不得超过孩子的腰部，水温不超过 40℃。一周用一次浴液就可以了。

冬天每周洗两到三次澡，洗澡时要注意保暖。洗完澡趁皮肤还湿润时就涂一层润肤霜。有湿疹的孩子尤其要如此。

睡眠

这个年龄的孩子每天大概需要 12 个小时的睡眠，白天只睡中午的一大觉即可。

有部分孩子连中午的午觉都不需要了，这时家长不要强迫。可以让孩子中午有一个小时的"安静"时间，读读书或玩个玩具等。晚上还是要保持 10 个小时的睡眠。

睡觉时，孩子磨牙或凌晨来回翻身都是正常现象，和缺钙没关系。保持 23～24℃ 的室温比较适合孩子，如果太热，孩子会睡不踏实。

穿衣指南

看诊时我也经常遇到对孩子穿多少衣物拿捏不准的家长，生活中也经常因为孩子穿衣引发家庭大战。判断孩子衣服够不够的标准很简单，家长可以用手摸孩子的颈部和背部，如果这两个部位温热且干燥，说明衣服量刚好适中。如果摸起来感觉潮湿，不管是冰凉还是热，一般是因为孩子太热导致出汗，需要及时擦汗和减少衣物。如果感觉冰凉且干燥，可能衣物不够，要及时添加。一般情况下，孩子穿衣服的标准可以用爸爸妈妈的穿衣量为参考，再根据孩子年龄、颈部背部温度以及环境适应性等方面适量增减衣服。

刷牙

3 岁的孩子应能独立完成刷牙动作了，此时家长的任务就是要继续监督孩子练习刷牙的动作，不能让孩子敷衍了事。同时还需隔三差五地帮孩子刷刷牙，以起到彻底清洁牙齿的目的。帮孩子养成良好的口腔卫生习惯，才能让孩子拥有一副健康美丽的牙齿。

户外活动

建议每天的户外活动时间为两小时以上，可根据每个孩子、家庭、天气、空气等的不同情况酌情安排。户外活动时，可以接触不同的人及新鲜事物，更有利于孩子的发育。

｜亲子互动｜

大运动能力　一起做瑜伽：妈妈做瑜伽时可以让孩子参与进来。你会对孩子的能力感到吃惊，他 / 她的身体很柔软，但平衡能力不太好。一起练一练也可以消耗孩子的能量，他 / 她晚上会睡得更香。

认知能力

- 小小医生：给孩子买一套医生的工具，让孩子扮演医生。用听诊器给玩偶和动物玩具听一听，给家人假装打一针，这不仅可以帮助孩子克服看医生的恐惧，还能训练他/她的想象力。

- 填色游戏：买几本填色图画书，给孩子不同颜色的蜡笔，让孩子练习填色。开始时，他/她肯定不能很准确地把颜色填在线内，但坚持练习就会有进步。

- 参观儿童博物馆：有些儿童博物馆不仅可以观看，还能让孩子动手，如在厨房做饭、在商店买东西等。这不仅让孩子觉得自己是一个小大人，也能锻炼孩子的动手能力。

手眼协调能力

- 麦片彩虹：买不同颜色的早餐麦片，把它们混合起来。让孩子把相同形状或颜色的麦片分开，也可以用胶水粘在纸上，形成不同的形状。

- 钓鱼游戏：买一盒钓鱼的玩具，让孩子坐在那里安静地钓鱼。最后和孩子一起数一数能钓上来几条鱼。

精细动作及想象力

- 磁力玩具：给孩子买一套大的磁力玩具，让孩子发挥自己的想象力，把玩具连成火车或任何他/她能想象的东西。太小的玩具有误食或窒息的风险。

- 玩动力沙：动力沙不同于沙滩的沙子，它更具有黏性，更容易塑造成各种形状。孩子可以尽情地发挥自己的想象力，把它塑造成不同的东西。

生活能力

- 做家务：给孩子找一点家务活来做，让孩子参与日常生活会使孩子更有责任感。

语言能力

- 去图书馆：家里的书再多也有看完的时候，不如带孩子去图书馆看看，那里的书是无穷无尽的。拿一本书和孩子一起读，该多有意思啊。

- 一起唱歌：家长和孩子一起唱歌不仅能训练语言能力，也能使经典儿歌得以传承，为什么不早早地教给孩子呢？

| 常见行为及问题 |

幼儿触摸自己的生殖器

家长往往在看到幼儿触摸自己的生殖器时大声呵斥，别紧张，这与"性"完全没关系。孩子触摸自己的生殖器与摸自己的手或脚没有任何区别。这种行为一般开始于训练孩子如厕时，去掉了纸尿裤后会把这个器官显露出来，孩子会感到好奇，所以幼儿才会一再地去触摸。

家长应如何应对呢？　不要禁止、羞辱及骂孩子。这种负面的关注会使孩子更想去做这件事情，同时也会让孩子对这些器官产生羞耻感。所以，在家里发现孩子触摸自己的生殖器时不要去管他。

如果孩子在公共场合触摸自己的生殖器，可以试着用别的活动吸引他，并教给孩子什么是"私下场合"和"公共场合"。如果孩子停止了动作要及时表扬。有的孩子在尿尿前也喜欢摸自己的私处，家长要寻问孩子是否有排便的意愿。总之，不要把发育过程中的正常行为夸大成需要纠正的错误行为。

哼哼唧唧

"哼哼唧唧"是幼儿常见的行为，因为他/她发现只要自己哼唧的时间足够长，家长往往能满足自己的不合理要求。"哼哼唧唧"是哭泣的变种，也易发生于孩子累了、困了、无聊、生病及要求得不到满足时。

家长该如何应对呢？

● 把他/她的声音录下来。在孩子"哼唧"时给他/她录音，也把他/她正常说话时的录音给他/她听一听，告诉他/她"我更喜欢你好好说话时的样子，更像一个大孩子"。

● 保持平静。不要对哼哼唧唧的孩子发火，不要让他/她的目的得逞，因为对他/她来说即使被骂也比不被关注要好。

● 不妥协。告诉孩子只有好好说话才能理他/她，但不合理的要求还是不能被满足，也可以适当地给他/她些选择。在他/她闹情绪时不要看着他/她的眼睛，家长往往会被乞求的眼神打动而放弃原则。

● 分散他/她的注意力。在孩子"哼唧"时，试试说点别的事情，比如"一会儿出去玩，还会见到你的好朋友"，或给他/她一个拥抱。

● 用你的幽默来化解他/她的"哼唧"。在孩子"哼唧"时说："哪里来的'哼唧'声？在桌子底下吗？在厨房吗？"

● 注意孩子疲劳及无聊的情绪。在孩子开始"哼唧"前，往往有些身体的信号，如疲劳或无聊。家长要注意让孩子及时休息，或陪他/她玩些有意思的游戏，不要等到他/她开始"哼唧"了才想办法。

害羞

很多幼儿在有生人的时候会紧紧地抱着父母，不去和别的孩子一起玩耍。"害羞"对幼儿来说很常见，也很正常。因为他 / 她的社交能力还很不成熟，别担心，会慢慢好起来的。这个年龄的孩子害羞很难说是天生的还是阶段性的。

家长该如何应对呢？

● 不要贴标签。给孩子贴标签会使这种"害羞"成为他 / 她不去社交的理由，所以要尽量避免。

● 不要批评他 / 她的害羞。家长不要在孩子面前表扬其他不害羞的孩子，也不要强迫他 / 她去和别的孩子玩。害羞的孩子有自己的节奏，随他 / 她即可。

● 谨慎地选择玩伴。在一对一的情况下会使孩子更放松，所以可以选择他 / 她熟悉的孩子一起玩。要注意选择性情温和的，不要爱打人或爱叫喊的。也可以选择比孩子小 1 岁或者大 1 ~ 2 岁的玩伴。

● 角色扮演。在家里和孩子扮演不同的角色，假设一个场景，问问孩子应该怎么和其他孩子玩。

● 提前准备好。在去某个场合前，把要见到的人提前都告诉孩子，让他 / 她有个心理准备。但也没必要一直强调，这会使他 / 她更紧张。

● 早些去。到晚了会使孩子更紧张，一则人多，二则孩子会成为大家的关注点。并且一旦其他孩子已经形成了"小集团"，就更难加入进去。

● 帮助孩子开始社交。当观察到孩子想加入到某个小组时，帮助孩子与其他孩子对话，如"我们能帮你搭积木吗？"

如果孩子在 3 岁以后因为害羞而严重影响他 / 她的社交，要及时看心理医生。

| 安全常识 |

不要把手伸进风扇里

大部分的孩子都对转动的风扇叶充满着好奇，有时甚至会把手伸进去。虽然家长看到之后，可以制止孩子的行为，但要是看不到呢？所以，各位家长一定要告诉孩子，用手接触风扇是一件很危险的事情，听话的小朋友是不会做的。在和孩子沟通时，家长的语气一定要温柔，这样才能起到好的效果。

不能攀爬栅栏

很多家长都喜欢在周末带着孩子去公园，但是，有些活泼好动的孩子除了胡乱走动之外，还会翻公园里的栅栏。虽然这种行为很危险，但某些家长认为这样可以锻炼孩子的勇气，因此并不会阻止。但是意外往往来得很突然，有时就是一秒钟的事。所以，无论是木栅栏还是铁栅栏，家长都不能让孩子翻越，这一点没得商量。

安全座椅

孩子坐汽车时要坐在安全座椅里，并且安全座椅一定要放在后座。如果是大人抱着孩子，发生碰撞时孩子会从大人怀里飞出去。汽车突然刹车时，抱在怀里的孩子也可能被磕碰到。

孩子也绝对不能站在车里面，不能把头从天窗中伸出。

|常见疾病及治疗方法|

哮喘

哮喘是在儿童中最常见的慢性呼吸道疾病之一，不及时识别或诊断可能会给孩子带来长期的不良后果。

症状　夜间咳嗽；呼气时像吹哨子一样的声音；呼吸困难；嘴唇发紫；精神变差等。

如果孩子总是得"肺炎"或"气管炎"，也要考虑孩子是否有哮喘。频繁发作的喘息也可能是哮喘，不要以为只要这次治好就没事了。

诊断　哮喘的诊断很复杂，到目前为止没有诊断的"金标准"，尤其是对 5 岁以下的孩子来说。

医生一般根据孩子的病史诊断，如喘息发作的次数及严重程度，平时运动后是否有剧烈咳嗽，夜间是否频繁憋醒，用了支气管扩张药后是否得到缓解，孩子是否有湿疹或过敏性鼻炎史。家族史也很重要，如一级亲属是否有湿疹、过敏性鼻炎或哮喘史等。"过敏体质"的遗传性极强，很多哮喘患儿都有家族史。如果是 5 岁以上的孩子可以做肺功能检查来确诊哮喘，但 5 岁以下的孩子无法来做此项检查。有时候医生也需要做过敏原的检查，血液或皮肤针刺检查都是较常用的方式。但要注意过敏原检查为阴性时也并不能说明完全没有问题。

哮喘分轻度间歇性哮喘或持续性哮喘。持续性哮喘又分为轻度持续性哮喘、中度持续性哮喘和重度持续性哮喘。从字面上即可知道哮喘的严重程度，持续性哮喘要比间歇性哮喘更严重。

治疗　哮喘治疗分两部分：一部分是快速缓解哮喘的药物，另一部分是长期预防哮喘发作的药物。

每个有哮喘孩子的家庭都应该有哮喘行动计划，这个计划是家长和医生一起制订的。它是指导家长在什么时候该用短效扩张气道的药物，如何用维持药物及哮喘发作时如何用药的计划书。

5 岁以上的孩子还应该配备一个峰流速仪，它能提示家长什么情况下开始用扩张气道的药物，什么情况该马上看医生，也能监测孩子日常气道的情况。

快速缓解哮喘的药物　最常用的药物为沙丁胺醇（短效 β2 肾上腺素能受体激动剂）。给药的形式可以是雾化或喷雾。儿童使用喷雾形式给药一定要通过贮雾瓶加面罩。

预防用药　糖皮质激素，可为雾化或喷雾形式；白三烯受体拮抗剂，如孟鲁司特钠；糖皮质激素加长效支气管扩张剂。

如何使用预防性药物要严格按照专业医生的建议，要注意按建议的时间随诊。当哮喘得到很好地控制后，医生会建议减低药物的用量，从而达到逐渐停药的目的。

传染性软疣

传染性软疣为痘病毒感染引起的皮肤疾病，儿童常见。

痘病毒的传染途径为接触传染，如直接接触患者的皮疹或接触患者用过的东西。

症状　皮肤可见小的、粉色的、半圆形的凸起，中央有凹陷。皮疹的表面有时会发亮，像水泡。一般分布在面部、前胸、后背或四肢。有的皮疹会痒或痛。皮疹挠破后会在局部传播。

诊断　依据病史及体检发现。

治疗　大多数软疣能自愈。如果局部传播比较明显或皮疹较多可考虑治疗。方法为：把皮疹一一刮开后涂碘酊；局部用药；冷冻。

以上的治疗都比较痛苦，而且都有可能会留疤，所以要考虑好再治疗。

家长应该如何帮助孩子呢？

- 要淋浴，水可以是传染的介质；
- 洗澡擦干时要特别小心，不要把皮疹搓破；
- 要把有软疣处遮盖好以免传染给别人。

过敏性紫癜（HSP）

过敏性紫癜是一种血管炎，就是血管的炎症，不是感染。这种血管炎可波及身体任何器官。

过敏性紫癜发病率相对较高，约为 20/100000，多发于 2 ~ 6 岁儿童。病人在胳膊及腿上会有特征性的瘀斑，压之不褪色，可能还会伴有肚子疼及关节疼。大多数过敏性紫癜不需治疗，可以自愈，有的需要些止痛药。偶有引起永久性的肾脏损伤，这就是患者在前 6 个月要观察尿液的原因。检查包括尿常规及血压监测。大概有 1/3 的孩子会有复发，但复发的症状不如第一次那么严重。有时症状会断断续续持续 1 年。

病因　病因不明，可能和感染有关。

症状

- 皮下、黏膜及器官淤血；

- 关节疼痛；

- 腹痛；

- 胃肠道出血：如口腔、食道、胃或肠道；

- 肾脏炎症反应；

- 皮下肿胀；

- 脑病；

- 睾丸炎症反应；

- 肺出血。

其中皮肤瘀斑、关节痛及腹痛被称为过敏性紫癜的三联征。过敏性紫癜与很多疾病都很类似，鉴别诊断很重要。

化验及检查　依据症状及体检发现，得过敏性紫癜的孩子血小板是正常的。偶尔需要和急腹症鉴别，所以有时需要做腹部超声。如果与有些皮肤病难区分时，皮肤活检也是需要的。

治疗

- 主要为支持治疗，如休息及多饮水；

- 关节疼痛明显时需要给止痛药；

- 当器官受累时可以考虑激素治疗；

- 血压升高时需要给降压药。

追踪　医生需要紧密追踪病人，看是否会合并肾脏问题。如果肾脏受累则需要专业的肾脏医生进行治疗。

预后　大多数孩子在 6 周内能完全自愈，有 1/3 的孩子会反复有症状。得过过敏性紫癜的女性容易有孕期高血压或先兆子痫。很少有孩子会有永久性的肾脏问题。

髋关节滑囊炎

"一过性滑膜炎"最常见的部位为髋关节，病因并不很明确，有些和前期的病毒感染有关。它多发生于 2 ~ 9 岁的孩子。

症状　关节疼、一侧腿瘸、患侧肢体弯曲及偶有发烧。

诊断　依据病史及体检发现。在无法和感染性关节炎区分时需要做进一步检查。

治疗　除了止疼和限制活动外，并没有特殊疗法。孩子多半儿天后会自愈。

猩红热

冬季是猩红热的流行季节，那么什么是猩红热呢？

猩红热是由 A 组链球菌感染引起的，A 组链球菌感染可引起扁桃体炎或皮肤感染。这种细菌在人身体内可以产生一种毒素，这种毒素可引起鲜红色的皮疹，它可以遍布于全身。疹子看起来像晒伤，每个细小的疹子都是突出于皮肤的，感觉像砂纸，它也可以引起瘙痒。一般皮疹在 6 天后退去，几周后手脚会有大面积脱皮。如果孩子有这种皮疹，一定要及时就医，需要抗生素治疗。

症状　皮疹是最典型的症状，它从头颈部开始，但嘴周没有疹子，慢慢扩散到前胸后背及全身。

其他症状：

- 嗓子红肿、有的扁桃体上有白色分泌物；
- 发烧；
- 颈部淋巴结肿大；
- 咽部有出血点；
- 寒战；
- 头疼；
- 肚子疼；
- 恶心呕吐；
- 偶有皮肤感染；

嗓子疼这一症状在有的孩子身上完全没有。

诊断　确切的诊断需要通过咽拭子来快速检测 A 组链球菌，或做 A 组链球菌培养。白细胞计数不能诊断猩红热或扁桃体炎。

治疗　一旦链球菌感染的诊断确立，医生就要给孩子抗生素治疗，最常见的是青霉素类药物，如阿莫西林，疗程为 10 天。如果太早停药，链球菌感染还会再次引起症状。用药后体温很快就会下降，其他症状也会相应好转。扁桃体及淋巴结的肿胀需要几周才能恢复。

家长应该如何帮助孩子呢？　孩子患病期间因为扁桃体肿胀，嗓子会特别疼，可以给孩子一些软的食物或流食吃，温度适宜，不要太烫。鼓励孩子多喝水。可以用对乙酰氨基酚或布洛芬退烧及止痛。皮疹太痒时可以给些局部用的止痒剂。

预防　链球菌是以密切接触的形式传播的，也可以通过飞沫传播。不要和生病的孩子共用杯子、勺子及任何入口的东西，要分餐；洗餐具时要单独洗，用热水洗及充分干燥；所有人都要勤洗手。

及时诊断及治疗很关键，不及时治疗猩红热可能会引发合并症，如心脏及肾脏的合并症。猩红热是为数不多的几个真正需要抗生素治疗的疾病。如果白细胞不高，但有典型的皮疹也要考虑猩红热，确诊是靠咽拭子培养而不是白细胞计数。

扁桃体及腺样体肥大

扁桃体切除的指征：1 年有超过 6 次扁桃体炎，或连续 2 年每年超过 5 次扁桃体炎，或连续 3 年每年超过 3 次。

腺样体切除：扁桃体及腺样体切除术为治疗 2 岁以上有阻塞性睡眠呼吸暂停的首选。有慢性鼻窦炎且用其他方法控制不好的也可考虑。

腺样体是鼻腔通道上的一个淋巴组织，像扁桃体一样，是重要的免疫器官。

腺样体肿大的症状为：用嘴呼吸，鼻音重，打呼噜，睡觉时呼吸暂停，第二天没精神，注意力不集中及有腺样体面容等。腺样体肿大多和过敏有关。

目前国际公认的原则为：诊断阻塞性睡眠呼吸暂停可以根据临床表现，或通过睡眠监测试验（孩子需要在睡眠试验室睡一晚上）。睡眠监测会显示孩子夜间呼吸暂停的次数及每次呼吸暂停的长度，缺氧的情况等。你会发现腺样体肥大的孩子夜里休息质量差，因此第二天就没精神。

急性会厌炎

会厌炎是一个威胁生命的疾病，它是因细菌或病毒感染引起的会厌部肿胀及炎症。会厌为舌头根部的一个软骨结构，它可以在我们吞咽时盖住气道以防误吸，是呼吸道的门户，当它肿胀时会完全堵塞呼吸道，致使空气无法进入肺里。

病因　最主要的病因为上呼吸道 b 型流感嗜血杆菌（Hib）感染，另外一种细菌为 A 组 β 溶血链球菌。接种 Hib 疫苗会大大地减少会厌炎的发生。

感染的特点　多见于 2 ~ 6 岁的儿童，成人也可能会发生，但很少见。没有季节性。

症状

- 上呼吸道感染的症状；
- 很快开始有严重的咽痛；
- 发烧；
- 说话不清楚；
- 不咳嗽；
- 脸色青紫；
- 吸气时有尖锐的喘息声。

严重时可有：

- 流口水；
- 呼吸困难；
- 无法说话；
- 坐着时前倾；
- 张嘴呼吸。

诊断　因为该病是威胁生命的疾病，孩子可以在任何时间发生呼吸道完全堵塞，所以必须很快做出诊断并尽早开始治疗。诊断基于症状、病史及体检发现。如果病情不严重可以做些辅助检查，如颈部 X 光来判断堵塞的程度、血的化验、血培养、咽拭子培养来确定是哪种细菌引起的感染。也可以用喉镜直接看会厌，但一定要在手术室做这个检查，以备会厌完全闭合时行气管切开术。

治疗　治疗的最主要的目的是预防气道的完全闭合。

- 积极静脉给抗生素；
- 给氧；
- 给激素；
- 输液以防脱水；
- 需要时给予呼吸支持。

预后　绝大多数孩子经过积极和及时治疗后很快能痊愈。

预防　接种 Hib 疫苗至关重要。我国接种计划为第 2、3、4 个月及第 18 个月（五合一或四合一疫苗含 Hib）。国际上通用的为第 2、4、6 个月及第 12 个月接种。亲密接触过病人的家属要用利福平来进行预防治疗。

流感疫苗的重要性

到目前为止，接种流感疫苗还是最有效的预防流感的方法。建议 6 个月以上的孩子每年都接种流感疫苗，尤其是婴幼儿、65 岁以上的老人、有慢性病者及孕妇。

一些有关流感疫苗的常见问题

● 流感疫苗每年都是一样的吗？每年的流感病毒都有些改变，所以每年的流感疫苗都不一样。科学家会预测下一个流感季节病毒的变化，疫苗的制作也会做出相应的改变。所以每年的流感疫苗都不完全一样。

● 国际上都有哪些流感疫苗？一般流感疫苗都是三价或四价的，意思是能针对三到四种流感病毒亚型起保护作用。

三价为甲型流感病毒的 H1N1 及 H3N2，还有乙型流感病毒的一种。四价多了另一种乙流病毒。

流感疫苗在国际上还有非注射形式的，如鼻腔给或喷射给。鼻腔接种只适用于 2～49 岁，喷射接种适用于 18～64 岁，但目前我国没有这两种疫苗。某些流行季节不建议用鼻腔接种的形式。

● 流感疫苗的有效性？流感疫苗的有效性以是否会因类似流感的症状去看病，也就是症状的严重程度为衡量标准。研究发现四价疫苗对 6 个月～8 岁的孩子最有效。

疫苗是否有效，也取决于疫苗是否与这一季节流行的病毒亚型匹配，如果完全匹配则有效性为 60%。这还取决于个人的身体状况，越健康的人接种后保护作用越好，身体越差或年龄越高则效果越差，但还是有减轻症状的作用。

● 什么时间接种最合适？每个流感季节开始及结束的时间都不一定，一般建议秋季接种。过了 3 月就不需要接种了，但如果去南半球则需要接种，因为那里的流感季节才刚刚开始。

● 注射完流感疫苗多长时间起作用？一般 2～4 周后开始起保护作用。

● 孕妇应该注射哪种流感疫苗？孕妇应该选择死疫苗或灭活的流感疫苗。孕妇接种疫苗也可以把抗体给婴儿，可以保护孩子 6 个月左右，这在婴儿还不能接种流感疫苗时显得十分重要。

● 流感疫苗的副作用是什么？疫苗有可能会引起轻微的流感症状，如咽痛、流涕、低烧、肌肉酸痛或注射部位肿痛等，但这些症状很快就恢复了，不需治疗。少于 2%的人会发烧。

● 哪些人群应接种流感疫苗？所有大于 6 个月以上的人都应该每年接种，除非往年对流感疫苗有严重过敏反应的人。对鸡蛋过敏的人需要遵医嘱看是否可以接种。

体癣

癣是真菌感染引起的，感染可以发生在身体上、毛发里及指甲里。

哪类人群更容易被感染呢？营养不良者、不讲卫生的人、生活在潮湿环境中的人、养宠物的家庭成员、免疫缺陷者、直接接触长癣的人或用公共浴室的人。

特点　皮肤上圆形的皮疹，边缘发红且高于皮肤，像个红圈，中央为淡红色，有时会发痒。体癣可与其他皮肤疾病类似，需要医生来诊断。

诊断　一般依据病史和体检的发现，如果需要的话医生也会取点皮屑做真菌培养。体癣一般用外用的抗真菌药膏来治疗，偶尔也需要口服抗真菌药物。

预防　避免接触感染者，居住环境不宜湿度过高，养宠物的家庭需要注意治疗宠物的真菌感染。

异食癖

绝大多数孩子都吃过土、沙子及其他脏东西，但很快就不再吃了。但有些孩子会一直吃非食物的东西，这种行为叫"异食癖"，是孩子有发育、行为、情绪、营养及其他健康问题的表现。

常见的引起异食癖的原因有

● 智力障碍；

● 自闭症；

● 被虐待或遗弃；

● 缺铁或缺锌，缺锌会改变人的嗅觉及味觉。

与异食癖相关的健康问题

● 铅中毒；

● 大量吃入含铅的油漆或泥土会引起铅中毒；

● 寄生虫感染：如弓蛔虫病就多是因为食入了含虫卵的泥土；

● 缺铁性贫血：表现为皮肤、嘴唇及甲床苍白，易疲劳，食欲不佳及生长缓慢等；

● 缺锌：表现为抵抗力差易生病，伤口愈合时间长，特殊皮疹，生长缓慢，食欲不佳等。

　　家长能做什么？　当孩子有异食癖时要及时看医生来寻找原因，如是否缺铁或缺锌，或有寄生虫感染，或有铅中毒。要及时治疗。此外要给孩子足够的关爱，在家时要放下手机，多陪陪孩子。也要及时诊断及治疗智障、自闭症及行为问题。

口臭

　　口臭不仅发生在大人身上，有些孩子很小的时候就有口臭。虽然大多数情况下口臭不是什么大事，但有的口臭背后可能与一些疾病有关，所以孩子的口臭还是要引起家长重视。

　　那口臭怎么可能发上在孩子身上呢？看看以下的常见原因吧：

　　● 口腔卫生不佳。食物可能会残存在口腔内，如果不及时清理则有可能会引起口臭及龋齿。所以当婴儿出第一颗牙时就要用软毛牙刷及含氟牙膏刷牙，也要练习用牙线清洁口腔。孩子从有牙开始就要常规看牙医。

　　● 扁桃体太大。当孩子扁桃体太大时，食物就可以存留在扁桃体的缝隙之间，久而久之也会造成口臭。

　　● 口腔干燥。口腔内太干燥会使舌头的异味发散，所以要鼓励孩子多饮水，防止细菌的累积。

　　● 鼻后滴漏。任何能引起鼻腔或鼻窦分泌物在嗓子堆积的原因都能引起口臭，如过敏性鼻炎、鼻窦炎等。要注意及时清理鼻腔以避免鼻后滴漏的发生，过敏性鼻炎患者要每天多次用海盐水冲洗鼻腔及治疗鼻炎。鼻窦炎患者要注意看医生及积极治疗，鼻窦炎需要用抗生素治疗，慢性患者有的需要手术治疗。

　　● 异物。有些孩子总是把小的物品往鼻子里塞，这些异物会引起脓性分泌物，从而导致口鼻处的异味。

　　● 胃食道反流。这些孩子往往表现为经常呕吐，睡觉不踏实，声音嘶哑及胃肠道不舒服，有这些症状的话要及时看医生。家人可以试试少量多次喂饭，吃完后不要马上平躺。

　　口臭不是严重的问题，但不重视的话有可能会忽略了它背后的疾病。

| 疫苗接种 |

　　按照国家 2021 年版免疫规划疫苗儿童免疫程序表，满 3 岁要接种流行性脑脊髓膜炎 AC 疫苗。如果选择二类疫苗，在孩子满 3 岁时需要接种流行性脑脊髓膜炎 AC 或流行性脑脊髓膜炎 ACYW135 群疫苗。

家长常见问题

此年龄生长发育的大概标准

能说些短句，至少有一半能被大人理解；至少认识 3 种颜色；知道自己名字及性别；能数清楚 3 个物体；能开门；能向上搭 9 块积木不倒；能自己脱简单的衣服。

地图舌是怎么回事？

绝大多数所谓的"地图舌"是正常的，孩子也没有感觉。过一段时间自己就好了，如果有疼痛感则需要就医。

孩子每天都说肚子不舒服，是真生病了吗？

孩子有时候为了引起大人注意会说身体不舒服。要注意观察有没有症状，如果没有的话应该不予关注。肚子疼的主要病因是便秘，注意观察大便是否太硬。如果肚子疼且伴随发烧、呕吐、血便或腹部明显隆起等症状，要及时就医。

孩子老玩手机怎么办？

孩子玩手机多半是受父母影响。父母是孩子的榜样，如果自己能把手机放下，多陪孩子玩个游戏或读读书，也许孩子就不会一天到晚地玩手机了。

孩子大便干怎么办？

首先要从饮食下手，看看孩子的喝水量够不够。这个年龄每天应该饮水 700～800 毫升。需要增加高纤维食物，如多吃些燕麦，少吃些白米饭。还没有改善的话可以给乳果糖，但要注意用乳果糖治疗的话要给足剂量，而且还要坚持一段时间，不能一有效果就停药。益生菌可能短期有帮助，但使用时间长了可能效果越来越差。

孩子吃菜少怎么办？

这个年龄的孩子很少爱吃菜。家长要想办法，如给孩子吃饺子及包子等。但不要强迫孩子，只能鼓励，家长也要以身作则多吃蔬菜。

孩子不爱吃鸡蛋，会缺营养吗？

不会的。鸡蛋是蛋白质的一种，是可替代的食物，吃其他蛋白质就可以了，孩子不会因为不吃鸡蛋而"缺营养"。

冬天晚上还出汗，是身体太虚吗？

孩子在冬天晚上睡觉时出汗，要看看室温是不是太高了。孩子一般喜欢凉的环境睡觉，21～23℃为最佳。如果孩子晚上把被子踢了，说明他/她太热了，家长就不要再反复地给孩子盖被子了。

湿疹与过敏有关吗？

如果是全身严重的湿疹可能与过敏有关。局部湿疹不一定和某种特定物质的过敏有关。

孩子需要吃肝脏补血吗？

不需要。肝脏内所谓的营养可以用其他蛋白质代替，如果孩子有缺铁性贫血需要用铁剂治疗。

男孩的包皮需要处理吗？

可以在每次洗澡时轻轻地往后拉，很多孩子生下来时包皮与龟头粘在一起，需要一点点地打开。如果孩子有排尿困难或有反复尿路感染，需要尽早割包皮。

奖励孩子的最佳方法是什么？

用食物作奖励，尤其是糖是最不可取的。这样会使孩子学会用食物安慰自己，这就给将来的肥胖埋下了隐患。奖励可以是父母的一个拥抱，一起玩游戏，一起看个电影或周末外出等。

孩子需要做家务吗？

需要。2～3岁的孩子可以自己收拾玩具，把脏东西丢到垃圾桶里。

孩子去了幼儿园就老生病，是抵抗力差吗？

孩子只要去公共场所，并有机会和别的孩子相处就很容易生病。在秋冬季，孩子平均得病8～12次，也就是说每两周就会生一次病，大多数情况就是一些感冒及胃肠炎。这不代表孩子抵抗力差。经过反复感染后，孩子就有"抵抗力"了。

爸爸太忙，没时间陪孩子，会对孩子心理有影响吗？

可能会的。爸爸再忙也需要抽出时间陪孩子，尤其需要留出单独与孩子相处的时间。男孩子特别需要爸爸做榜样，很多事情妈妈是无法代替爸爸的。

孩子没完没了地咳嗽怎么办？

慢性咳嗽（连续咳嗽超过4周）可能是过敏性鼻炎或哮喘导致，尤其是有家族性过敏史的孩子。需要看看耳鼻喉科及呼吸科。

孩子晚上打呼噜声音很大怎么办？

如果孩子睡觉打呼噜，就要尽早去看耳鼻喉医生，看看是否是过敏性鼻炎或腺样体肥大。如果有腺样体肥大且伴睡眠呼吸暂停，则要考虑做扁桃体及腺样体的切除。

如何应对上幼儿园的分离焦虑?

孩子第一次上幼儿园会很焦虑，怕和家长分离。试试以下的招数，也许能在很大程度上帮助孩子，也帮助家长。

事先去参观学校，熟悉环境。试几次分离的感觉

孩子及家长在入学前都有参观学校的机会，也有的学校会让学生及家长听一节课。这是家长和孩子对学校的具体环境、人员、常规进行了解及接触的最佳机会，一定要抓住这个机会给孩子做心理建设，并告诉他／她这就是以后每天来的地方。

开始上幼儿园前试一试和孩子分离一天的感觉，为将来的分离做心理准备。

家长要承认自己对上学这件事情的焦虑，不要让自己的焦虑去影响孩子

家长实际上对孩子要上学了这件事也很焦虑，要积极去面对并调整自己，在孩子面前要表现得自信及沉着。孩子能感觉到你的情绪变化，如果你很不安及担心，孩子也会受到感染。

家长常见的担心

● 老师知道怎么照顾我的孩子吗？能照顾好吗？

● 孩子肯定是要受委屈了。

● 第一次这么长时间地离开孩子，自己受得了吗？

● 遗憾自己无法亲自帮助孩子适应学校生活。

● 因看到拉着自己衣服哭泣的孩子而感到很愧疚。

其实这些家长的感受都很正常，要多去和朋友及其他家长交流，尽早调整好自己的心态。

给孩子事先讲清楚去学校都会发生什么以减少他／她的恐惧感

孩子一般在知道了会发生什么的情况下便不会那么恐惧，可怕的是不知道下面会发生什么。在开学前的一周需要和孩子谈一谈：

在学校都会做些什么，老师是谁，其他孩子都有谁（如果有认识的孩子），也要让孩子认识校服、校车及书包等。

链接起学校及家的关系

给孩子读几本关于学校的图画书，一起去买书包或学习用具，这种互动会帮助孩子尽早熟悉学校。

给孩子机会来表达他／她对上学的恐惧，但也不要吓唬他／她

如果孩子对上学的某个环节有恐惧感，让他／她表达出来，和他／她谈一谈并给一些具体的建议来帮他／她克服恐惧感。比如，孩子对如何向别的孩子借玩具很害怕，你就要和他／她演习一下，教给他／她说"你能把你的玩具给我玩一会儿吗"，接下来给两种可能，一个是"可以"一个是"不可以"，告诉孩子在两种不同情况下应如何应对。

对不是特别黏人的孩子不需要过多地去讲，讲多了反而使他／她有焦虑感。

上学的第一天要提前准备好

上学的第一天一定要把所有物品准备好，如书包及衣服等，也要给自己及孩子预留足够的时间来起床、吃饭及穿衣服。

给孩子随身带个安慰物

允许孩子带个全家福照片或他/她很留恋的物品去学校，如最喜欢的一本图画书、一个玩偶等。

在校门口分离时该怎么做？

● 如果允许家长到教室里面，可以陪他/她做个简短的活动；

● 家长该离开时不要犹豫，这样只能延长孩子的焦虑；

● 一定不要偷偷溜走，要和孩子说再见；

● 离开时和孩子说再见，要告诉孩子什么时候来接他/她，不要用几点钟，而要说吃完午饭或吃完晚饭后，因为孩子没有几点钟的概念；

● 如果孩子很不高兴或大哭，要把孩子交给一个老师，老师知道在家长离开后怎么应对孩子的焦虑；

● 忍住了，不要在窗外偷看，有事学校会找你的。

和班里其他孩子交朋友

课余时间邀请班里其他孩子一起玩儿，这样会帮你的孩子熟悉其他孩子，也可以建立友谊。

如果孩子对一个家长的分离焦虑太严重，可以考虑换另一个家长送孩子

有的孩子非常依恋妈妈或爸爸，在学校门口离开时会大哭大闹，这种情形可考虑换个人接送或交替地接送，这样可以帮助缓解分离焦虑。

家长要及时了解学校发生的事情

家长要随时了解学校的常规及最新发生的事件，只有了解了这些才能和孩子有共同的话题。

孩子要坚持每天上幼儿园

有的家长可怜孩子，有时候会允许他/她待在家里几天，这样做反而会增加他/她的分离焦虑，不利于孩子熟悉环境及与其他孩子建立友谊。

附录1　0~3岁宝宝常见疾病快速查找

新生儿期（0~1个月）

黄疸

流眼泪，鼻泪管不通

毒性红斑

头皮脂溢性皮炎

鹅口疮

痤疮

粟丘疹

痱子

腹泻

发烧

双腿皮纹不对称

肠绞痛

脖子褶皱处的皮疹

嘴唇上的吸吮水泡

大便颜色的正常与异常

婴儿期（1~12个月）

黄疸

头皮脂溢性皮炎

皮肤脂溢性皮炎

鹅口疮

婴儿痤疮

腹泻

发烧

肠绞痛

呕吐

鼻塞及嗓子有痰

尿布疹

脐疝

蒙古斑

太田痣

湿疹

血管瘤

婴儿摇晃综合征

睾丸未降

睡眠不佳

大便有血

腹股沟疝

对眼或内斜视

阴唇粘连

尿路感染

鞘膜积液

耳前窦道或耳前皮赘

毛细支气管炎

胃肠炎

肛周脓肿

指甲有白斑

肺炎

拉肚子

斜视

孩子不会爬

喉炎

中耳炎

秋季腹泻

烫伤

屏气综合征

便秘

肠套叠

缺铁性贫血

幼儿急疹

荨麻疹

扁平足

囟门

幼儿期（1～3岁）

蚊虫叮咬

感冒

胃肠炎

高热惊厥

乳糖不耐受

EB病毒感染

传染性单核细胞增多症

川崎病

牵拉肘

流感

微量元素缺乏

儿童过敏性疾病

窒息

手足口病

牙菌斑及牙垢

自闭症

语言发育障碍

小儿外伤紧急处理

白细胞高

食物过敏

便秘

多形性红斑

口角炎

过敏性鼻炎

瘢痕疙瘩

鼻后滴漏综合征

痱子

缺锌

白斑

鼻窦炎

传染性红斑

地中海贫血

乙型脑炎

滥用抗生素

过敏性肠炎

幼儿腹泻

水痘

外耳道炎

感冒

胃肠炎

哮喘

传染性软疣

过敏性紫癜

髋关节滑囊炎

猩红热

扁桃体及腺样体肥大

急性会厌炎

体癣

异食癖

口臭

附录 2　国家免疫规划疫苗儿童免疫程序表（2021 年版）

可预防疾病	疫苗种类	英文缩写	接种途径	剂量	出生时	1月	2月	3月	4月	5月	6月	8月	9月	18月	2岁	3岁	4岁	5岁	6岁
乙型病毒性肝炎	乙肝疫苗	HepB	肌内注射	10 或 20μg	1	2					3								
结核病[1]	卡介苗	BCG	皮内注射	0.1ml	1														
脊髓灰质炎	脊灰灭活疫苗	IPV	肌内注射	0.5ml			1	2											
	脊灰减毒活疫苗	bOPV	口服	1 粒或 2 滴					3								4		
百日咳、白喉、破伤风	百白破疫苗	DTaP	肌内注射	0.5ml				1	2	3				4					
	白破疫苗	DT	肌内注射	0.5ml															5
麻疹、风疹、流行性腮腺炎	麻腮风疫苗	MMR	皮下注射	0.5ml								1		2					
流行性乙型脑炎[2]	乙脑减毒活疫苗	JE-L	皮下注射	0.5ml								1			2				
	乙脑灭活疫苗	JE-I	肌内注射	0.5ml								1、2			3		4		
流行性脑脊髓膜炎	A 群流脑多糖疫苗	MPSV-A	皮下注射	0.5ml							1		2						
	A 群 C 群流脑多糖疫苗	MPSV-AC	皮下注射	0.5ml												3			4
甲型病毒性肝炎[3]	甲肝减毒活疫苗	HepA-L	皮下注射	0.5 或 1.0ml										1					
	甲肝灭活疫苗	HepA-I	肌内注射	0.5ml										1	2				

注：
1. 主要指结核性脑膜炎、粟粒性肺结核等。
2. 选择乙脑减毒活疫苗接种时，采用两剂次接种程序。选择乙脑灭活疫苗接种时，采用四剂次接种程序；乙脑灭活疫苗第 1、2 剂间隔 7-10 天。
3. 选择甲肝减毒活疫苗接种时，采用一剂次接种程序。选择甲肝灭活疫苗接种时，采用两剂次接种程序。

BCG: 卡介苗
dT: 白喉破伤风联合疫苗（成人及青少年用）
PV: 脊髓灰质炎疫苗
MPSV-A: A 群脑膜炎球菌多糖疫苗（A 群流脑多糖疫苗）
MPSV-AC: A 群 C 群脑膜炎球菌多糖疫苗（A 群 C 群流脑多糖疫苗）

DT: 白喉破伤风联合疫苗（白破疫苗）
HepA-I: 甲型肝炎灭活疫苗（甲肝灭活疫苗）
JE-L: 乙型脑炎减毒活疫苗（乙脑减毒活疫苗）

HepB: 重组乙型肝炎疫苗（乙肝疫苗）
MMR: 麻腮风联合减毒活疫苗（麻腮风疫苗）
IPV: 脊髓灰质炎灭活疫苗（脊灰灭活疫苗）
bOPV: 二价口服脊髓灰质炎减毒活疫苗（脊灰减毒活疫苗）
DTaP: 无细胞百日咳白喉破伤风联合疫苗（百白破疫苗）

附录3　0-20 岁各年龄段生长发育对照表

世界卫生组织（WHO）0-24 个月男孩身高及体重曲线

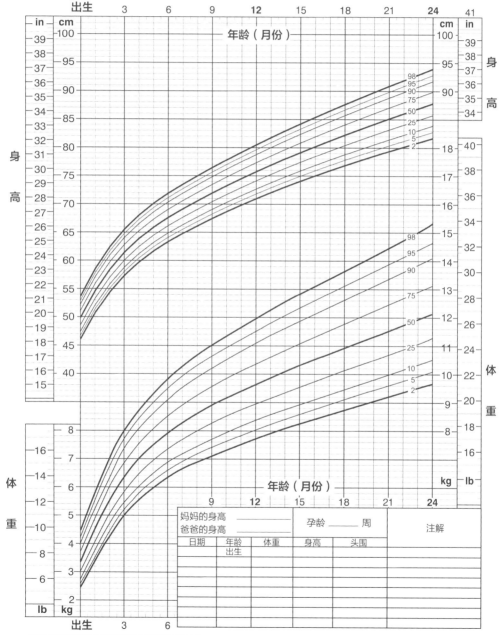

美国疾病控制和预防中心（CDC）发布，2009 年 11 月 1 日
资料来源：世界卫生组织（WHO）儿童生长标准（http://www.who.int/childgrowth/en）

世界卫生组织（WHO）0-24个月女孩身高及体重曲线

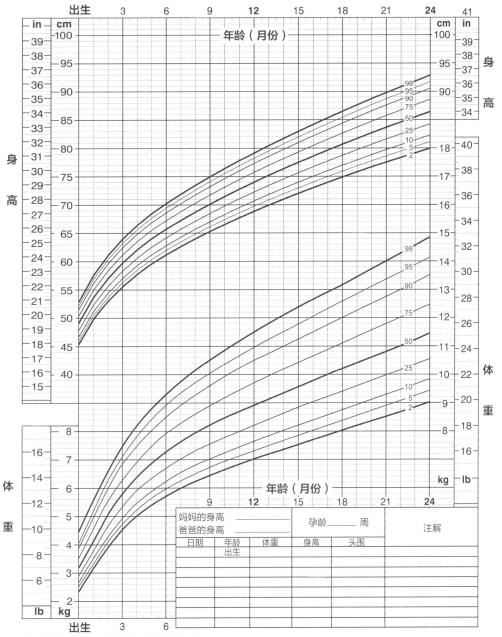

美国疾病控制和预防中心（CDC）发布，2009 年 11 月 1 日
资料来源：世界卫生组织（WHO）儿童生长标准（http://www.who.int/childgrowth/en）

世界卫生组织（WHO）0–24 个月男孩头围、体重身高比曲线

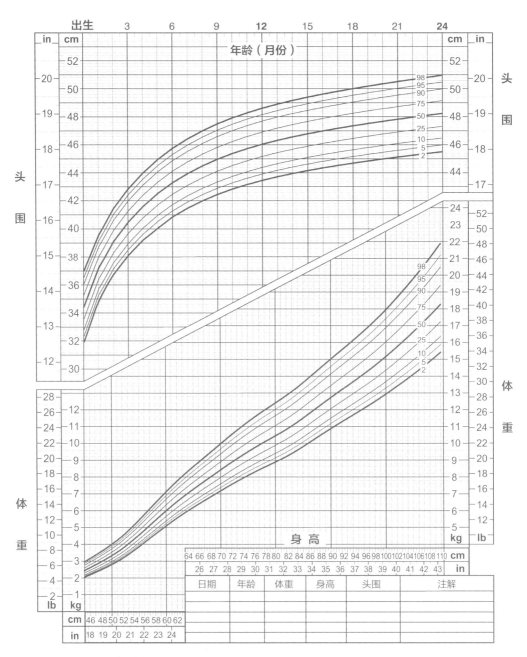

美国疾病控制和预防中心（CDC）发布，2009 年 11 月 1 日
资料来源：世界卫生组织（WHO）儿童生长标准 (http://www.who.inUchildgrowth/en)

世界卫生组织（WHO）0–24 个月女孩头围、体重身高比曲线

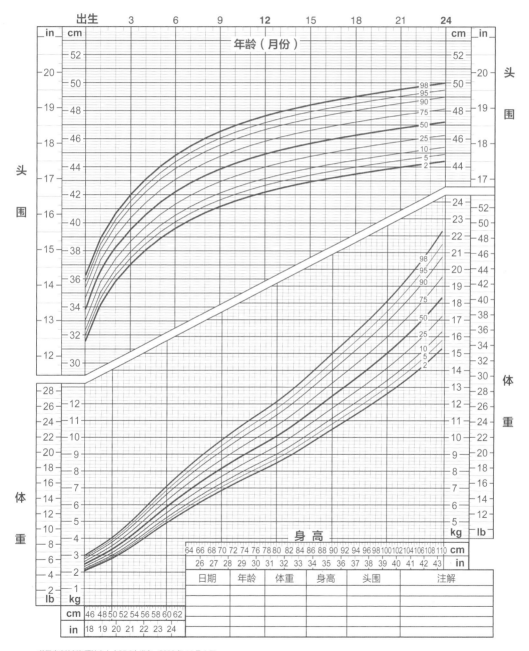

美国疾病控制和预防中心（CDC）发布，2009 年 11 月 1 日
资料来源：世界卫生组织（WHO）儿童生长标准 (http://www.who.inUchildgrowth/en)

美国疾病控制与预防中心（CDC）2–20 岁男性身高及体重曲线

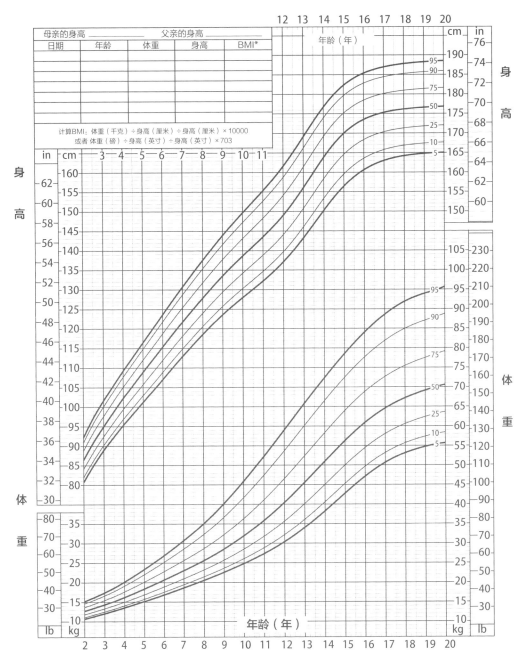

美国疾病控制与预防中心（CDC）2–20 岁女性身高及体重曲线

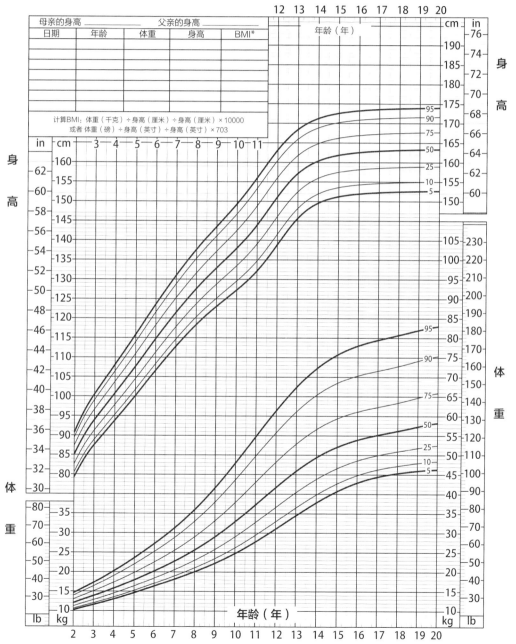

发表于2000年5月30日
资料来源：美国国家卫生统计中心与国家慢性疾病预防和健康促进中心合作编制（2000年）。
http://www.cdc.gov/growthcharts

美国疾病控制与预防中心（CDC）2–20 岁男性体重指数（BMI）曲线

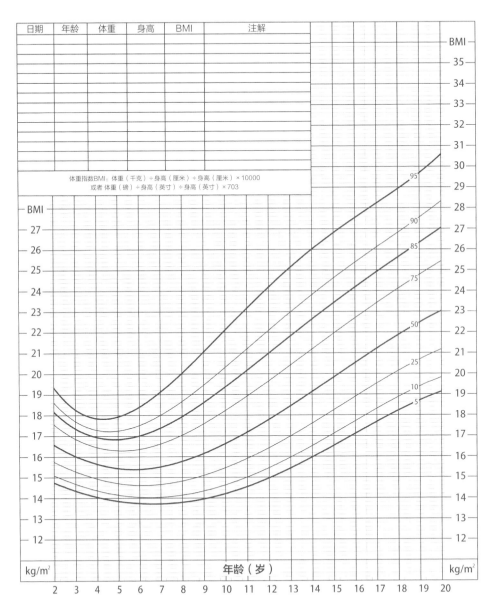

2000年5月30日发布（2000年10月16日修改）
资料来源：由美国国家卫生统计中心与国家慢性病预防和健康促进中心合作开发（2000 年）
http://www.cdc.gov/growthcharts

美国疾病控制与预防中心（CDC）2–20 岁女性体重指数（BMI）曲线

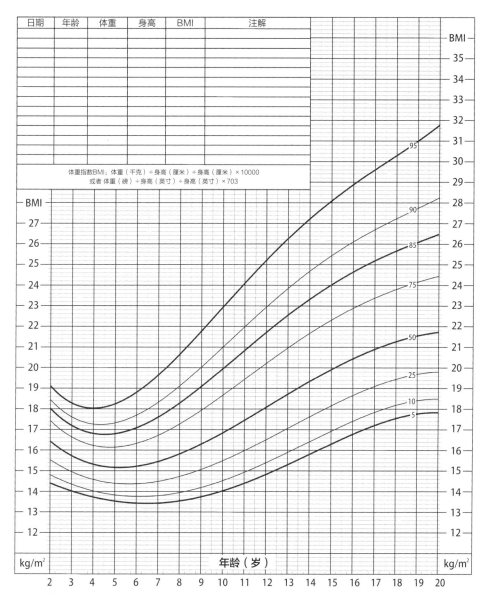

2000年5月30日发布（2000年10月16日修改）
资料来源：由美国国家卫生统计中心与国家慢性病预防和健康促进中心合作开发（2000 年）
　　　　http://www.cdc.gov/growthcharts

附录 4　婴儿早教用闪卡（资料提供：wonde garden | 哇！盒子，http://www.w-box.com）